高等职业教育消防类专业系列教材

建 筑 消 防 安 全

第 2 版

主 编 陶 昆
副主编 宋瑞明 杨 晨
参 编 李 论 董 淼 杨 秸

机 械 工 业 出 版 社

本书从我国建筑消防安全管理的实际出发,阐述了建筑消防安全的基础知识,概括了建筑消防安全管理各方面的职能和特点。全书共十个模块,包括:建筑火灾概述、建筑材料的火灾高温特性、建筑耐火等级、建筑总平面防火、建筑防火分区和平面布置、建筑安全疏散与避难设施、建筑防排烟、建筑防爆、建筑装修及保温系统防火、建筑消防设施。本书依据现行标准、规范编写,内容结构合理,难易程度适中。

本书既可作为高职院校消防类专业教材,也可作为企事业单位消防工作人员的参考用书。

为方便教学,本书除在书中增加了二维码微课教学视频,还配套有电子课件,选择本书作为教材的教师可登录 www.cmpedu.com 以教师身份免费注册、下载。编辑咨询电话:010-88379373。

图书在版编目(CIP)数据

建筑消防安全 / 陶昆主编. -- 2 版. -- 北京:机
械工业出版社,2025. 1. --(高等职业教育消防类专业
系列教材). -- ISBN 978-7-111-77377-1

Ⅰ. TU998. 1

中国国家版本馆 CIP 数据核字第 2025FJ6093 号

机械工业出版社(北京市百万庄大街 22 号 邮政编码 100037)
策划编辑:陈紫青   责任编辑:陈紫青 陈将浪
责任校对:潘 蕊 李 杉   封面设计:马精明
责任印制:常天培
固安县铭成印刷有限公司印刷
2025 年 4 月第 2 版第 1 次印刷
184mm×260mm · 14.25 印张 · 353 千字
标准书号:ISBN 978-7-111-77377-1
定价:45.00 元

电话服务   网络服务
客服电话:010-88361066   机 工 官 网:www.cmpbook.com
         010-88379833   机 工 官 博:weibo.com/cmp1952
         010-68326294   金 书 网:www.golden-book.com
封底无防伪标均为盗版   机工教育服务网:www.cmpedu.com

前　言

　　本书第 1 版自 2019 年出版以来，受到了全国消防行业及社会各界的广泛关注，广大读者反响强烈。为适应新形势发展和学校教学的新需要，作者在征求和收集读者意见、建议的基础上，对全书进行修订。修订过程中，全面贯彻落实《中共中央关于认真学习宣传贯彻党的二十大精神的决定》《习近平新时代中国特色社会主义思想进课程教材指南》《职业院校教材管理办法》等文件精神，以现行规范标准为依据，以高校需求为导向，增加和更新了一些新的内容，对有的模块、单元做了删减和调整，对不符合现行规范标准的内容以及部分不准确的说法进行了修正。本书内容满足当前消防工作和消防人才培养的需要，立足教学实际，注重学科专业体系化建设，注重知识内容的更新。

　　为全面贯彻落实党的二十大精神，加强教材建设，推进教育数字化，编者在此次修订过程中系统优化了本书数字资源，使之能更好地服务当前数字化教学。

　　本书由陶昆任主编。参加编写人员的编写分工如下：模块一、模块八由杨秸编写，模块二、模块四由董淼编写，模块三、模块五由陶昆编写，模块六、模块九由宋瑞明编写，模块七由杨晨编写，模块十由李论编写。

　　由于编者水平有限，书中难免存在不妥之处，敬请广大读者批评指正。

编　者

本书微课视频清单

模块	单元	二维码	模块	单元	二维码
模块一	单元一	建筑火灾的成因和危害	模块四	单元三	消防车道
模块一	单元二	建筑室内火灾的发展、蔓延	模块五	单元二	歌舞娱乐放映游艺场所平面布置
模块二	单元一	建筑材料的火灾高温特性	模块五	单元三	中庭
模块二	单元四	防火玻璃	模块六	单元一	影响安全疏散的因素
模块三	单元一	建筑分类及建筑高度计算	模块六	单元四	消防电梯
模块三	单元四	工业建筑耐火等级的选用	模块七	单元一	建筑防排烟基础
模块四	单元二	民用建筑防火间距	模块七	单元二	防烟分区

（续）

模块	单元	二维码	模块	单元	二维码
模块七	单元三	机械加压送风系统	模块九	单元一	建筑内部装修材料分类与燃烧性能分级
模块七	单元四	机械排烟系统	模块九	单元一	建筑内部装修火灾危险性
模块八	单元一	建筑防爆概述	模块十	单元一	消火栓系统
模块八	单元二	爆炸危险性厂房、库房的布置	模块十	单元二	自动喷水灭火系统

目 录

建筑火灾概述

> **模块概述：**
>
> 本模块的主要内容是认识建筑火灾的成因和危害，建筑室内火灾的发展规律和蔓延途径，建筑火灾的基本消防对策。
>
> **知识目标：**
>
> 通过本模块学习，应了解建筑火灾的危害性、火灾成因；熟悉建筑火灾蔓延的形式，建筑火灾发展的规律、蔓延途径，高层、大跨度、地下建筑的火灾特点，建筑防火技术的划分及建筑防火应遵循的总体原则；掌握火灾各阶段的特点及相应的建筑防火措施。
>
> **素养目标：**
>
> 以习近平同志为核心的党中央着眼党和国家事业发展全局，坚持以人民为中心的发展思想，统筹发展和安全两件大事，把安全摆到了前所未有的高度。根据我国的火灾统计，建筑火灾发生频率高、危害大，掌握建筑火灾的特点，有针对性地进行消防安全设置，采取建筑火灾消防对策，能有效提升建筑火灾防控安全。

建筑营造是人类基本的实践活动之一，是人类文明的产物。人类在其进化和文明发展过程中不断地用各种材料修建各式建筑，使人类赖以生存的环境条件得到不断改善。各式各样的建筑物不仅反映了人类本身所处时代的科学技术与文化艺术的水平和成就，同时还反映了当时社会政治、经济、军事等方面的情况。随着社会生产力的不断发展，人们对建筑物的要求也日益多样化和复杂化，出现了许多不同的建筑类型，它们在使用功能、建筑材料、建筑技术和建筑艺术等方面得到了很大的发展。

我国经济处于高速发展时期，工业化、城市化、市场化进程不断加快，随着科学技术的发展，各种新材料、新能源、新工艺、新技术的陆续使用，带来了许多新的火灾问题。加强建筑火灾研究，归纳、分析建筑火灾成因，根据建筑物的类型特点和构造组成把握建筑火灾发展蔓延与建筑结构倒塌破坏的规律，合理运用建筑消防安全技术，对提高建筑物的火灾防控能力、降低火灾发生的概率、减小火灾损失至关重要。

单元一　建筑火灾的成因及危害

建筑火灾是指烧毁（损）建筑物及其容纳物品，造成生命和财产损失的灾害。为了避免、减少建筑火灾的发生，必须了解建筑火灾的成因、危害性及特点，研究其发生、发展的规律，总结火灾教训，这样才能更好地进行防火设计，采取防火技术防患于未然，并指导消防救援人员更好地开展灭火救援，保障生命和财产安全。

一、火灾分类

根据不同的需要，火灾可以按不同的方式进行分类。

（一）按照燃烧对象的性质分类

按照《火灾分类》（GB/T 4968—2008）的规定，火灾分为 A、B、C、D、E、F 六类。

（1）A 类火灾是固体物质火灾。这类物质通常具有有机物性质，一般在燃烧时能产生灼热的余烬，如木材、棉、毛、麻、纸张等火灾。

（2）B 类火灾是液体或可熔化固体物质火灾，如汽油、煤油、原油、甲醇、乙醇、沥青、石蜡等火灾。

（3）C 类火灾是气体火灾，如煤气、天然气、甲烷、乙烷、氢气、乙炔等火灾。

（4）D 类火灾是金属火灾，如钾、钠、镁、钛、锆、锂等火灾。

（5）E 类火灾是带电火灾，通常是指物体带电燃烧的火灾，如变压器等设备的电气火灾等。

（6）F 类火灾是烹饪器具内的烹饪物（如动物油脂或植物油脂）火灾。

（二）按照火灾事故所造成的灾害损失程度分类

依据国务院于 2007 年 4 月 9 日颁布的《生产安全事故报告和调查处理条例》（国务院令第 493 号）规定的生产安全事故等级标准，火灾分为特别重大火灾、重大火灾、较大火灾和一般火灾四个等级。

（1）特别重大火灾是指造成 30 人以上死亡，或者 100 人以上重伤，或者 1 亿元以上直接经济损失的火灾。

（2）重大火灾是指造成 10 人以上 30 人以下死亡，或者 50 人以上 100 人以下重伤，或者 5000 万元以上 1 亿元以下直接经济损失的火灾。

（3）较大火灾是指造成 3 人以上 10 人以下死亡，或者 10 人以上 50 人以下重伤，或者 1000 万元以上 5000 万元以下直接经济损失的火灾。

（4）一般火灾是指造成 3 人以下死亡，或者 10 人以下重伤，或者 1000 万元以下直接经济损失的火灾。

上面所称的"以上"包括本数，"以下"不包括本数。

此外，按照火灾发生的场所不同还可分为建筑火灾、石油化工火灾、交通工具火灾、矿山火灾、森林草原火灾等。其中，建筑火灾发生的次数和造成的损失、危害居于首位。根据我国的火灾统计，建筑火灾次数占火灾总数的 75% 以上，所造成的人员死亡和直接财产损失占火灾总损失的 90% 和 85%。因此，研究建筑火灾的成因及发展蔓延规律，掌握不同类型建筑的火灾特点，对于建筑火灾的有效防控非常关键。

二、建筑火灾发生的原因

随着社会的快速发展、经济的增长和人民素质的提高，我国火灾"四项指数"（即接报火灾数量、火灾死亡人数、火灾受伤人数和直接财产损失）稳中有降，但各项指标基数较高，现代经济状态下火灾对经济的破坏作用巨大，火灾形势依然不容乐观，这就对火灾的预防和管理提出了更高的要求。要从根本上减少和防止建筑火灾的发生，分析建筑火灾发生的原因就变得尤为重要。分析起火原因，了解火灾发生的特点，是为了更有针对性地运用技术措施有效控火，防止和减少火灾危害。

（一）电气使用不慎

我国发生的电气火灾事故每年都在 10 万起以上，占全年火灾总数的 30% 左右，导致人员伤亡 1000 多人，直接财产损失超过 18 亿元，在各类火灾原因当中居首位。近些年，在全国范围内造成较大社会影响的几起火灾事故，如 2014 年 1 月 11 日云南省迪庆州香格里拉县独克宗古城如意客栈火灾，2015 年 5 月 25 日河南省平顶山市鲁山县康乐园老年公寓火灾，2021 年 7 月 24 日吉林长春李氏婚纱梦想城火灾，2022 年 11 月 24 日新疆乌鲁木齐吉祥苑小区火灾等，均因电气设备使用不当或电气线路故障而引发。电气火灾原因复杂，既涉及电气设备的设计、制造及安装，也与产品投入使用后的维护管理、安全防范相关。由于电气设备故障、电气设备设置或使用不妥、电气线路敷设不当及老化等造成的设备过负荷、线路接头接触不良、线路短路等是引起电气火灾的直接原因。例如，一些电子设备长期处于工作或通电状态，因散热不力，最终可能因过热导致内部故障而引发火灾。

（二）吸烟不慎

点燃的香烟温度可达 800℃，能引起许多可燃物质燃烧，在建筑火灾起火原因中，占有相当的比重。例如，将没有熄灭的烟头扔在可燃物中引起火灾；躺在床上，特别是醉酒后躺在床上吸烟，烟头掉在被褥上引起火灾；在禁止火种的火灾高危场所，因违章吸烟引起火灾。2004 年 2 月 15 日，吉林省吉林市中百商厦特大火灾，就是由掉落在仓库内的烟头引发的，并且最终导致 54 人死亡。2017 年 12 月 1 日，天津市河西区友谊路君谊大厦装修工地火灾，致 10 人死亡，起火原因是烟头引燃废弃装修材料，进而导致火灾蔓延扩大。

（三）生活用火不慎

城乡居民家庭由于生活用火不慎，也可能引发火灾，如炊事用火中的炊事器具设置不当，安装不符合要求，在炉灶的使用中违反安全技术要求等引起火灾；家中烧香祭祀过程中无人看管，造成香灰散落引发火灾等。2021 年 6 月 25 日，河南省柘城县震兴武馆火灾，就是由于使用蚊香不慎引燃纸箱、衣物等可燃物所致，火灾造成 18 人死亡。

（四）生产作业不慎

生产作业不慎主要是指违反生产安全制度引起火灾，如在易燃易爆的车间内动用明火，引起爆炸起火；将性质相抵触的物品混存在一起，引起燃烧爆炸；在进行焊接或切割作业时，因未采取有效的防火措施，飞迸出的大量火星、熔渣引燃周围可燃物；在机器运转过程中，不按时加油润滑，或者没有清除附在机器轴承上面的杂物，使机器由于摩擦发热，引起附着物起火；化工生产设备失修，出现可燃气体，以及易燃、可燃液体跑、冒、滴、漏，遇明火燃烧或爆炸等。2019 年 3 月 21 日，江苏省盐城市天嘉宜化工有限公司化学储罐发生爆炸事故，并波及周边 16 家企业。事故共造成 78 人死亡、76 人重伤，640 人住院治疗。事故的直接原因是天嘉宜公司旧固废库内长期违法贮存的硝化废料持续积热升温导致自燃，燃烧引发爆炸。

（五）玩火

未成年人因缺乏看管，玩火取乐，也是火灾发生常见的原因之一。2010 年 7 月 19 日，新疆乌鲁木齐市河北路居民自建房内因儿童玩火导致火灾发生，致使 12 人死亡。此外，燃放烟花爆竹也属于"玩火"的范畴。被点燃的烟花爆竹本身即是火源，稍有不慎，就会引发火灾，还会造成人员伤亡。我国每年春节期间火灾频繁，其中有 70%~80% 是由燃放烟花

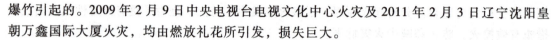

爆竹引起的。2009年2月9日中央电视台电视文化中心火灾及2011年2月3日辽宁沈阳皇朝万鑫国际大厦火灾，均由燃放礼花所引发，损失巨大。

（六）放火

放火主要是指由人为放火引起的火灾。这类火灾为当事人故意为之，火灾发展迅速，后果严重。2013年7月26日，黑龙江海伦市联合敬老院因人为放火造成11人死亡。

（七）雷击

雷电导致的火灾原因大体上有三种：一是雷电直接击在建筑物上发生热效应、机械效应等；二是雷电产生静电感应作用和电磁感应作用；三是高电位雷电波沿着电气线路或金属管道系统侵入建筑物内部。在雷击较多的地区，建筑物上如果没有设置可靠的防雷保护设施，便有可能发生雷击起火。2010年4月13日，上海东方明珠广播电视塔顶部发射架遭受雷击起火，虽未造成人员伤亡，但灭火过程十分困难。

（八）不明火灾原因或其他

因建筑火灾成因上的复杂性，部分火灾原因在勘查条件被破坏、认定证据不充分、现有技术条件无法认定等情况下，可归为不明原因火灾。

三、建筑火灾的危害性

随着城市日益扩大，各种建筑越来越多，建筑布局及功能日益复杂，用火、用电、用气和化学物品的应用日益广泛，建筑火灾的危险性和危害性大大增加。

（一）危害生命安全

建筑火灾会对人的生命安全构成严重威胁。一场大火，有时会吞噬几十人甚至几百人的生命。2000年12月25日，河南省洛阳东都商厦火灾，致309人死亡。2013年6月3日，吉林省德惠市宝源丰禽业有限公司厂房火灾，造成121人遇难、76人受伤。2022年11月21日，河南省安阳市凯信达商贸有限公司厂房火灾，致42人死亡。建筑火灾对生命的威胁主要来自以下几个方面。

（1）建筑采用的许多可燃性材料或高分子材料，在起火燃烧时，会释放出一氧化碳、氰化物等有毒烟气，当人们吸入此类烟气后，将产生呼吸困难、头痛、恶心、神经系统紊乱等症状，严重时甚至威胁生命安全。据统计，在所有火灾死亡的人中，约有3/4的人系吸入有毒有害烟气后直接死亡。

（2）建筑火灾所产生的高温高热对人体造成严重伤害，甚至致人休克、死亡。据统计，因燃烧热造成的人员死亡约占整个火灾死亡人数的1/4。同时，火灾产生的浓烟会阻挡人的视线，进而对建筑内的人员疏散和消防救援带来严重影响，这也是导致火灾时人员死亡的重要因素。此外，因火灾造成的肉体损伤和精神伤害将导致受害人长期处在痛苦之中。

（3）建筑物经火灾高温，温度达到甚至超过了承重构件的耐火极限后，会导致建筑整体或部分构件坍塌，造成人员伤亡。2003年11月3日，湖南省衡阳市衡州大厦火灾，扑救过程中建筑物坍塌，造成20名消防员壮烈牺牲。2018年8月25日凌晨，哈尔滨市北龙温泉酒店由于电气线路短路引发火灾，进而发生建筑坍塌，造成20人死亡。

（二）造成经济损失

据统计，在各类场所火灾造成的经济损失中，建筑火灾造成的经济损失居首位。建筑火灾造成经济损失的原因主要有以下几个方面。

（1）建筑火灾使财产化为灰烬，甚至因火势蔓延而烧毁整幢建筑内的财物。2004 年 12 月 21 日，湖南省常德市鼎城区桥南市场因一门面内电视机内部故障引发特大火灾，大火蔓延，烧毁 3220 个门面、3029 个摊位、30 个仓库，过火建筑面积 83276m²，直接财产损失 1.876 亿元，受灾 5200 余户，整个市场烧毁殆尽。

（2）建筑火灾产生的高温高热，会造成建筑结构的破坏，甚至引起建筑物整体倒塌。2001 年 9 月 11 日美国纽约世贸大厦火灾，2003 年 11 月 3 日湖南省衡阳市衡州大厦火灾等，最终都导致建筑物坍塌。

（3）建筑火灾产生的流动烟气，将使远离火焰的物品特别是精密仪器、纺织物等受到侵蚀，甚至无法再使用。

（4）扑救建筑火灾所用的水、干粉、泡沫等灭火剂，不仅本身是一种资源损耗，而且会使建筑内的财物因遭受水渍、污染等产生损失。

（5）建筑火灾发生后，建筑修复重建、人员善后安置、生产经营停业等，又会造成巨大的间接经济损失。

（三）破坏文明成果

历史保护建筑、文化遗址一旦发生火灾，除了会造成人员伤亡和财产损失外，还会损坏大量文物、典籍、古建筑等诸多的稀世瑰宝，对人类文明成果造成无法挽回的损失。1997 年 6 月 7 日，印度南部泰米尔纳德邦坦贾武尔镇一座神庙发生火灾，使这座建于公元 11 世纪的人类历史遗产付之一炬。1994 年 11 月 15 日，吉林省吉林市银都夜总会发生火灾，火灾蔓延到相邻的博物馆，使 7000 万年前的恐龙化石以及大批珍贵文物付之一炬。2021 年 2 月 14 日，云南省临沧市沧源佤族自治县翁丁村发生火灾，105 座古建筑中有 104 座被烧毁，大量具有历史意义的文物在大火中损毁。2019 年 4 月 15 日，法国巴黎圣母院大火，致使巴黎圣母院塔尖完全倒塌。

（四）影响社会稳定

当学校、医院、宾馆、办公楼等人员密集场所发生群死群伤的恶性火灾，或涉及粮食、能源、资源等有关国计民生的重要建筑发生大火时，会在民众中造成心理恐慌，进而影响社会的稳定。2009 年 2 月 9 日，在建的中央电视台电视文化中心（又称央视新址北配楼）发生特大火灾，大火持续燃烧了数小时。全国乃至世界范围内的主流媒体第一时间进行了报道，火灾事故的认定及责任追究也受到了广泛的关注，引起了很大的社会反响。

（五）破坏生态环境

火灾的危害不仅表现为毁坏财物、残害人类生命，而且还会破坏生态环境。2005 年 11 月 13 日，中石油吉林石化公司双苯厂发生火灾爆炸事故，由于生产装置及部分循环水系统遭到严重破坏，大量的苯、苯胺和硝基苯等残余物料通过废水排水系统流入松花江，引发特别重大的水污染事件。

单元二　建筑火灾的发展蔓延

建筑火灾的发展与其他事物一样具有一定的规律及特点。研究不同建筑火灾的发展规律及蔓延特点，进而有针对性地采取一系列建筑防火对策，最大限度地降低建筑火灾的损失和人员伤亡，是建筑防火的首要目的。

本单元所讲述的建筑火灾，指的是起火点在室内的建筑火灾。

一、建筑室内火灾的蔓延

火灾蔓延的实质是热的传播。建筑室内火灾蔓延的形式和途径都比较复杂。

（一）建筑室内火灾蔓延的形式

热量传递有三种基本方式，即热传导、热对流和热辐射。建筑火灾中，燃烧物质所放出的热量通常是以上述三种方式来传播，并影响火势蔓延和扩大的。热量传播的形式与起火点、建筑材料、物质的燃烧性能和可燃物的数量等因素有关。

1. 热传导

热传导又称为导热，属于接触传热，是连续介质就地传递热量而又没有各部分之间相对的宏观位移的一种传热方式。不同物质的导热能力各异，通常用热导率，即单位温度梯度时的热通量来表示物质的导热能力。同种物质的热导率也会因材料的结构、密度、湿度、温度等因素的变化而变化。

对于起火的场所，热导率大的材料，由于受到高温作用能迅速加热，又会很快地把热能传导出去，在这种情况下，就可能引起没有直接受到火焰作用的可燃物质发生燃烧，利于火势传播和蔓延。建筑中各种物质的导热性能不同，一般金属是热的良导体，玻璃、木材、棉毛制品、羽毛、毛皮以及液体和气体都是热的不良导体。建筑中隔墙的一侧着火，钢筋混凝土楼板下面着火或通过管道及其他金属容器内部的高热，会将热量由墙、楼板、管壁等的一侧表面传到另一侧表面，使靠近墙、管壁或堆放在楼板上的可燃物升温自燃，造成火灾蔓延。

2. 热对流

热对流是液体或气体中较热部分和较冷部分之间通过循环流动使温度趋于均匀的过程。对流是液体和气体中热传递的特有方式，气体的对流现象比液体明显。对流可分为自然对流和强迫对流两种。自然对流往往自然发生，是由于温度不均匀而引起的。强迫对流是由于外界的影响对流体的搅拌作用而形成的。加大液体或气体的流动速度，能加快对流传热。火灾条件下，室内的热烟气与室外空气密度不同，热烟气轻，室外空气重，形成压力差，产生一种浮力，热烟气向上升腾，由窗口上部流出室外，室外空气则由窗口下部补充进室内，新鲜空气经燃烧、受热膨胀后，又向上升腾，这样不断循环，形成热对流现象。热对流会引起热烟气所经路线上的可燃物着火。

建筑发生火灾过程中，一般来说，通风孔洞面积越大，热对流的速度越快；通风孔洞所处位置越高，热对流速度越快。热对流对初期火灾的发展起重要作用。

3. 热辐射

物体因自身的温度而具有向外发射能量的本领，这种热传递的方式称为热辐射。热辐射以电磁辐射的形式发出能量，温度越高，辐射越强。热辐射是远距离传热的主要方式。建筑中室内着火点附近的可燃物，虽然没有与火焰直接接触，也没有中间导热体作媒介，但通过热辐射也能着火燃烧。

热辐射是促使建筑室内火灾及建筑之间火灾蔓延的重要形式。起火点附近与火焰不相接触又无中间导热体作媒介而被引燃的可燃物，就是热辐射及热对流的结果。火场上的火焰、烟雾都能辐射热能，辐射热能的强弱取决于燃烧物质的热值和火焰温度。物质热值越大，火焰温度越高，热辐射也越强。辐射热作用于附近的物体上，能否引起可燃物质着火，要看热源的温度、距离和朝向。

（二）建筑室内火灾蔓延的途径

建筑物内某一房间发生火灾，刚开始往往只是局部燃烧，随着火势增大，发展到轰燃以后，火灾就会通过建筑物的薄弱环节突破该房间的限制向其他空间蔓延，甚至蔓延到整个楼层。如果建筑物之间间距较小，火灾还会由一幢建筑物蔓延到其他相邻建筑物，形成大面积火灾。

建筑物内发生火灾，会因未设防火分区、洞口分隔不完善或通过可燃的隔墙、顶棚等使热烟气流沿水平方向蔓延，或通过楼梯间、管道竖井、外墙窗口进行竖向蔓延，也可能通过空调系统管道蔓延。建筑室内火灾蔓延途径如图1-1所示。

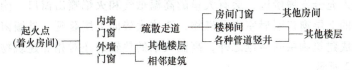

图1-1　建筑室内火灾蔓延途径

研究分析建筑室内火灾在空间上发展的一般规律及特点，就是要理清建筑室内火灾蔓延的途径，找出火灾中建筑的薄弱环节，并采取相应措施划分防火分区，处理好建筑物薄弱环节防火构造措施，把火势控制在一定的区域内，防止扩大蔓延。

火灾由起火部位向其他区域蔓延是通过可燃物直接延烧、热传导、热辐射和热对流等方式实现的。大量火灾实例表明，火灾从起火部位向其他部位蔓延的途径主要有以下几个方面。

1. 内墙门

着火的房间，开始时往往只有一个，而火最后蔓延到整个楼层，甚至整幢建筑物，其原因大多是内墙的门没有把火挡住，火烧穿内墙门，蹿到走廊，再通过相邻房间的门进入邻间引起燃烧。通常，走廊内即使没有可燃物，高温热气流和未完全燃烧产物的扩散，仍能把火灾蔓延到相距较远的房间。

2. 房间隔墙

房间隔墙如果采用可燃材料建造，或者虽然采用了不燃、难燃材料建造，但耐火性能较差，火灾时无法起到隔火作用，也会使火势蔓延到相邻房间。

3. 楼板孔洞

由于使用功能的需要，建筑物中设有许多竖向管井和开口部位，如楼梯井、电梯井、管道井、电缆井、垃圾井、通风和排烟井等。这些竖井管道和开口部位贯穿若干楼层，甚至整幢大楼。建筑物发生火灾时，会产生烟囱效应，据测定，高温烟气在竖向管井中向上蔓延的速度可达 3～5m/s，造成火势在短时间内迅速向上层蔓延，甚至引起立体燃烧，如图1-2所示。

图1-2　楼梯间蔓延火灾

4. 穿越楼板、墙壁的管道和缝隙

室内发生火灾，物质燃烧后形成的环境空气正压，会促使火焰和热气流通过该室内的任何孔洞、缝隙，如玻璃幕墙缝隙，各类管道穿越楼板、墙壁的缝隙等，将火势蔓延出去。此外，穿过房间的干式金属管道在火灾高温作用下，有时也会因热传导而将热量传到相邻或上层房间的一侧，引起相邻或上层房间着火。

5. 闷顶

建筑闷顶内着火，或火势通过闷顶的人孔、住人闷顶的楼梯等开口部位进入闷顶内部时，由于闷顶内往往没有防火分隔，空间较大，很容易使火势沿水平方向蔓延，并通过闷顶内的孔洞向四周及下部的房间蔓延，且在蔓延的过程中不易被发现。

6. 外墙窗口

室内火灾进入充分发展阶段，会有大量的高温烟气和火焰喷出窗口，能将上层窗口烧穿或直接通过打开的上层窗口引燃室内可燃物，造成火势向上层蔓延。外墙窗口喷出的高温烟气、火焰除了造成建筑物层间蔓延之外，高温火焰的热辐射还对相邻建筑物及其他可燃物构成威胁，如图1-3所示。

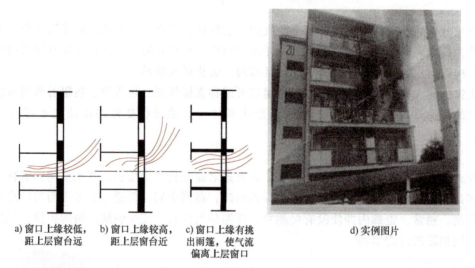

a) 窗口上缘较低，距上层窗台远　　b) 窗口上缘较高，距上层窗台近　　c) 窗口上缘有挑出雨篷，使气流偏离上层窗口　　d) 实例图片

图1-3　火由外墙窗口向上蔓延

（三）烟气流动的驱动力

建筑发生火灾时，烟气流动的方向通常是火势蔓延的一个主要方向。一般500℃以上热烟所到之处，遇到的可燃物都有可能被引燃起火。

烟气流动的驱动力包括室内外温差引起的烟囱效应、火风压、外界风的作用等。

1. 烟囱效应

当建筑物内外的温度不同时，室内外空气的密度随之出现差别，这将引发浮力驱动的流动。如果室内空气温度高于室外，则室内空气将发生向上运动，建筑物越高，这种流动越强。竖井是发生这种现象的主要场合，在竖井中，由于浮力作用产生的气体运动十分显著，通常称这种现象为烟囱效应。在火灾过程中，烟囱效应是造成烟气向上蔓延的主要因素。

2. 火风压

火风压是指建筑物内发生火灾时，在起火房间内，由于温度上升，气体迅速膨胀，对楼板和四壁形成的压力。火风压的影响主要在起火房间，如果火风压大于进风口的压力，则大量的烟火将通过外墙窗口，由室外向上蔓延；若火风压等于或小于进风口的压力，则烟火便全部向内部蔓延，当烟火进入楼梯间、电梯井、管道井、电缆井等竖向孔道以后，会大大加强烟囱效应。

3. 外界风的作用

风的存在可在建筑物的周围产生压力分布，而这种压力分布能够影响建筑物内的烟气流动。建筑物外部的压力分布受到多种因素的影响，其中包括风的速度和方向、建筑物的高度和几何形状等。外界风的作用的影响往往超过其他烟气流动的驱动力（自然和人工）的影响。一般来说，风朝着建筑物吹过来会在建筑物的迎风侧产生较高的滞止压力，这可增强建筑物内的烟气向下风方向的流动。

二、建筑室内火灾的发展

建筑室内火灾与其他类型火灾一样，在通常情况下，有一个由小到大、由发展到熄灭的过程，其在不同的环境下会呈现不同的特点。与可燃液体和可燃气体火灾相比，建筑室内火灾各阶段的区别更明显，特点更突出。

建筑室内火灾最初是发生在室内的某个房间或某个部位，然后由此蔓延到相邻的房间或区域，以及整个楼层，最后蔓延到整个建筑物。根据室内火灾温度随时间的变化特点，可以将建筑室内火灾发展过程分为三个阶段（图1-4），它们分别是初期增长阶段、

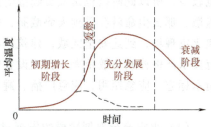

图1-4　建筑室内火灾温度-时间曲线

充分发展阶段、衰减阶段。建筑室内火灾发展的三个阶段的持续时间、温度变化，都是由燃烧时的条件所决定的，每一阶段都有其自身的规律及特点。

1. 室内火灾的初期增长阶段

（1）火灾初期增长阶段的发展过程及特点。室内发生火灾后，最初只是起火点周围的可燃物着火燃烧，这时燃烧就好比在敞开的空间里进行一样，起火点处局部温度较高，燃烧面积不大，室内各点的温度极不平衡，燃烧大多比较缓慢。由于受到室内可燃物的燃烧性能、分布以及建筑通风、散热等条件的影响，初期增长阶段的燃烧有可能形成灾害，也有可能中途自行熄灭，一般会出现下列三种情况：

1）最初着火的可燃物质烧完，而未延及其他的可燃物质，燃烧自动终止，这种情况多半出现在初始着火的可燃物处于隔离的情况下。

2）如果通风不足，则火灾可能由于缺氧而自行熄灭，或受到通风供氧条件的支配，以很慢的燃烧速度继续燃烧。

3）如果存在足够的可燃物质，而且具有良好的通风条件，则火灾迅速发展到整个房间，使房间中的所有可燃物（家具、衣服、可燃装修等）卷入燃烧之中，从而使室内火灾进入充分发展阶段。

概括起来，火灾初期增长阶段的特点主要是燃烧范围不大，火灾仅限于初始起火点附近；室内温度差别大、平均温度低，在燃烧区域及其附近温度较高，其他部位温度低；火灾发展速度较慢，火势不稳定；火灾持续时间因起火原因、可燃物质的性质和分布、建筑物通

风条件等的影响而长短有别。

（2）相应的防火措施。

1）严控建筑材料关。在火灾初期增长阶段，起火点的燃烧是否能发展成为灾害，与可燃物的燃烧性能、数量及分布有着极大的关系。因此，在选择建筑材料时，应严格把关，尽可能选择不燃或难燃建筑材料，少采用可燃或易燃建筑材料。当少量选择了可燃或易燃建筑材料时，应采取相应的防火处理措施，变可燃、易燃材料为难燃材料。对于建筑室内的可燃或易燃物品，要采取一定的防火隔离措施，控制火灾燃烧范围。

2）适当设置建筑消防设施。根据火灾初期增长阶段的特点，该阶段是灭火的最有利时机。如果能在火灾初期增长阶段及时发现并控制火灾，火灾损失就会大大降低。为此，应在一些建筑物内设置火灾自动报警系统，保证及时发现火灾；另外，还应根据建筑物的火灾危险性及重要程度，适当在建筑物内设置相应的灭火设施，如消防水喉（自救卷盘）、灭火器、室内外消火栓、自动灭火设施等，使火灾在初期增长阶段就得到控制或扑灭。

3）完善建筑疏散设施。火灾初期增长阶段，燃烧范围小，火灾产生的温度不高，烟雾也较少，所以此阶段也是人员疏散的最有利时机。如果火灾时人员在初期增长阶段不能及时疏散，那么生命就会受到火势威胁，安全难以得到保障。为使人员在火灾时能安全迅速地撤离火灾现场，到达安全区域，建筑应有较完善的疏散设施。进行建筑防火设计时，应按照规范要求严格控制疏散距离，合理设置安全出口数量和宽度，对一些建筑还应按要求设置疏散指示标志、应急照明、应急广播、避难层及避难间等。

2. 室内火灾的充分发展阶段

（1）火灾充分发展阶段的发展过程及特点。建筑室内火灾持续燃烧一定时间后，燃烧范围不断扩大，温度升高，室内的可燃物在高温的作用下，不断分解释放出可燃气体。当房间内温度达到400~600℃时，室内绝大部分可燃物起火燃烧，这种在限定空间内可燃物的表面全部参与燃烧的瞬变状态，称为轰燃。轰燃的发生标志着室内火灾进入全面发展阶段。

进入充分发展阶段后，室内所有可燃物表面开始燃烧，室内温度急剧上升，可高达800~1000℃。由于此阶段大量可燃物同时燃烧，燃烧的速率受控于通风口的大小和通风的速率，因此，此阶段属于通风控制型火灾。此阶段，火焰会从房间的门、窗等开口处向外喷出，沿走廊、吊顶迅速向水平方向以及通过竖向管井、共享空间等纵向空间蔓延扩散，使邻近区域受到火势的威胁，这是室内火灾最危险的阶段。

火灾充分发展阶段的特点：

1）轰燃现象出现，温度急速上升，并达到最高值。轰燃现象发生后，房间内所有可燃物都在猛烈燃烧，放热速度加快，因而房间内温度升高很快，火场温度接近直线上升，并达到最高点，最高温度可达1100℃。

2）燃烧稳定。可燃物燃烧速度指的是单位时间内烧掉的可燃物数量（质量减少量）。在我国，城镇建筑绝大多数为钢筋混凝土结构建筑，耐火性能比较好。房间起火后，由于其四周墙壁、楼板、地面等建筑构件较坚固，耐火极限较高，一般不会被烧穿，因而发生火灾时房间的通风开口面积并没有多大变化。而火灾充分发展阶段的燃烧速度主要又是由门窗洞口等通风开口面积的大小所控制，通风开口面积变化不大，单位时间内从室外补充进来的空气量就接近不变，所以此阶段室内火灾燃烧稳定，可燃物燃烧速度（单位时间内质量减少量）接近不变。

3）持续时间与起火原因无关。火灾充分发展阶段的持续时间主要由可燃物的数量、燃烧速度决定，由建筑通风情况控制，而与起火原因无关。在可燃物数量一定的情况下，如果建筑通风开口面积较大，通风良好，可燃物燃烧速度较快，火灾持续时间就短；反之，火灾持续时间就长。在火灾充分发展阶段，由于燃烧猛烈，可燃物燃烧速度要比其他两个阶段快，所以此阶段烧掉的可燃物数量所占比例很大，约占整个火灾烧掉总数的80%。

（2）相应的防火措施。为了减少火灾损失，针对火灾充分发展阶段的特点，在建筑防火设计中应采取的主要措施有：在建筑物内设置具有一定耐火性能的防火分隔设施（如防火墙、防火卷帘、消防水幕等），并划分防火分区，把火灾控制在一定的范围之内，防止火灾大面积蔓延；选用耐火性能较好的建筑结构作为建筑物的承重体系，确保建筑物发生火灾时不发生倒塌破坏，为火灾时人员疏散、消防队扑救火灾，火灾后建筑物修复继续使用创造条件，使火灾损失降到最低限度。

3. 室内火灾的衰减阶段

（1）火灾衰减阶段的发展过程及特点。在火灾充分发展阶段后期，随着室内可供燃烧的可燃物数量不断减少，火灾燃烧速度缓慢递减，温度逐渐下降，当火场平均温度下降到最高温度的80%时，标志着火灾发展进入衰减阶段。随后，房间温度下降明显，直到把房间内全部可燃物烧光，室内与室外温度相同，宣告火灾结束。

火灾衰减阶段的火场仍存有大量未熄灭的灰烬，火场在一定时间内依然保持着高温状态，热辐射也较强，同样存在着建筑物遭受坍塌破坏和火灾向其他部位蔓延的危险。

火灾衰减阶段温度下降的速度与前两个阶段的火灾持续时间有关。前两个阶段火灾持续时间长的，火灾衰减阶段温度下降的速度就慢；反之，温度下降速度就快。火灾试验表明，前两个阶段火灾持续时间在1h以下的，火灾衰减阶段温度下降的速度大约是每分钟12℃；持续时间在1h以上的，火灾衰减阶段温度下降的速度大约是每分钟8℃。

火灾充分发展阶段和衰减阶段是通风良好情况下室内火灾的自然发展过程。实际上，一旦室内发生火灾，常常伴有人为的灭火行动或自动灭火设施的启动，因此会改变火灾的发展过程。不少火灾尚未发展就被扑灭，这样室内就不会出现破坏性的高温。如果灭火过程中，可燃材料中的挥发性成分并未完全析出，可燃物周围的温度在短时间内仍然较高，易造成可燃挥发性成分再度析出，一旦条件合适，可能会出现死灰复燃的情况，这种情况不容忽视。

（2）衰减阶段灭火时应注意的事项。衰减阶段前期，燃烧仍十分猛烈，火灾温度依然很高。因此，灭火时，要注意以下两个方面：

1）防止建筑构件因长时间受高温作用和灭火射水的冷却作用而出现裂缝、下沉、倾斜甚至倒塌破坏，威胁消防人员的人身安全。

2）全面清除火场余火，防止死灰复燃，防止向相邻建筑蔓延。

三、建筑室内火灾的轰燃现象

室内火灾发展过程中出现的轰燃现象，是火灾发展的重要转折点。轰燃所占时间较短，通常只有数秒钟或者几分钟，因此把它看作一种现象，而不作为一个阶段。

（一）轰燃的概念

轰燃是指室内火灾由局部燃烧向所有可燃物表面燃烧的突然转变。室内轰燃是一种瞬态过程，其中包含着室内温度、燃烧范围、气体浓度等参数的剧烈变化。目前研究认为，当建筑室内火灾出现以下三种情况时，即可判断发生了轰燃：一是顶棚附近的气体温度超过某一特定值（约600℃）；二是地面的辐射热通量超过某一特定值（约20kW/m²）；三是火焰从通风开口喷出。影响轰燃发生的重要因素包括室内可燃物的数量，燃烧特性与布局，房间的大小与形状，房间通风开口的大小、位置与形状，室内装饰装修材料的热惯性（由热导率、密度和比热组合而成的一个参数，决定热量吸收的多少）等。

（二）轰燃的征兆

通过对专业人员在灭火实战中的总结，轰燃发生之前火场可能出现以下征兆：

（1）屋顶的热烟气层开始出现火焰。这说明室内的温度已经很高，热烟气层的部分可燃气体被引燃或受热自燃出现了零星燃烧现象。

（2）出现滚燃现象。在室内的顶棚位置以及门、窗顶部流出的热烟气层中有可能观察到由于空气卷吸形成的很多形似手指头状的滚动火焰，即滚燃现象。

（3）热烟气层突然下降。这是因为室内燃烧产生烟气的量突然增加，使得烟气层突然变厚。

（4）温度突然增加。室内温度突然上升，裸露部分的皮肤可以感觉到高温引起的疼痛，这也是轰燃发生之前的重要征兆，因为热量是触发轰燃的原因之一。

四、不同建筑的火灾特点

（一）不同使用功能建筑的火灾特点

建筑物按使用功能不同可分为民用建筑和工业建筑两类。

民用建筑室内存放的物品一般多为生活物品、办公物品与装饰装修物品，绝大多数是有机可燃物品，其燃烧时表现出来的高温性能基本相似。因此，民用建筑发生火灾时一般会明显地经历火灾初期增长阶段、充分发展阶段和衰减阶段，表现出单一性的火灾特点。

工业建筑分为厂房和仓库。厂房的火灾特点主要取决于生产过程中所使用的原材料、生产加工的产品的火灾危险性大小以及生产工艺流程。如石油化工生产，大多是在高温高压状态下进行的各种理化反应，一旦发生火灾，通常是先爆炸后着火，有时则是先着火后爆炸，甚至发生多次爆炸。仓库的火灾特点主要取决于仓库内储存物资的数量和性质。当仓库内存放的是难燃或不燃物资时，其火灾危险性就比较小，一般不易起火，或是即使起火了也比较容易控制；当仓库内存放的是可燃物资时，其火灾特点与民用建筑基本相似，一般要经历火灾的三个阶段，只是可燃物数量大时火灾蔓延速度快、燃烧猛烈、火场温度高、建筑会被烧得严重变形而倒塌；当仓库内存放的是易燃易爆危险物品时，其火灾则表现出燃烧伴随爆炸、爆炸伴随燃烧的特点，这种火灾一般比较难控制，扑救难度大，火灾产生的破坏力极强，建筑往往会遭受毁灭性的破坏，火灾损失极大。从以上分析可以看出，相比民用建筑而言，工业建筑火灾表现出了多样性的特点。

（二）不同形式建筑的火灾特点

由于建筑形式的不同，发生火灾时表现出来的特点也不尽相同。

1. 高层建筑的火灾特点

高层建筑火灾除具有一般建筑火灾的典型特征外，还具有其突出特点，主要表现为以下三点：

（1）火势发展过程特征明显，易形成立体火灾。高层建筑火灾的发展和蔓延特点突出，一般具有初期增长、充分发展和衰减三个阶段，而且由于火势蔓延途径多，影响火势蔓延的因素复杂，如在初期增长阶段火势得不到有效控制，极易形成立体火灾。随着燃烧时间的持续，高层建筑房间的室温不断升高，当其室内上层空间的气温达到400~600℃时，会发生轰燃，使火灾进入充分发展阶段。在这一阶段，室内可燃物全部着火，房间或防火分区内充满浓烟、高温和火焰。在火风压作用下，浓烟、高温和火焰从开口处喷出，沿走道迅速向水平方向蔓延扩散；同时，由于烟囱效应的作用，火势通过电梯井、共享空间、玻璃幕墙缝隙等途径迅速向着火层的上层蔓延，甚至出现跳跃式燃烧。另外，火势还会突破外窗向上层延烧。

（2）影响火灾蔓延的因素十分复杂，火灾持续时间长。影响高层建筑火灾蔓延的因素有火风压、烟囱效应、热对流、热辐射、轰燃、风力等。这些因素的存在使高层建筑火灾蔓延迅速，且火势难以控制。同时，高层建筑，尤其是超高层建筑，一般处于城市的黄金地段，是城市的标志性建筑，这样的建筑装修考究，室内大量采用了可燃、易燃装修材料，燃烧物质较多，一旦发生火灾，持续时间较长。

（3）人员疏散和火灾扑救困难。因为高层建筑楼层多、垂直距离大，被困人员疏散距离长，所用的疏散时间长，而高层建筑的火灾蔓延又比较迅速，火灾初期增长阶段一般时间较短，所以高层建筑发生火灾时人员疏散困难；同样，因为高层建筑楼层多、垂直距离大，导致火灾扑救工作难度大，特别是当火灾发生在上部楼层时，扑救就更为困难。

2. 地下建筑的火灾特点

地下建筑处于地面以下，通过通道和出入口与地面连接，通风条件差，火灾时烟雾很快充满地下空间并难以排出，表现出难排烟、难排热的特点。因为难排烟，大量烟雾就会遮挡人的视线，并使人中毒；因为难排热，高温会使人的生理机能下降，行动缓慢，所以地下建筑火灾易造成大量人员伤亡。地下建筑出入口的布置形式和数量、内部空间的大小、通道设施的完善状况等因素决定着地下建筑内风的流动状态和火势发展蔓延的快慢。上述因素也造成地下建筑火势发展蔓延情况复杂，发生火灾时人员疏散、火灾扑救异常困难。

3. 大跨度建筑的火灾特点

大跨度建筑，如影剧院、礼堂、体育馆、大型工业厂房等，一般采用钢结构作为承重结构。钢材虽为不燃性建筑材料，但其强度会随着温度的升高而迅速降低。试验证明，当温度达到400℃时，钢材的强度会下降至原来的一半；而当温度达到800℃时，其强度就会完全消失。一般情况下，火灾现场的温度一般在800℃甚至1000℃以上，在这样高的温度下钢结构的承载能力会迅速下降，致使钢结构产生过大变形而坍塌破坏，并且这种坍塌往往没有任何预兆。所以，大跨度钢结构建筑在火灾时表现出突发性坍塌破坏的特点。

五、火灾中建筑结构的倒塌与破坏

（一）建筑结构倒塌破坏的原因

1. 高温作用

在火灾情况下，木质结构表面炭化，削弱了承载截面；钢结构因受热产生塑性变形；硅酸盐砌块因内部热分解而松散；预应力钢筋混凝土结构因受热失去预加应力；钢筋混凝土因受热造成抗拉、抗压强度下降，特别是保护层因受热发生剥落，甚至出现钢筋与混凝土剥离的现象等，这些情况都会导致构件的承载力降低。

2. 爆炸作用

火灾时，建筑物内发生爆炸，其产生的冲击波、压力波和振动会破坏建筑物的主要承重构件和结构的稳定性，导致建筑物发生局部破坏和整体倒塌。

3. 附加荷载

上部结构局部倒塌后重压在下部楼板上；灭火时用水过量，楼层内大量积水未能及时排除；室内储存物品如棉花、纸张等，大量吸收灭火用水；进入着火建筑物内的人员过多等，这些情况都能导致建筑物活荷载加大，当超过建筑物构件的承载能力时，建筑结构便会发生倒塌。

4. 冷热骤变

处于高温状态下的建筑结构材料，在消防射流的作用下，会造成结构表面收缩开裂或变形，特别是钢结构构件局部过热遇水骤冷时会发生较大变形，使钢结构失去静态平衡稳定性，导致结构整体倒塌。

5. 外力冲击

火场上使用大口径水枪（炮）对承重构件进行直接冲击，或使用大型机械设施疏散重要物资和清理现场时，若意外冲（撞）击了承重柱或承重墙，则可能会导致建筑结构局部或整体倒塌。

（二）建筑结构倒塌破坏的规律

根据对火灾情况下建筑结构倒塌破坏的大量调查研究和分析，建筑结构倒塌破坏有其自身的规律。

1）建筑结构倒塌破坏的顺序一般是先顶棚，后屋顶，最后是墙、柱。

2）木结构和钢结构建筑都易于发生倒塌破坏，而且破坏来得早，来得突然。

3）木结构屋顶一般很少发生整体坍塌，大多是局部破坏；钢结构屋顶易发生整体坍塌或大范围的破坏。

4）在结构形式中，简支结构件、悬梁构件等静定结构比连续梁等超静定结构易于发生倒塌破坏；三铰薄壳结构屋顶的坍塌破坏大多是整片的；桁架结构在火灾条件下不仅破坏发生得早，而且往往是大面积破坏。

5）预制楼板、砖墙的混合结构，装配式钢筋混凝土结构，无梁现浇混凝土板柱结构，以及单跨单层的砌体且缺乏横墙的结构等，易发生连续倒塌。

（三）建筑结构倒塌破坏的征兆

建筑结构倒塌除了由于爆炸所引起的瞬间倒塌外，一般要经过一定的燃烧时间，室内也必然存在着较高的温度。因此，建筑结构倒塌破坏前会出现一些征兆。

1. 结构变形

建筑结构发生变形，表明建筑物正在逐步失去原有的承载能力和稳定性。如建筑结构部分或整体倾斜、承重钢构件大幅度弯曲、承重墙墙面外鼓或出现较大裂缝、楼板下沉，以及墙体或楼板变形造成玻璃幕墙成片破碎等，这些都是建筑物发生倒塌破坏的重要征兆。

2. 异常声响

建筑结构在倒塌破坏前，一般会发出"咔嚓咔嚓"或"叽叽嘎嘎"的声响，且声音由小到大，直到倒塌破坏发生。

火场上，一旦发生上述异常情况，要及时采取有力措施，包括采取紧急撤退行动等，以避免人员伤亡。

单元三　建筑火灾的基本消防对策

在研究建筑火灾的发生、发展、扩大蔓延规律的基础上，采取相应的防控技术措施，阻止火势蔓延，把火灾控制在最小范围内，最大限度地减少人员伤亡和火灾损失，是当前设计、施工单位以及监督部门亟待研究和解决的新课题。

一、建筑防火技术的概念

建筑防火是一门研究如何预防、控制建筑火灾危害的学问，是人类在长期与火灾的斗争中，在建筑设计时采用的防火技术措施的总结。这些防火技术措施总体可归纳为防火技术、避火（逃生、疏散）技术、控火技术、耐火技术，在设计过程中依靠建筑设计、结构设计、采暖通风设计和电气设计等相关专业人员共同完成。

（1）防火技术：防止火灾发生的技术，如建造中采用非燃性建筑材料，易燃易爆场所设置防爆电气、防火地面，电气线路的连接和电气设备的安全要求，各种热流装置的控制要求等。

（2）避火技术：在火灾发生时，人员安全脱离火场的技术，如火灾的探测，合理设置疏散通道、疏散设施和安全出口，设置声光警报等。避火技术为火灾时人员逃生创造安全条件。

（3）控火技术：一是把火灾控制在初期增长阶段，如安装火灾自动报警器、自动灭火系统，进行初期有效的扑救；二是把火灾控制在较小范围，如在建筑物水平方向和竖向设置防火分隔、划分防火分区、在建筑物之间留一定的防火间距、切断火灾蔓延的途径、减少火灾面积等。

（4）耐火技术：即加强建筑构件的耐火稳定性，使其在火灾中不致失效，尤其是不能发生整体倒塌。

二、建筑防火的总体原则

为适应国际技术法规与技术标准通行规则，2016 年以来，住房和城乡建设部陆续印发一系列文件，提出政府制定强制性标准、社会团体制定自愿采用性标准的长远目标，明确了逐步用全文强制性工程建设规范取代现行标准中分散的强制性条文的改革任务，逐步形成由法律、行政法规、部门规章中的技术性规定与全文强制性工程建设规范构成的"技术法规"体系。在此指导思想的总体要求下，住房和城乡建设部依据有关法律法规，制定并发布了一系列新的规范，规定了各类建筑在规划、设计、施工、使用和维护等方面应满足的基本防火要求。这些要求旨在进行建筑规划和设计时就使建筑具备与其火灾危险性相适应的消防安全性能，在施工、拆除和维护过程中能够有效预防火灾发生，使建筑在使用过程中能够保持其设计要求具备的消防安全性能，从而最大限度地减少火灾危害。

（1）统一规范标准，加强监督落实，以达到预防建筑火灾、减少火灾危害，保障人身和财产安全，使建筑防火要求安全适用、技术先进、经济合理的目的。

（2）除生产和储存民用爆炸物品的建筑外，新建、改建和扩建建筑在规划、设计、施工、使用和维护中的防火，以及既有建筑改造、使用和维护中的防火，必须按规范要求严格执行。

（3）生产和储存易燃易爆物品的厂房、仓库等，应位于城镇规划区的边缘或相对独立的安全地带。

（4）城镇耐火等级低的既有建筑密集区，应采取防火分隔措施、设置消防通道、完善消防水源和市政消防给水与市政消火栓系统。

（5）既有建筑改造应根据建筑的现状和改造后的建筑规模、火灾危险性和使用用途等因素确定相应的防火技术要求，并达到相应的目标、功能和性能要求。城镇建成区内影响消防安全的既有厂房、仓库等应迁移或改造。

（6）在城镇建成区内不应建设压缩天然气加气母站，一级汽车加油站、加气站、加油加气合建站。

（7）城市消防站应位于易燃易爆危险品场所或设施全年最小频率风向的下风侧。

（8）工程建设所采用的技术方法和措施是否符合规范要求，由相关责任主体判定。其中，创新性的技术方法和措施应进行论证并符合规范中有关性能的要求。

（9）依据规范对各类建筑实施全生命周期的消防安全管理，如有违反，依照有关法律法规的规定予以处罚。

三、建筑防火的目标与功能

在建筑的建设与使用过程中，要根据建筑的高度或规模、火灾危险性及扑救难易程度、使用人员的特点等影响建筑消防安全的主要因素，有针对性地确定建筑的防火要求和实现这些要求的方法、措施。因此，建筑的防火性能和设防标准应与建筑的高度（埋深）、层数、规模、类别、使用性质、功能用途、火灾危险性等相适应。

1. 建筑防火应达到的目标要求

（1）保障人身和财产安全及人身健康。

（2）保障重要使用功能，保障生产、经营或重要设施运行的连续性。

（3）保护公共利益。

（4）保护环境、节约资源。

2. 建筑防火应符合的基本功能要求

（1）建筑的承重结构应保证其在受到火或高温作用后，在设计耐火时间内仍能正常发挥承载功能。

（2）建筑应设置满足在建筑发生火灾时人员安全疏散或避难需要的设施。

（3）建筑内部和外部的防火分隔应能在设定时间内阻止火灾蔓延至相邻建筑或建筑内的其他防火分隔区域。

（4）建筑的总平面布局及与相邻建筑的间距应满足消防救援的要求。

3. 临时建筑的消防安全要求

在赛事、博览、避险、救灾及灾区生活过渡期间建设的临时建筑或设施，其规划、设计、施工和使用应符合消防安全要求。灾区过渡安置房集中布置区域应按照不同功能区域分别单独划分防火分隔区域。每个防火分隔区域的占地面积不应大于 $2500m^2$，且周围应设置可供消防车通行的道路。

4. 交通隧道工程的防火设防原则

交通隧道的防火要求应根据其建设位置、封闭段的长度、交通流量、通行车辆的类型、环境条件及附近消防站设置情况等因素综合确定。

四、建筑消防对策

根据对建筑火灾成因及建筑火灾发生发展规律的分析，目前世界各国普遍采用的建筑消防基本对策主要有两种：一是积极防火对策，即防止建筑起火，以及在起火后积极控制、消灭火灾的措施；二是消极防火对策，即控制建筑火灾损失的措施。

(一) 积极防火对策

积极防火对策是指在进行建筑设计与使用过程中，最大限度地破坏火灾构成条件，阻止火灾发生；一旦发生火灾，积极采取主动有效的措施发现火灾、消灭火灾，确保人员安全和财产安全。以积极防火对策进行防火，可以减少火灾的发生次数，但却不能从根本上杜绝火灾发生。

积极防火对策在建筑设计过程中表现为依据国家现行规范要求，进行科学、合理地设计，排除建筑先天性火灾隐患，最大限度地降低火灾发生的概率；积极防火对策在建筑使用过程中主要表现为对"人与物"的管理，按照《中华人民共和国消防法》规定，明确职能、落实责任，积极排除人的不安全因素和物的不安全因素，尽可能破坏火灾构成条件。

1. 加强管理，预防人为因素引发火灾

加强人员培训、宣传教育，提高员工安全意识，教育人员遵守安全规定和操作规程。

2. 严格设施设备的设计要求，消除各种设施设备安全隐患，预防火灾发生

严格执行国家各项设计规程的要求，提高设备、设施的安全系数，降低各项设施、设备系统发生火灾的概率，加强对新工艺、新设备安全方面的研究，特别是用火、用电和易燃、易爆设备的安全问题。

3. 科学设计安全疏散系统

人为安全是消防安全工作的重中之重，首先要科学合理地设计疏散通道、疏散设施、安全出口、防排烟设施等，为受灾区域人员安全逃生创造条件；其次要加强安全疏散系统的管理，确保火灾时完整好用。

4. 合理设置火灾自动报警系统

在火灾的初期阶段，往往会有不少特殊现象或征兆，如发热、发光、散发出烟雾等。这些早期特征是物质燃烧过程中物质转换和能量转换的结果。这就为发现火灾苗头、进行火灾探测提供了信息和依据。火灾自动报警系统是早期发现火灾、控制火灾的重要技术手段，其往往与自动灭火系统联动，以实现阻止火势扩大的目的，同时有利于人员疏散。

5. 合理设置自动灭火系统和消火栓系统

自动灭火系统是建筑火灾早期扑救的主要力量，是全天候的"消防员"，它的诞生使建筑火灾的控制得到了质的飞跃。随着我国经济的发展，它得到了广泛的使用，有力地保障了建筑的安全。据统计，80%的早期火灾只要开启1~4个喷头就能得到有效的控制。

6. 合理设置防排烟系统

烟气是导致建筑火灾人员伤亡的最主要原因。有效地控制火灾时烟气的流动，对于保证安全疏散以及火灾救援行动的开展起着重要的作用。

（二）消极防火对策

消极防火对策是指针对可预见的建筑火灾而采取的设法及时控制火灾与消灭火灾的一系列措施。从定义可以看出，消极防火对策主要体现在"控"字上。"控"就是要控制火灾的燃烧范围，防止火灾扩大蔓延而增加火灾损失。

1. 合理设定建筑的耐火等级，确保建筑具有良好的抗火能力

建筑的耐火等级主要涉及建筑结构构件的耐火性能。建筑结构承载着整个建筑荷载，也包含了人员的生命，一旦结构在火中出现垮塌，那么人员生命也将受到伤害，所以建筑结构的抗火能力就成了保护建筑安全和人员生命安全的最后一道屏障（防线）。因此，要根据不同建筑的特点（包括结构特点、使用特点、火灾危险性），正确选择建筑的耐火等级，确保建筑的安全和人员生命的安全。

2. 合理确定建筑防火分区，有效控制火灾蔓延

在建筑物内实行防火分区和防火分隔，可有效地控制火势的蔓延，有利于人员疏散和火灾扑救，达到减少火灾损失的目的。

3. 合理确定建筑的防火间距，防止火灾在建筑之间蔓延

建筑物发生火灾后，往往会因热辐射等作用，而将火灾蔓延到相邻建筑，形成大面积燃烧。因此，要根据相邻建筑物的具体情况合理确定防火间距。

从以上论述可知，消极防火对策是一种被动的保护措施，是建筑安全的最后一道屏障，通常一种措施单独使用的效果是不会太理想的，既无法保障人员安全，经济上也不合算，只有综合使用积极防火对策和消极防火对策才能取得最佳效果。

模块二

建筑材料的火灾高温特性

> **模块概述:**
>
> 　本模块的主要内容是认识建筑常用材料的分类组成、火灾高温性能以及防火保护方法。
>
> **知识目标:**
>
> 　认识建筑常用材料,了解其组成与分类,掌握建筑常用材料的火灾高温特性以及材料在建设及使用过程中采取的防火保护方法。
>
> **素养目标:**
>
> 　《中华人民共和国国民经济和社会发展第十四个五年规划和2035年远景目标纲要》提出坚持统筹发展和安全,要把安全发展贯穿于国家发展的各领域和全过程。这就要求在建筑材料的发展、实践运用过程中,要构建建筑的全生命周期(设计、施工、装饰、使用、改造、拆除)安全体系。

单元一　建筑材料及其火灾高温特性概述

一、建筑材料

　　建筑材料是指建造建筑物时使用的材料。其品种繁多,为便于了解和对其防火性能进行研究,一般按建筑材料的化学构成把建筑材料分为三大类,见表 2-1。

表 2-1　建筑材料按化学构成分类

分类名称	材料举例
无机材料	混凝土、胶凝材料类 砖、天然石材与人造石材类 建筑陶瓷、建筑玻璃类 石膏制品类 无机涂料类 建筑金属、建筑五金类 各种功能性材料等

（续）

分类名称	材料举例
有机材料	建筑木材类 建筑塑料类 装修及装饰性材料类 有机涂料类 各种功能性材料等
复合材料	各种功能性复合材料等

除按材料的化学构成区分外，根据材料的物理力学特性、外观和用于建筑物的不同部位，还可将材料分为结构材料、装饰材料和功能材料。结构材料包括木材、石材、水泥、混凝土、金属、砖瓦、陶瓷、玻璃、工程塑料、复合材料等。装饰材料包括各种涂料、油漆、镀层、贴面、墙纸、各色瓷砖、具有特殊效果的玻璃等。功能材料包括用于防水、防潮、防腐、防火、阻燃、隔声、隔热、保温、密封等特殊功能的材料。建筑材料在选择和使用时，要根据建筑物的功能要求，以及材料在建筑物中的作用和其受到各种外界因素的影响等，考虑材料所应具备的性能。

目前，我国对绝大部分的建筑材料制定有技术标准，生产单位应按技术标准生产合格的产品，使用部门参照标准和产品目录根据需求量材选用。

二、建筑材料的火灾高温特性

建筑材料的火灾高温特性主要有燃烧性能、高温力学性能、高温变形性能、燃烧毒性、燃烧发烟性、隔热性能六个方面。在火灾高温作用下，建筑中的不燃材料（无机材料）主要研究其高温力学性能、高温变形性能、隔热性能，建筑中的燃烧材料（有机及复合材料）主要研究其燃烧性能、燃烧发烟性、燃烧毒性。

（一）燃烧性能

1. 燃烧性能的概念

建筑材料的燃烧性能是指当建筑材料燃烧或遇火时所发生的一切物理和化学变化。这项性能由材料表面的着火性和火焰传播性、发热、发烟、炭化、失重、毒性以及生成物的特性等来衡量，影响因素主要有建筑材料的化学成分及其生成热、形状、密度、表面积等。

2. 燃烧性能的分级

我国建筑材料及制品的燃烧性能分级按照国家标准《建筑材料及制品燃烧性能分级》（GB 8624—2012）执行，该标准将建筑材料及制品的燃烧性能等级划分为 A（不燃匀质材料或不燃复合夹芯材料）、B_1（难燃材料）、B_2（可燃材料）、B_3（易燃材料）四个级别。

《建筑材料及制品燃烧性能分级》（GB 8624—2012）将建筑材料分为平板状建筑材料、铺地材料和管状绝热材料三大类；将建筑用制品分为四大类，分别是窗帘幕布、家居制品装饰用织物；电线电缆套管、电气设备外壳及附件；电器、家具制品用泡沫塑料；软质家具和硬质家具。

（二）高温力学性能

根据外力作用方式的不同，材料强度有抗拉强度、抗压强度、抗剪强度、抗弯（抗折）强度等。建筑消防安全主要研究在高温下，建筑材料因抵抗外力作用而产生的各种变形和极限应力，以及力学性能（尤其是极限应力）随温度的变化关系。在火灾期间，建筑中用于承重的木材、砖、石、混凝土、钢材等结构材料，在火灾高温作用下保持一定的强度对于人员疏散、灭火救援及灾后修复具有至关重要的意义。

（三）高温变形性能

建筑材料在火灾高温作用下，发生缓慢塑性变形的现象称为蠕变。蠕变的另一种表现形式是应力的松弛，是指承受弹性变形的构件，在工作过程中总变形量保持不变，但随时间的延长工作应力自行逐渐衰减的现象。例如，高温作用下紧固件因应力的松弛而失效。

（四）燃烧毒性

建筑材料燃烧时的毒性是指建筑材料在火灾中受热发生分解释放出的分解产物和燃烧产物对人体的毒害作用，它除了对人身造成危害之外，还严重妨碍人员的疏散行动和消防扑救工作。统计资料表明，火灾中的人员死亡，主要是中毒所致，或先中毒昏迷而后烧死，直接烧死的只占少数。特别是建筑内部装饰材料采用了大量的塑料等高分子合成材料，火灾中会分解产生很多毒性气体。火场中常见的有毒气体有 CO、CO_2、HCN、$COCl_2$、Cl_2、H_2S、SO_2、HF、NO_2 等，见表2-2。

表 2-2　火场中常见有毒气体的中毒症状

名称	毒性	中毒症状（随浓度不同）
CO	剧毒	头痛,软弱无力,视线模糊,眩晕,恶心呕吐,虚脱
CO_2	酸中毒	头痛、头晕、注意力不集中、惊厥、昏迷、呕吐、咳白色或血性泡沫痰、大小便失禁、抽搐、四肢强直
HCN	剧毒	头痛,眩晕,胸闷,恶心无力,呕吐,呼吸急促,皮肤黏膜呈鲜红色或苍白色,意识丧失,乏力,强直性或阵发性惊厥,全身肌肉松弛,反射消失,呼吸及心脏停止
$COCl_2$	剧毒	眼痛、流泪、咳嗽、胸闷气憋、呼吸频率改变、头痛、头晕、乏力、恶心、呕吐、上腹疼痛
Cl_2	剧毒	剧烈咳嗽,咽痛,呛咳,咳少量痰、气急、胸闷或咳粉红色泡沫痰、呼吸困难、发生咽喉炎、支气管炎、肺炎或肺水肿
H_2S	剧毒	呼吸道及眼刺激症状,可麻痹嗅觉神经,虚脱、休克,能导致呼吸道发炎、肺水肿,并伴有头痛、胸部痛及呼吸困难
SO_2	有毒	头痛、头晕、视线不清、畏光、鼻、咽、喉灼烧感及疼痛、出现溃疡和肺水肿直至窒息死亡,呼吸道慢性疾病
HF	剧毒	眼部剧烈疼痛,眼角膜损伤、穿孔,呼吸道黏膜刺激症状,可发生支气管炎、肺炎或肺水肿,反射性窒息,灼伤皮肤
NO_2	有毒	眼及上呼吸道刺激症状,肺水肿,胸闷、呼吸窘迫、咳嗽

（五）燃烧发烟性

建筑材料燃烧时的发烟性是指建筑材料在燃烧或热分解作用下，所产生的悬浮在大气中可见的高温固体和液体微粒。固体微粒主要是碳粒子，液体微粒主要是一些焦油状的液滴。材料燃烧时产生的高温毒性烟气，直接影响火灾现场能见度，从而使群众逃生困难，同时影响消防救援工作。火灾在发展过程中，燃烧不完全，有限空间内碳粒子生成多，消耗大量氧气，导致空间内充满各种中间裂解产物和不完全燃烧产物。这些产物多具有一定的毒性且可燃，空间内如果高温导致门窗破裂，氧气一旦供应充足，则会发生轰燃或回燃。在建筑火灾中，烟气的蔓延流动会对建筑内人员安全疏散及消防员内攻搜救带来困难和危险。事后，火场烟熏痕迹对火灾事故调查有重要的指导意义。

（六）隔热性能

当材料两面存在温差时，热量从材料一面传导至另一面的性质，称为材料的导热性。建筑材料在隔绝火灾高温热量方面，热导率越小，绝热性能越好。热导率小于 0.23W/（m·K）的材料可称为绝热材料。

热容量是指材料受热时吸收热量或冷却时放出热量的性能。材料热容量大小可用比热容表示，即1g材料升高温度1K时所需的热量。水的比热容最高，为4.19J/（g·K），故材料含水率增加，比热容增大。材料的膨胀、收缩、变形、裂缝、熔化、粉化等因素也对隔热性能有较大的影响。几种典型材料的热导率及比热容见表2-3。

表 2-3　几种典型材料的热导率及比热容

材料	热导率/[W/(m·K)]	比热容/[J/(g·K)]	材料	热导率/[W/(m·K)]	比热容/[J/(g·K)]
铜	370	0.38	松木（横纹）	0.15	1.63
钢	55	0.46	绝热纤维板	0.05	1.46
花岗石	2.9	0.8	玻璃棉板	0.04	0.88
普通混凝土	1.8	0.88	泡沫塑料	0.03	1.3
冰	2.2	2.05	密闭空气	0.025	1
水	0.6	4.19			

单元二　钢　　材

通常所说的钢铁材料是钢和铸铁的总称，指所有的铁碳合金。由于碳含量不同，钢铁材料的性能也不同，一般把碳含量大于等于2.11%的铁碳合金称为铁，而把碳含量为0.05%~2.1%的称为钢。钢的分类方法很多，按化学成分分为碳素钢、合金钢；按质量分为普通钢、优质钢、高级优质钢；按用途分为结构钢、工具钢、专用钢、特殊性能钢。

钢材的主要优点如下：

（1）抗拉、抗压、抗弯及抗剪强度高，塑性好，性能可靠等。在钢筋混凝土中，能弥补混凝土抗拉、抗弯和抗裂性能较低的缺点。

（2）在常温下钢材能接受较大的塑性变形（一定的条件下，在外力的作用下产生变形，当施加的外力撤除或消失后该物体不能恢复原状的一种物理现象），钢材能接受冷弯、冷拉、冷拔、冷轧、冷冲压等各种冷加工。冷加工能改变钢材的断面尺寸和形状，并改变钢材的性能。

（3）钢材性能的利用效率比其他非金属材料高。

（4）钢材韧性高，能经受冲击作用；可以焊接或铆接，便于装配；能进行切削、冲压、热轧和锻造；通过热处理方法，可显著改变或控制钢材的性能。

钢结构由于具有强度高、自重轻、抗震性能好、施工快、建筑基础费用低、结构占用面积少、工业化程度高等诸多优点而大量运用于大跨度及高层、超高层建筑。

建筑钢材的主要缺点是易锈蚀，不耐火，使用时需加以保护。

一、钢材的火灾高温特性

钢材属于不燃性建筑材料，热导率大，比热容低。在火灾高温作用下，由于热传导迅速导致强度损失快，未经防火保护的钢构件耐火极限很低。

2001 年的"9·11"恐怖袭击事件中，两架满载燃油的飞机于 8 时 46 分和 9 时 03 分分别撞向纽约世贸中心北楼 94~98 层和南楼 78~84 层，由于撞击引起爆炸及大火。9 时 59 分南楼和 10 时 29 分北楼相继全部倒塌。纽约世贸中心南北楼用钢 $7.8×10^4$ t，恐怖袭击造成 2996 人死亡。2010 年 4 月 7 日，山东省聊城市某塑胶公司发生火灾，9 时 01 分接到火警，10 分钟后公司大楼西侧的大部分彩钢板屋顶发生塌陷；10 时 58 分，大楼西侧钢立柱由于长时间被大火烧烤，完全失去承载能力，致使大楼西侧钢架结构全部坍塌。2012 年 7 月 16 日，湖南省长沙市某食品公司预备车间发生火灾，起火后 10 多分钟就发生了整体垮塌。

（一）钢材在火灾高温下的强度

1. 变形性能

在不同温度下进行钢材拉伸试验，可以作出不同温度下的应力-应变曲线图。

钢材的伸长率和截面收缩率随着温度升高而增大的趋势，表明高温下钢材的塑性增大，易于产生变形。另外，钢材在一定温度和应力作用下，随时间的推移，会发生缓慢的塑性变形，即蠕变。蠕变在较低温度时就会产生，在温度高于一定值时比较明显。对于普通低碳钢，产生蠕变时的温度为 300~350℃；对于合金钢，产生蠕变时的温度为 400~450℃。温度越高，蠕变现象越明显。蠕变不仅受温度的影响，而且也受应力大小的影响。

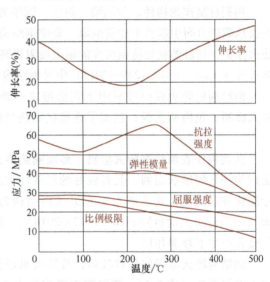

图 2-1　普通低碳钢高温力学性能

从图 2-1 中可以看出，普通低碳钢在 200℃时的伸长率要低于 20℃常温时，这意味着 200℃时低碳钢的伸长率较小。而在 400℃和 500℃时，普通低碳钢的伸长率要高于 20℃常温时，这意味着高温时普通低碳钢的变形性能比常温时加强了。

2. 高温时强度

图 2-1 中，普通低碳钢的抗拉强度在 100℃时有所降低，在 250℃升高到最大值；当温度继续升高，抗拉强度下降很快，500℃时只为常温时的 1/2 左右，1000℃时抗拉强度降为零。

一般情况下，钢材在 200℃时，力学性质（强度、弹性模量、线胀系数、蠕变性质）基本不变；400℃时，可与混凝土共同抵抗外力；540℃时，强度下降 50%。温度再继续上升，结构会很快软化，失去承载能力，不可避免地发生扭曲倒塌。当钢结构建筑火灾延续 5~7min 时，环境温度会升至 500~600℃，这样高的温度超过了钢梁、钢柱的临界温度，钢结构建筑便会因承重结构强度下降而扭曲坍塌。试验证明，常用钢结构构件的耐火极限很低，在 600℃ 左右时只有 0.25～0.50h。钢材可以通过冷加工和热处理等方式，来改变其强度、塑性、韧性和硬度等力学性能。

（二）钢结构的临界温度

承重钢构件失去承载能力的温度称为钢结构的临界温度。在实际工程中，绝大多数钢构件临界温度在 450～700℃。在建筑物火灾中，火场温度大多在 800～1200℃，火灾发生 10min 内，火场温度即可高达 700℃。对裸露的钢构件，在这样的火灾温度下，只需几分钟，其温度就可上升到 500℃ 左右而达到其临界值，进而失去承载能力，导致建筑物受到破坏甚至垮塌。影响钢结构临界温度的因素很多，例如结构荷载大小、构件截面形状、构件支撑条件、钢材碳含量及合金元素含量、生产加工方式等。

（三）钢构件的耐火极限

耐火极限试验表明，未经任何保护的钢构件，其耐火极限只有 0.25～0.50h。经过防火保护后的钢材，耐火极限显著提升。

二、钢结构的防火保护

用钢材制作的构件，如钢梁、钢柱、钢屋架，若不加以保护或保护不当，在火灾中可能因失去承载能力而引起整个建筑倒塌。要使钢结构在实际应用中克服耐火方面的不足，必须进行防火保护，其目的就是将钢构件的耐火极限提高到设计规范规定的极限范围。在《建筑钢结构防火技术规范》（GB 51249—2017）中对钢结构采用不同的保护方法提出了相关要求。

钢结构的防火保护可采用下列措施之一或其中几种措施的复（组）合：喷涂（抹涂）防火涂料；包覆防火板；包覆柔性毡状隔热材料；外包混凝土、金属网抹砂浆或砌筑砌体。

（一）喷涂（抹涂）防火涂料

在钢构件表面涂覆防火涂料，形成隔热防火保护层，这种方法施工简便、重量轻，且不受钢构件几何形状限制，具有较好的经济性和适应性。为促进钢结构防火涂料生产、应用的标准化和规范化，我国颁布实施了《钢结构防火涂料应用技术规程》（T/CECS 24—2020）和《钢结构防火涂料》（GB 14907—2018），对促进钢结构防火涂料的开发、应用和质量检测监督产生了显著作用。

钢结构防火涂料的品种较多，按防火机理分为膨胀型钢结构防火涂料和非膨胀型钢结构防火涂料两类（表2-4）。膨胀型钢结构防火涂料是指涂层在高温时膨胀发泡，形成耐火隔热保护层。非膨胀型钢结构防火涂料是指涂层在高温时不膨胀发泡，其自身成为耐火隔热保护层。膨胀型钢结构防火涂料的涂层厚度不应小于 1.5mm，非膨胀型钢结构防火涂料的涂层厚度不应小于 15mm。

根据涂层使用厚度，可将防火涂料分为超薄型（厚度小于或等于 3mm）防火涂料、薄型（厚度大于 3mm，且小于或等于 7mm）防火涂料和厚型（厚度大于 7mm）防火涂料三种。

表 2-4　钢结构防火涂料按防火机理分类

类型	特点及适应范围	
膨胀型（薄型、超薄型）	重量轻、施工简便，适用于任何形状、任何部位的构件，应用广；但对涂敷的基底和环境条件要求严格。用于室外、半室外钢结构时，应选择合适的产品	宜用于设计耐火极限要求低于 1.50h 的钢构件和要求外观好、有装饰要求的外露钢结构
非膨胀型（厚型）		耐久性好、防火保护效果好

钢结构采用喷涂防火涂料保护时，应符合下列规定：

（1）室内隐蔽构件，宜选用非膨胀型防火涂料。

（2）设计耐火极限大于1.50h的构件，不宜选用膨胀型防火涂料。

（3）室外、半室外钢结构采用膨胀型防火涂料时，应选用符合环境对其性能要求的产品。

（4）非膨胀型防火涂料的涂层厚度不应小于10mm。

（5）防火涂料与防腐涂料应相容、匹配。

钢结构采用喷涂非膨胀型防火涂料保护时，其防火保护构造宜按图2-2选用。

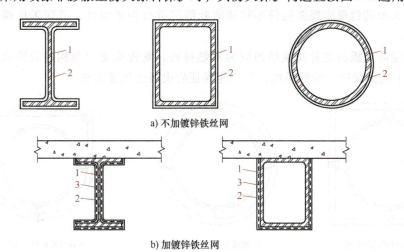

a）不加镀锌铁丝网

b）加镀锌铁丝网

图2-2　钢结构采用喷涂非膨胀型防火涂料保护时的防火保护构造

1—钢构件　2—防火涂料　3—镀锌铁丝网

（二）包覆防火板

防火板根据其密度可分为低密度、中密度和高密度防火板，根据其使用厚度可分为防火薄板、防火厚板两大类（表2-5）。

表2-5　防火板的分类和主要技术性能

分类		密度/(kg/m³)	厚度/mm	抗折强度/MPa	热传导系数/[W/(m·℃)]
厚度	防火薄板	400~1800	5~20	—	0.16~0.35
	防火厚板	300~500	20~50	—	0.05~0.23
密度	低密度防火板	<450	20~50	0.8~2.0	—
	中密度防火板	450~800	20~30	1.5~10	—
	高密度防火板	>800	9~20	>10	—

防火薄板有纸面石膏板、纤维增强水泥板、玻镁平板等，其密度为800~1800kg/m³，使用厚度大多为6~15mm。这类板材的使用温度不大于600℃，不适用于单独作为钢结构的防火保护，常用作轻钢龙骨隔墙的面板、吊顶板以及钢梁、钢柱经非膨胀型防火涂料涂覆后的装饰面板。

防火厚板的特点是密度小、热传导系数小、耐高温（使用温度可达1000℃以上），其使用厚度可按设计耐火极限确定，通常为 10～50mm，由于本身具有优良的耐火隔热性，可直接用于钢结构防火，以提高结构耐火时间。目前，比较成熟的防火厚板主要有硅酸钙防火板、膨胀蛭石防火板两种，这两种防火板的成分基本上和非膨胀型防火涂料相近。防火厚板在美、英、日等国钢结构防火工程中已有大量应用。由于国内自主生产的防火厚板产品较少且造价较高，防火厚板目前在国内应用较少。

一般可将钢结构用不燃性防火板通过黏结剂或钢钉、钢箍等固定在钢结构上，使钢结构免受火灾高温作用（图 2-3）。钢结构采用包覆防火板保护时，应符合下列规定：

（1）防火板应为不燃材料，且受火时不应出现炸裂和穿透裂缝等现象。

（2）防火板的包覆应根据构件形状和所处部位进行构造设计，并应采取确保安装牢固稳定的措施。

（3）固定防火板的龙骨及黏结剂应为不燃材料。龙骨应便于与构件及防火板连接，黏结剂在高温下应能保持一定的强度，并应能保证防火板的包覆完整。

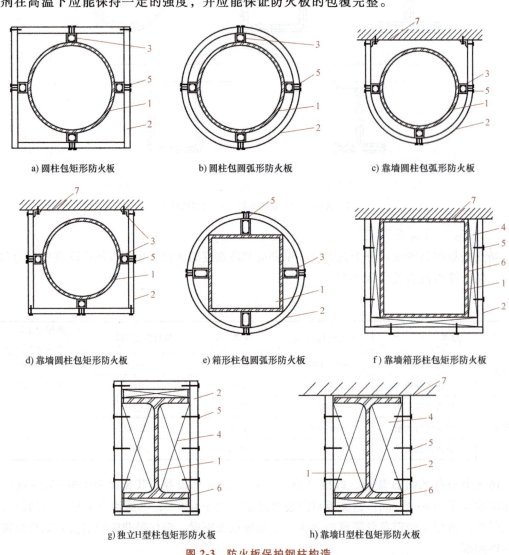

a) 圆柱包矩形防火板　　　　b) 圆柱包圆弧形防火板　　　　c) 靠墙圆柱包弧形防火板

d) 靠墙圆柱包矩形防火板　　　e) 箱形柱包圆弧形防火板　　　f) 靠墙箱形柱包矩形防火板

g) 独立H型柱包矩形防火板　　　　　h) 靠墙H型柱包矩形防火板

图 2-3　防火板保护钢柱构造

1—钢柱　2—防火板　3—钢龙骨　4—垫块　5—自攻螺钉（射钉）　6—高温黏结剂　7—墙体

（三）包覆柔性毡状隔热材料

柔性毡状隔热材料主要有硅酸铝纤维毡、岩棉毡、玻璃棉毡等各种矿物棉毡。使用时，可采用钢丝网将防火毡直接固定于钢材表面（图2-4）。这种方法隔热性能好、施工简便、造价低，适用于室内不易受机械伤害和免受水湿的部位。硅酸铝纤维毡的热传导系数很小［20℃时为0.034W/（m·℃），400℃时为0.096W/（m·℃），600℃时为0.132W/（m·℃）］，密度小（80~130kg/m³），化学稳定性及热稳定性好，又具有较好的柔韧性，在工程中应用较多。钢结构采用包覆柔性毡状隔热材料保护时，应符合下列规定：

（1）不应用于易受潮或受水的钢结构。

（2）在自重作用下，毡状材料不应发生压缩不均的现象。

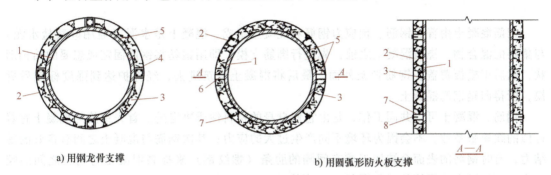

a) 用钢龙骨支撑　　　　　　　　　　b) 用圆弧形防火板支撑

图2-4　柔性毡状隔热材料防火保护构造

1—钢柱　2—金属保护板　3—柔性毡状隔热材料　4—钢龙骨　5—高温黏结剂
6—支撑板　7—弧形支撑板　8—自攻螺钉（射钉）

（四）外包混凝土、金属网抹砂浆或砌筑砌体

美国的纽约宾馆、英国的伦敦保险公司办公楼、上海浦东世界金融大厦的钢柱等均采用这种防火保护方法，国内石化工业钢结构厂房以前也曾采用砌砖方法加以保护。这种防火保护方法的优点是强度高、耐冲击、耐久性好；缺点是要占用的空间较大。例如，用C20混凝土保护钢柱，其厚度要有5~10cm才能达到1.50~3.00h的耐火极限。另外，施工也较麻烦，特别在钢梁、斜撑上，施工十分困难。外包混凝土防火保护构造如图2-5所示。

钢结构采用外包混凝土、金属网抹砂浆或砌筑砌体保护时，应符合下列规定：

（1）当采用外包混凝土时，混凝土的强度等级不宜低于C20。

（2）当采用外包金属网抹砂浆时，砂浆的强度等级不宜低于M5；金属丝网的网格不宜大于20mm，丝径不宜小于0.6mm；砂浆最小厚度不宜小于25mm。

（3）当采用砌筑砌体时，砌块的强度等级不宜低于MU10。

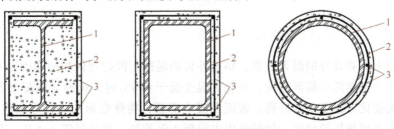

图2-5　外包混凝土防火保护构造

1—钢构件　2—混凝土　3—构造钢筋

单元三 钢筋混凝土

钢筋混凝土是通过在混凝土中加入钢筋与之共同工作来改善混凝土力学性质的一种组合材料，是钢结构采用外包混凝土防火保护形式的一种衍变。钢筋混凝土组合结构是由钢筋混凝土组合构件组成的结构。钢筋混凝土组合结构包括框架结构、剪力墙结构、框架-剪力墙结构、筒体结构、板柱-剪力墙结构等结构体系。其具有较高的强度，广泛运用于各类建筑工程。

一、钢筋混凝土的组成

钢筋混凝土由普通钢筋、预应力钢筋和混凝土组成，混凝土是水泥（通用硅酸盐水泥）与集料的混合物。浇筑混凝土之前，先进行绑筋支模，即用钢丝将钢筋固定成想要的结构形状，然后用模板覆盖在钢筋骨架外面。最后将混凝土浇筑进去，经养护达到强度标准后拆模，所得即是钢筋混凝土。

钢筋、混凝土可以共同工作，是由它们自身的材料性质决定的。首先钢筋与混凝土有着近似的线膨胀系数，不会因为环境不同产生过大的应力；其次钢筋与混凝土之间有良好的黏结力，有时钢筋的表面会被加工成有间隔的肋条（螺纹钢）来提高混凝土与钢筋之间的咬合力，而且通常将钢筋的端部弯起180°弯钩。

为保证混凝土结构与构件的延性，对普通钢筋、预应力筋提出最大力总延伸率要求。在《钢筋混凝土用钢　第1部分：热轧光圆钢筋》（GB 1499.1—2024）、《钢筋混凝土用钢　第2部分：热轧带肋钢筋》（GB 1499.2—2024）中，已将最大力总延伸率作为控制钢筋延性的指标。对中强度预应力钢丝，规定其最大力总延伸率为3.5%。当中强度预应力钢丝用于预应力混凝土结构中的受力钢筋时，本条规定的最大力总延伸率不应小于4.0%，可适当提高。

混凝土结构用普通钢筋、预应力筋应具有符合工程结构在承载能力极限状态和正常使用极限状态下需求的强度和延伸率。混凝土结构用普通钢筋、预应力筋及结构混凝土的强度标准值应具有不小于95%的保证率。其强度以及混凝土结构中的普通钢筋、预应力筋应设置混凝土保护层厚度，应符合《混凝土结构通用规范》（GB 55008—2021）的相关规定。

钢筋混凝土的变式：钢板混凝土和纤维混凝土。钢板混凝土中，将钢板构件焊接，节省了绑扎钢筋的时间。而且钢板混凝土具有较大的刚度，故而多用于超高层建筑。纤维混凝土中的碳纤维非常适用于加固混凝土，但价格高昂，一般用于失效钢筋混凝土的加固补救措施。

二、钢筋混凝土的火灾高温力学性能

钢筋混凝土有着良好的耐火性能。钢筋外包的混凝土能起到保护的作用，不会因火灾蔓延燃烧而很快达到钢筋的临界温度。在受热温度低于400℃时，钢筋与混凝土各方面性能均不会发生较大变化。温度继续升高，表面混凝土酥裂，构件变形加大，导致构件截面减小，两者的黏结力受到破坏的同时，钢筋也失去混凝土保护层，直接暴露于火中，从而使构件承载力迅速降低，甚至失去支撑能力，发生倒塌破坏。为使钢筋混凝土在受热条件下，混凝土

与钢筋之间的黏结力不致受太大的影响，受拉区主筋最好采用螺纹钢筋，以增加黏结力；采用高强度等级水泥、减少水泥用量、减少含水率，以保持混凝土在高温下的强度。

受到火灾影响时，损伤的钢筋混凝土在外观上具有较为明显的特征，如构件表面粉刷层及混凝土烧伤层产生细微裂缝，梁和柱混凝土表面产生大面积龟裂，局部混凝土崩落和主筋外露，混凝土表面呈现红色、灰色、黄色等。在火灾高温作用下，当混凝土结构表面温度达到 300℃ 左右时，其内部深层温度依然很低，消防水射到混凝土结构表面急剧冷却会使表面混凝土产生很大的收缩力，因而构件表面出现很多由外向内的裂缝。当混凝土温度超过 500℃ 后，从中分解的 CaO 遇到喷射的水流发生熟化，体积迅速膨胀，造成混凝土强度急剧降低（图 2-6）。当消防水急骤射到高温的混凝土结构表面时，会使结构产生严重破坏。

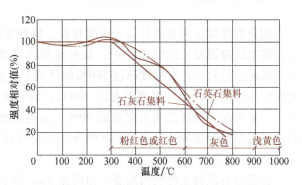

图 2-6　高温作用下混凝土抗压强度变化

在火灾高温作用下，钢筋和混凝土之间的黏结强度的变化对钢筋混凝土结构的承载力影响很大。钢筋混凝土结构受热时，其中的钢筋发生膨胀，虽然混凝土中的水泥石对钢筋有环向挤压、增加两者间摩擦力的作用，但水泥石中产生的微裂缝和钢筋的轴向错动，仍将导致钢筋与混凝土之间的黏结强度下降。螺纹钢筋表面凹凸不平，与混凝土的咬合力较大，因此在升温过程中黏结强度下降较少。

三、预应力钢筋混凝土

预应力钢筋混凝土的特点是在外荷载作用之前，先对混凝土中的钢筋预加应力，造成人为的应力状态，使它能在外荷载作用以后，部分或全部抵消外荷载引起的应力，从而使构件在使用阶段的拉应力显著减少，延缓或避免裂缝的出现。预应力钢筋混凝土由于节省材料、施工经济性好，目前在建筑中广泛采用。

预应力钢筋混凝土构件耐火性能差，是建筑中的一个薄弱部位，在火灾时受高温作用，抗拉强度下降很快，温度达到 200℃ 时，预应力减少 45%～50%；温度达到 300℃ 时，就会失去全部预应力。其原因主要有以下几点：

（1）预应力钢筋混凝土一般采用冷加工钢筋和高强度钢丝。冷加工钢筋是普通钢筋经过冷拉、冷拔、冷轧等加工强化过程得到的钢材，其内部晶格架构发生畸变，强度增加而塑性降低。这种钢材在高温下，内部晶格的畸变随着温度升高而逐渐恢复正常，冷加工所提高的强度也逐渐减少和消失。因此，在相同温度下，冷加工钢材强度降低值比未加工钢筋大很多。高强度钢丝属于硬钢，没有明显的屈服极限。在高温下，高强度钢丝抗拉强度的降低比其他钢筋更快：当温度在 150℃ 内时，强度不降低；温度达到 350℃ 时，强度降低约 50%；温度达到 400℃ 时，强度降低约 60%；温度达到 500℃ 时，强度降低 80% 以上。因此，预应力钢筋混凝土构件在火灾高温下，强度、刚度的下降很明显，耐火性能低于非预应力钢筋混凝土构件。

（2）钢筋在高温作用下的蠕变作用。热轧低碳钢的应力增加 4 倍时，蠕变速度加快

1000 倍。预应力钢筋比非预应力钢筋的应力要高出几倍，因此在同样高温作用下，预应力钢筋的蠕变速度要比非预应力钢筋的蠕变速度大得多，直接表现为预应力钢筋混凝土在高温作用下变形很快。

（3）预应力构件变形增大后，容易出现裂缝，致使受力的预应力钢筋直接受火焰作用，这也促使了预应力构件的强度、刚度进一步下降。

四、钢筋混凝土的防火保护

钢筋和混凝土两者本身属于不燃材料，钢筋混凝土中的钢材周围浇筑了混凝土作为保护层，需加强对混凝土的防火保护。如果建筑内可燃物较多，发生火灾后燃烧时间长，温度高，混凝土长时间处在温度超过 500℃ 的环境下，强度不能恢复，会危及建筑物安全；如果火灾作用时间短，环境温度不超过 500℃，混凝土在火灾后冷却一段时间，强度会逐渐回升，一般情况下可恢复到火灾前的 90%。为提高钢筋混凝土的耐火极限，除采取增加主筋的保护层厚度等措施外，还可采取喷涂防火涂料或涂抹砂浆保护层的办法。

（一）喷涂防火涂料

在预应力混凝土楼板的配筋一面喷涂 5mm 厚的涂料，楼板的耐火极限可达 2.00h 左右。喷涂防火涂料适用于预应力混凝土楼板，钢筋混凝土梁、柱及普通混凝土结构，可起防火隔热作用。主要喷涂预应力混凝土楼板防火涂料。

（二）涂抹砂浆保护层

常用的保温隔热砂浆有水泥膨胀蛭石砂浆、水泥膨胀珍珠岩砂浆、水泥石灰膨胀蛭石砂浆等，它们都具有保温隔热性能。水泥膨胀珍珠岩砂浆中的膨胀珍珠岩是由珍珠岩经焙烧、膨胀而成，最高使用温度为 800℃；水泥石灰膨胀蛭石砂浆中的膨胀蛭石是由蛭石经焙烧、膨胀而得，最高使用温度为 1000~1100℃。

设置钢筋保护层时，楼板中钢筋保护层厚度必须在 20mm 以上，柱、梁中钢筋保护层厚度必须在 40mm 以上，以防止混凝土剥落，将钢筋暴露在空间中。特别是构件连接受力处，混凝土内可以适当添加耐火性能好的火成岩、炉渣作集料。

单元四　建　筑　玻　璃

玻璃具有透光、透视、隔声、绝热的性质，有很好的艺术装饰作用，还能制成具有防辐射、防火等特殊用途的功能玻璃，在建筑中的应用非常广泛。

一、建筑玻璃的组成和分类

（一）建筑玻璃的组成

建筑玻璃是非晶质无机非金属材料，一般是用石英砂、硼砂、硼酸、重晶石、碳酸钡、石灰石、长石、纯碱等多种无机矿物为主要原料，另外加入少量辅助原料制成的。它的主要成分为二氧化硅和其他氧化物。

（二）建筑玻璃的分类

建筑物可根据功能要求选用平板玻璃、节能玻璃、钢化玻璃、半钢化玻璃、夹层玻璃、光伏玻璃、着色玻璃、镀膜玻璃、压花玻璃、U 形玻璃和电控液晶调光玻璃等。常见建筑玻璃主要有以下几种：

1. 平板玻璃

平板玻璃具有透光、隔热、隔声、耐磨、耐气候变化等性能，广泛应用于镶嵌建筑物的门窗、墙面，以及室内装饰等。其按厚度可分为薄玻璃、厚玻璃、特厚玻璃；按表面状态可分为普通平板玻璃、压花玻璃、磨光玻璃、浮法玻璃等。平板玻璃还可以通过着色、表面处理、复合等工艺制成具有不同色彩和各种特殊性能的制品，如吸热玻璃、热反射玻璃、选择吸收玻璃、中空玻璃、钢化玻璃、夹层玻璃、夹丝网玻璃、颜色玻璃等。普通平板玻璃即窗玻璃，一般是指用有槽垂直引上法、平拉法、无槽垂直引上法及旭法等工艺生产的平板玻璃。

2. 节能玻璃

节能玻璃要具备两个节能特性：保温性和隔热性，有吸热玻璃、热反射玻璃、低辐射玻璃、中空玻璃和真空玻璃等类型。

（1）吸热玻璃是一种能够吸收太阳能的平板玻璃，它是利用玻璃中的金属离子对太阳能进行选择性的吸收，同时呈现出不同的颜色。有些夹层玻璃胶片中掺有特殊的金属离子，用这种胶片可以生产出吸热的夹层玻璃。吸热玻璃一般可将进入室内的太阳热能减少 20% ～ 30%，降低了空调负荷。

（2）热反射玻璃是对太阳能有反射作用的镀膜玻璃，其反射率可达 20%～40%，甚至更高。它的表面镀有金属、非金属及其氧化物等各种薄膜，这些膜层可以对太阳能产生一定的反射效果，从而达到阻挡太阳能进入室内的目的。在低纬度炎热地区的夏季，可节省室内空调的能源消耗，还能使室内光线柔和、舒适。另外，这种膜层的镜面效果和色调对建筑物的外观装饰效果都较好。

（3）低辐射玻璃又称为 Low-E 玻璃，是一种对波长在 $4.5～25\mu m$ 范围的远红外线有较高反射比的镀膜玻璃，它具有较低的辐射率。在冬季，它可以反射室内散热器辐射的红外热能，辐射率一般小于 0.25，将热能保护在室内。

（4）中空玻璃是将两片或多片玻璃以有效支撑均匀隔开并对周边黏接密封，使玻璃层之间形成夹有干燥气体的空腔，其内部形成了一定厚度的被限制了流动的气体层。由于这些气体的热导率大大小于玻璃材料的热导率，因此具有较好的隔热能力。中空玻璃的特点是传热系数较低，与普通玻璃相比，其传热系数至少可降低 40%，是一种非常实用的节能玻璃。可以将多种节能玻璃组合在一起，产生良好的节能效果。

（5）真空玻璃的结构类似于中空玻璃，所不同的是真空玻璃空腔内的气体非常稀薄，近乎真空。其隔热原理是利用真空构造隔绝了热传导，传热系数很低。有关资料数据显示，同种材料真空玻璃的传热系数至少比中空玻璃低 15%。

3. 安全玻璃

安全玻璃是指经剧烈振动或撞击不破碎，即使破碎也不易伤人的玻璃，包括符合国家标准规定的钢化玻璃、夹层玻璃、夹丝玻璃、防弹玻璃，以及由它们构成的复合产品。

《建筑安全玻璃管理规定》要求，建筑物需要以玻璃作为建筑材料的下列部位必须使用安全玻璃：7 层及 7 层以上建筑物外开窗；面积大于 $1.5m^2$ 的窗玻璃或玻璃底边离最终装修面小于 500mm 的落地窗；幕墙（全玻幕墙除外）；倾斜装配窗、各类天棚（含天窗、采光顶）、吊顶；观光电梯及其外围护；室内隔断、浴室围护和屏风；楼梯、阳台、平台走廊的栏板和中庭内拦板；用于承受行人行走的地面板；水族馆和游泳池的观察窗、观察孔；公共建筑物的出入口、门厅等部位；易遭受撞击、冲击而造成人体伤害的其他部位。

（1）钢化玻璃是经热处理工艺之后的玻璃，其特点是在玻璃表面形成压应力，力学强度和耐热冲击强度得到提高，并具有特殊的碎片状态。根据《建筑用安全玻璃》（GB 15763）系列标准要求，钢化玻璃的表面应力不应小于90MPa，应耐200℃温差不破坏。

（2）夹层玻璃由两片普通平板玻璃（也可以是钢化玻璃或其他特殊玻璃）和玻璃之间的有机胶合层构成，其主要特性是安全性好，破碎时玻璃碎片不零落飞散，只产生辐射状裂纹，不致伤人。夹层玻璃抗冲击强度优于普通平板玻璃，并有耐光、耐热、耐湿、耐寒、隔声等特殊功能，多用于与室外接触的门窗。

（3）夹丝玻璃是将普通平板玻璃加热到红热软化状态，再将经预热处理过的钢丝或钢丝网压入玻璃中间制成的。它的特性是防火性能优越，可遮挡火焰，高温燃烧时不炸裂，破碎时不会造成碎片伤人。另外，夹丝玻璃还具有防盗性能，玻璃割破后还有钢丝网阻挡。夹丝玻璃多用于高层楼宇和处于振动环境的厂房，以及屋顶天窗、阳台窗等。

（4）防弹玻璃是将两片或两片以上的原片玻璃用PVB胶片在一定的温度和压力下胶合而成的多层玻璃组合体，一定程度上可以抵抗子弹穿透，具有防弹、防爆、防盗功能。此外，防弹玻璃还具有夹层玻璃的共性。

二、玻璃的火灾高温特性

火灾中当玻璃受到高温作用时，玻璃受火面温度升高，背火面及其他未受火烤的区域由于玻璃热导率小，仍维持较低温度，于是在玻璃内产生热应力。这个应力若超过玻璃强度，玻璃就会炸裂。玻璃在局部温度达到250℃时就会发生炸裂现象，火灾中的火焰温度普遍在700~1000℃，玻璃很快会炸裂而失去隔火隔烟作用。在火焰高温持续作用下，玻璃到700~800℃时开始软化，到900~950℃时熔化，因此玻璃虽然是不燃烧材料，但耐火性能很差，普通玻璃制品的耐火极限很低。

三、防火玻璃

防火玻璃在火灾时的作用主要是控制火势的蔓延和隔烟，是一种措施型的防火材料，其防火效果以耐火性能进行分类。防火玻璃原片可选用镀膜或非镀膜的浮法玻璃、钢化玻璃，复合防火玻璃原片还可选用单片防火玻璃。原片玻璃应符合《平板玻璃》（GB 11614—2022）、《建筑用安全玻璃 第1部分：防火玻璃》（GB 15763.1—2009）、《镀膜玻璃》（GB/T 18915）系列标准等的规定。

（一）防火玻璃的分类

防火玻璃的耐火完整性是指在标准耐火试验下，玻璃构件当其一面受火时，能在一定时间内防止火焰和热气穿透或在背火面出现火焰的能力。

防火玻璃的耐火隔热性是指在标准耐火试验下，玻璃构件当其一面受火时，能在一定时间内使其背火面温度不超过规定值的能力。

1. 防火玻璃按耐火性能分类

（1）隔热型防火玻璃（A 类）。隔热型防火玻璃是指耐火性能同时满足耐火完整性和耐火隔热性要求的防火玻璃。此类玻璃具有透光、防火（隔烟、隔火、遮挡热辐射）、隔声、抗冲击等性能，适用于建筑装饰钢木防火门窗、隔断、采光顶、挡烟垂壁、透视地板及其他需要既透明又防火的建筑构件中。

（2）非隔热型防火玻璃（C 类）。非隔热型防火玻璃是指只满足耐火完整性要求的防火玻璃。此类玻璃具有透光、防火、隔烟、强度高等特点，适用于无隔热要求的防火玻璃隔断、防火窗、室外幕墙等。

2. 防火玻璃按结构分类

防火玻璃按结构可分为复合防火玻璃（以 FFB 表示，属于 A 类）和单片防火玻璃（以 DFB 表示，属于 C 类）。

（1）复合防火玻璃（干法）。复合防火玻璃由两层或两层以上玻璃复合而成或由一层玻璃和有机材料复合而成，其中有防火胶夹层。

复合防火玻璃的防火原理：火灾发生时，向火面玻璃遇高温后很快炸裂，其防火胶夹层相继发泡膨胀 10 倍左右，并大量吸收火焰燃烧所带来的高热量，形成坚硬的乳白色泡状防火胶板，其坚硬程度可保证耐火完整性，而多孔的结构使其具有隔热作用。因此，复合防火玻璃既可有效地阻隔高温，又可隔绝火焰、烟雾及有毒气体。

复合防火玻璃的适用范围：建筑物房间、走廊、通道的防火门窗及防火分区和重要部位的防火墙。

（2）单片防火玻璃。单片防火玻璃分为硼硅单片防火玻璃、铯钾单片防火玻璃、高强度单片防火玻璃。

1）硼硅单片防火玻璃是以经浮法工艺生产出的一种原片玻璃，再经钢化加工而成的。它的防火性能源自其很低的热膨胀系数，比普通玻璃（硅酸盐玻璃）低 2~3 倍。此外，硼硅单片防火玻璃还具有高软化点，极好的抗热冲击性和黏性等特质。因此，当火灾发生时，硼硅单片防火玻璃不易膨胀碎裂，是一种高稳定性的单片防火玻璃，其耐火极限高达 3.00h。

2）铯钾单片防火玻璃是由普通浮法玻璃经过特殊的化学处理及物理钢化处理制作而成的。其中，化学处理的作用是在玻璃表面做离子交换，使玻璃表层的碱金属离子被熔盐中的其他碱金属离子置换，从而增加了玻璃强度，提高了抗热冲击性能；物理钢化处理可使其达到安全玻璃的要求。

3）高强度单片防火玻璃是经过特殊的物理钢化处理（大风压）后制成的防火玻璃。高强度单片防火玻璃具有优越的耐火性能，在高达 1000℃ 的火焰冲击下能保持 1.50h 以上不炸裂，并且强度高、安全性好、耐候性好、可加工性好，可根据实际要求加工成防火夹层玻璃、防火中空玻璃、点支防火式幕墙玻璃、防火镀膜玻璃等，适合建筑物室内和室外的应用场合。

3. 防火玻璃按耐火极限分类

防火玻璃按耐火极限可分为五个等级：0.50h、1.00h、1.50h、2.00h、3.00h（表 2-6）。

表 2-6　防火玻璃分类

分类名称	耐火极限	耐火性能要求
隔热型防火玻璃（A 类）	3.00h	耐火隔热性时间≥3.00h，且耐火完整性时间≥3.00h
	2.00h	耐火隔热性时间≥2.00h，且耐火完整性时间≥2.00h
	1.50h	耐火隔热性时间≥1.50h，且耐火完整性时间≥1.50h
	1.00h	耐火隔热性时间≥1.00h，且耐火完整性时间≥1.00h
	0.50h	耐火隔热性时间≥0.50h，且耐火完整性时间≥0.50h
非隔热型防火玻璃（C 类）	3.00h	耐火完整性时间≥3.00h，耐火隔热性无要求
	2.00h	耐火完整性时间≥2.00h，耐火隔热性无要求
	1.50h	耐火完整性时间≥1.50h，耐火隔热性无要求
	1.00h	耐火完整性时间≥1.00h，耐火隔热性无要求
	0.50h	耐火完整性时间≥0.50h，耐火隔热性无要求

（二）玻璃防火分隔系统

玻璃防火分隔系统由防火玻璃、框架系统、密封材料和（或）自动喷水防护冷却系统等组成，在一定时间内满足耐火完整性和隔热性要求的分隔系统。其构造设计应满足消防安全、使用方便、美观的要求，并应便于制作、安装、维护保养和局部更换。分隔系统的单元板块不应跨越主体建筑的变形缝。当玻璃防火分隔系统处于临空面时，框架系统的结构设计应符合《玻璃幕墙工程技术规范》（JGJ 102—2003）的有关规定；当处于非临空面时，框架系统型材的设计荷载应符合《建筑结构荷载规范》（GB 50009—2012）的有关规定。

玻璃防火分隔系统分为隔热型防火玻璃分隔系统和非隔热型防火玻璃分隔系统。

1. 隔热型防火玻璃分隔系统

该系统由隔热型防火玻璃、隔热型框架系统、密封材料和（或）五金配件等组成，在一定时间内可满足耐火完整性和隔热性要求。隔热型防火玻璃分隔系统应满足所替代墙体的防火性能要求，每块防火玻璃的高度不宜大于 3.5m。当在隔热型防火玻璃分隔系统上设置防火门时，应符合《防火门》（GB 12955—2008）的有关规定，并应采用企口搭接方式。

2. 非隔热型防火玻璃分隔系统

该系统由自动喷水防护冷却系统、非隔热型防火玻璃、框架系统、密封材料和（或）五金配件等组成。由于该系统对耐火隔热性能无要求，因此使用此分隔系统时应设自动喷水灭火系统，以达到降温隔热的目的。非隔热型防火玻璃分隔系统不应开窗，可在玻璃上设置与玻璃平齐的防火门。非隔热型防火玻璃分隔系统必须开设门时，应采用有框结构的玻璃门，玻璃框架应采取防水密封措施。非隔热型防火玻璃分隔系统的喷头应安装在有可燃物的一侧，与建筑物中其他系统喷头的间距不应小于 1.8m。非隔热型防火玻璃分隔系统的设计应符合下列规定：

（1）喷头应选用保护玻璃专用喷头。

（2）玻璃表面布水应均匀，不应有布水空白区域，不应设置影响喷头布水效果的障碍物。

（3）喷头安装位置应满足产品的要求。

非隔热型防火玻璃分隔系统选用的水源、供水要求、水流指示器、信号阀、末端试水装置等组件的设置，应符合《自动喷水灭火系统设计规范》（GB 50084——2017）的有关规定。

单元五　建筑塑料

建筑塑料是用于建筑工程的塑料制品的统称。塑料可加工成各种形状和颜色的制品，其加工方法简便，加工自动化程度高，生产能耗低。因此，塑料制品已广泛应用于工业、农业、建筑业和生活日用品中。

一、建筑塑料的分类与性质

（一）塑料的组成

1. 合成树脂

合成树脂由低分子质量的简单分子通过聚合或缩聚反应制成。合成树脂是塑料中的主要成分，一般占30%~60%，在塑料中起胶结作用，塑料的性质主要取决于合成树脂。

2. 填料

常用填料有木粉、石粉、炭黑、滑石粉、玻璃纤维。加入填料可以降低塑料成本，同时可增加塑料的强度、硬度和耐热性。

3. 外加剂

外加剂有固化剂、增塑剂、着色剂、稳定剂、润滑剂、发泡剂、抗静电剂、阻燃剂等。可根据不同要求加入某些外加剂，以改善某一方面的性能。

（二）塑料的分类

1. 热塑性塑料

热塑性塑料受热时软化，冷却时变硬，可多次反复进行，可长久保持这种热塑性能。

2. 热固性塑料

第一次受热时软化，继续加热则分子间交联而固化，冷却后再加热则不再软化。

（三）塑料性质

多数塑料耐腐蚀性比较好，耐酸、耐碱、耐盐；但耐老化性能差，在光、热、电的作用下，会使性质恶化而失去弹性，变硬、变脆，出现龟裂。常用塑料的主要特性和应用见表2-7。

表2-7　常用塑料的主要特性和应用

塑料名称	使用温度 /℃	抗拉强度 /MPa	主 要 特 性	应 用
聚乙烯	-70~100	8~36	优良的耐磨性，尤其是高频绝缘性	水管、冷水容器、通风透明板、防潮层
聚丙烯	-35~121	40~49	密度小、力学性能较高，耐热性好，耐蚀性优良，高频绝缘性良好，不受湿度影响，低温易老化	塑料家具、污水管、管道附件
聚氯乙烯	-15~55	30~60	优良的耐蚀性，可改性。硬聚氯乙烯强度高；软聚氯乙烯强度低，延伸率大，易老化；泡沫聚氯乙烯质轻	下水管道、安全玻璃、窗框、屋面板、电缆绝缘材料

（续）

塑料名称	使用温度 /℃	抗拉强度 /MPa	主 要 特 性	应 用
聚苯乙烯	−30~75	≈60	优良的电绝缘性,尤其是高频绝缘性;无色透明,着色性好,质脆,不耐苯、汽油等有机溶剂,可改性	绝缘件、透明件、装饰件(面砖、顶棚)
有机玻璃	−60~100	42~50	透光性、着色性好,表面硬度不高,易擦伤,可改性	透明件、装饰件等
聚酰胺(尼龙)	<100	45~90	坚韧、耐磨、耐疲劳、耐油、耐水,抗霉菌,无毒,吸水性大,弹性好、冲击强度高。芳香尼龙耐热性好	窗帘滑道、门窗、家具、球阀
ABS塑料	−60~100	21~63	综合性能良好,强度较高,冲击强度高,耐热,表面硬度高,尺寸稳定性、耐化学腐蚀性及电性能良好,易成型和机械加工	一般机械零件,壳体、压力管道、贮槽
聚甲醛	−40~100	60~75	良好的综合力学性能,吸水性好,尺寸稳定性好	水暖器材配件
聚四氟乙烯	−180~260	21~28	耐所有化学药品(包括王水)的腐蚀,摩擦系数低,不黏,不吸水,流动性好,不能注射成型	耐腐蚀件、减摩耐磨件、密封件、绝缘件等
聚砜	−65~150	≈70	强度高,冲击强度高,在水、湿空气或高温下具有良好的绝缘性,不耐芳香烃及卤代烃	高强度耐热件、绝缘件及传动件、高频印刷电路板等
酚醛塑料	<140	21~56	优良的耐热性、电绝缘性、化学稳定性及尺寸稳定性,抗蠕变性能优良,因填料不同性能有差异	电气设备附件、门、家具
环氧塑料	−80~155	56~70	强度较高,电绝缘性优良,化学稳定性好,耐有机溶剂性好,因填料不同性能有差异	塑料膜、地面卷材、电子元件、胶黏剂

二、塑料的火灾高温特性

大部分塑料是可燃材料,少部分是难燃材料。塑料在火灾中具有燃烧热大、火焰温度高、燃烧速度快、释放出大量烟及有毒气体等特点。

(一) 塑料燃烧过程

塑料燃烧属于热分解式燃烧。其燃烧过程包括加热熔融、热分解和着火燃烧等。

1. 加热熔融

塑料具有较高的强度,良好的耐腐蚀性与绝缘性,但其致命弱点是耐热性差,稍微加热即发生软化,力学强度降低,变成橡胶状物质。

2. 热分解

温度继续升高,橡胶状物质分子间的键开始断裂,分解成分子量较小的物质。塑料的热分解温度一般为 200~400℃,热分解产物大多数是可燃的、有毒的。在热分解过程中还会产生微碳粒烟尘而冒黑烟。在缺氧条件下,如在密封的房间内,这些热分解产物会越聚越多,一旦房间的门窗打开,与新鲜空气混合,有可能发生"爆燃"现象,促使火灾猛烈发展。

3. 着火燃烧

当塑料分解产物浓度超过爆炸下限时,遇明火会发生一闪即灭的现象,即闪燃。发生闪燃的最低温度称为闪点,塑料在实际火灾中的闪燃现象是不明显的。进一步提高温度,热分解速度加快，则会发生连续燃烧。

（二）塑料燃烧特点

总体来说，大多数塑料燃烧时具有如下特征：①塑料燃烧发热量高；②塑料发烟量大；③产生刺激性、腐蚀性和毒性气体多；④燃烧中产生变形、软化、熔融、滴落；⑤供氧不足时呈不完全燃烧，放出大量黑烟，或者由于着火温度高，着火迟缓，不完全燃烧的黑烟使有害气体富集。

塑料的燃烧，当热分解产生后，无论在充分燃烧或不充分燃烧条件下都生成 CO 和 CO_2 有害气体。对于含有氯、氟、氮、硫等元素的高聚物，燃烧时则产生 NH_3、NO、NO_2、HCN、Cl_2、HCl、HF、$COCl_2$ 等有毒气体，具有强烈的刺激性和腐蚀性。

部分塑料热分解产物、燃烧产物及发烟率见表 2-8，建筑塑料燃烧时产生的毒气或蒸气见表 2-9。

表 2-8　部分塑料热分解产物、燃烧产物及发烟率

材料名称	热分解产物	燃烧产物	发烟率
聚烯烃	烯烃、链烷烃、环烷烃	CO、CO_2	1900
聚苯乙烯	苯乙烯单体及二聚物、三聚物	CO、CO_2	1600
聚氯乙烯	氯化氢、芳香化合物、多环状碳氢化物、四氟乙烯、八氟异丁烯	HCl、CO、CO_2、HF	930
含氟聚合物			190
聚丙烯腈	丙烯腈单体、氰化氢	CO、CO_2、NO_2	1220
聚甲基丙烯酸甲酯	丙烯酸甲酯单体	CO、CO_2	360
尼龙 6	己内酰胺	CO、CO_2、NH_3	320
尼龙 66	胺、CO、CO_2	CO、CO_2、NH_3、胺	—
酚醛树脂	苯酚、甲醛	CO、CO_2、甲酸	60
脲醛树脂	氨、甲胺、煤灰状残渣	CO、CO_2、NH_3	—
环氧树脂	苯酚、甲醛	CO、CO_2、甲酸	60

表 2-9　建筑塑料燃烧时产生的毒气或蒸气

塑料	毒气、蒸气	塑料	毒气、蒸气
含碳可燃物	CO_2、CO	三聚氰胺、尼龙	NH_3
聚氯乙烯	HCl、CO、Cl_2	酚醛、聚酯	醛类
含氟塑料	HCN	聚苯乙烯	苯
赛璐珞、聚氨酯	NO_2	酚醛树脂	苯酚
纤维素类塑料	$HCOOH$、CH_3COOH	发泡制品	双偶氮丁二腈

三、塑料的防火处理

塑料的防火处理主要是对塑料进行阻燃处理，将可燃、易燃的塑料变成难燃的塑料，使火灾难以蔓延。塑料的阻燃处理配方很多，可以根据要求选择，选择时要考虑阻燃效果好，阻燃剂材料来源丰富、便宜、无毒，并对材料的使用性能无多大影响。塑料的阻燃处理方法一般有以下三种：

（一）添加阻燃剂

在塑料中添加阻燃剂，使塑料制成品的燃烧特性得到改善。阻燃剂分为无机阻燃剂和有机阻燃剂。

（1）无机阻燃剂有氢氧化铝、氢氧化镁、碳酸镁、硼酸锌、三氧化二锌。这类阻燃剂热稳定性好，不产生腐蚀性气体，不挥发、效果持久，没有毒性，因而应用较广泛。

（2）有机阻燃剂包含磷系和卤素两个系列，有磷酸三辛酯、磷酸丁乙醚酯、氯化石蜡、六溴苯、十溴联苯醚等。有机阻燃剂发烟量大，有毒性，应用受到限制。

还可添加无机填充剂来抑烟，常用玻璃纤维、石英、陶土作填充剂，以降低高聚物中可燃成分含量。此外，钒、镍、钼、铁、硅等的化合物和锌镁复合剂也有抑烟作用。在捕捉有毒气体方面，可添加碳酸钙、氢氧化铝、氢氧化镁等捕捉含卤塑料燃烧产生的卤化氢。

（二）共混

将原来阻燃性较差的树脂与阻燃性好的树脂按适当比例进行共混，可提高塑料的防火性能。在所有的塑料树脂中，含卤素聚合物一般是难燃的，将阻燃性差的树脂与卤素树脂共混，可得到比原有树脂更好的阻燃性能，例如在ABS树脂中加入聚氯乙烯。

（三）接枝

在基础聚合物上用阻燃性好的单体进行接枝共聚，例如在ABS树脂接枝氯乙烯单体，氯乙烯含量达到一定数量后就具有较好的阻燃性能。

单元六　木　　材

一、木材的力学性能

木材是由占90%的纤维素、半纤维素和木质素以及占10%的浸提成分（如挥发油、树脂、鞣料和其他醇类化合物）组成的。其具有强度较高、自重小、易加工、色彩纹理美观，有较好的弹塑性等特点。

二、木材的火灾高温特性

木材易燃烧，木材含水率的多少和截面面积大小对木材着火的难易程度、燃烧速度、导热性和导电性都有很大影响。木材含水率越大，截面面积越大，木材越不易燃烧。

木材在受热的条件下，往往会发生热分解作用。在100~150℃的范围内，木材受热时仅蒸发出水分，其化学组成几乎没有明显的变化。在150~200℃时，木材的热分解作用逐渐明显，半纤维素开始分解，生成的气体中CO_2大约占70%，CO大约占30%，热解混合气体的热值为$4.8MJ/m^3$，木材表面变成褐色。由于木材在受热分解的同时放出热量，所以木材持续处在150~200℃的环境中时就有可能被点燃或发生自燃，这一过程所持续的时间依环境温度及散热条件而定。当温度继续上升达到220~290℃时，半纤维素发生急剧的热分解，纤维素、木质素开始分解。该温度范围为木材的燃点范围，反应以放热为主。热分解所产生的气体中CO_2、CO的含量减少，甲烷、乙烷及含氧碳氢化合物等可燃气体的含量增加，热解混合气体的热值达到$16MJ/m^3$。此时，如遇外来火源就极有可能被点燃，产生光和热形成木材的气相燃烧。燃烧释放的热量再传递回木材，使木材的温度不断上升，热分解不断加剧，这样循环往复使火越烧越旺。随着温度的继续升高，达到450℃以上时，木材表面与氧气反应形成固相燃烧。

在实际的木结构建筑中，火灾温度可高达800~1300℃。从起火发展为猛烈燃烧的时间为4~14min，高温持续时间短，800℃以上时间不超过20min。作为结构材料，火灾时的木结构比钢结构有较高的稳定性，主要原因是木质材料有较低的热导率和热膨胀系数，在热的作用下可保持稳定状态，而钢结构受热后产生较大变形破坏。

木材燃烧时的热解产物高达200多种，主要是二氧化碳、一氧化碳、甲烷、乙烷，以及各种醛类、酸类、醇类等。木材及木质材料中的树脂在空气中燃烧时产生的有害气体见表2-10。平常空气中的氧含量为21%，火灾初期氧含量为16%~19%；当火灾发展到全面燃烧阶段时，氧含量迅速减少，二氧化碳和一氧化碳含量迅速增加。木质材料的起火温度低，起火后迅速燃烧并释放出大量热量，同时高温引起热气流和高强度辐射热，使火灾迅速蔓延。高分子热解燃烧时消耗氧气，使空气中氧含量减少，不充分燃烧使一氧化碳含量迅速增加，导致人员窒息和中毒。

表2-10 木材及木质材料中的树脂在空气中燃烧时产生的有害气体（燃烧温度800℃）

材料名称	空气供给量/(L/h)	1g试样燃烧后的产物/mg							
		CO_2	CO	N_2O	NH_3	HCN	CH_4	C_2H_4	C_2H_2
杉木	100	1573	16	—	—	—	—	—	—
	50	1397	66	—	—	—	20	1.1	2.1
尿醛树脂	100	1193	—	—	—	—	—	—	—
	500	980	80	—	—	22	—	—	—
三聚氰胺甲醛树脂	100	576	194	34	84	96	—	—	—
	500	702	196	27	136	59	—	—	—
酚醛树脂	0	270	1620	—	—	—	126	15	10

三、木材及木制品的防火处理

由于木材具有可燃性，一旦起火，就极易造成火势的发展蔓延，引起人员伤亡和财产损失，因此必须对其进行防火处理以降低其可燃性。通常将阻燃涂料施涂于建筑物木结构表面以延长基材的引燃时间与降低火焰蔓延速度，以达到建筑耐火等级的要求。按照使用场所，建筑木结构用阻燃涂料分为室内用阻燃涂料（N）和室外用阻燃涂料（W）。室内用阻燃涂料有害物质限量应符合《建筑防火涂料有害物质限量及检测方法》（JG/T 415—2013）的规定。建筑木结构用阻燃涂料的涂装可采用喷涂、刷涂、辊涂等方法中的任何一种或多种方法施工，并能在通常自然环境条件下干燥固化，涂层实干后不应有刺激性气味。而室外用阻燃涂料宜与耐候性面漆配套使用。经阻燃涂料涂饰的木质材料，燃烧性能等级可从可燃性材料B_2级提高到难燃性材料B_1级。也可以使用浸渍、浸注或者贴面包覆等方法对木材进行防火处理。

模块三

建筑耐火等级

> **模块概述：**
>
> 本模块的主要内容是认识建筑分类、生产和储存物品的火灾危险性、建筑构件的燃烧性能和耐火极限、各类建筑的耐火等级。
>
> **知识目标：**
>
> 了解建筑的分类要求；熟悉建筑构件的燃烧性能和耐火极限；掌握工业建筑、民用建筑、汽车库、修车库的耐火等级的选用。
>
> **素养目标：**
>
> 公共安全是国家安全的重要体现，也是社会安定、社会秩序良好的重要体现。要坚持以防为主，做到关口前移、重心下移，加强源头管控，夯实安全基础。建筑耐火等级的合理选用是建筑设计防火技术措施中的基本措施之一，建筑的整体耐火性能是保证建筑结构在火灾时不发生较大破坏或垮塌的根本，是确保公共安全的重要体现。

单元一 建筑分类

一、按照使用功能分类

建筑按照使用功能可分为工业建筑、民用建筑和农业建筑。

（一）工业建筑

工业建筑是以工业性生产为主要使用功能的建筑，是指为工业生产服务的生产车间、辅助车间、动力用房、仓储用房等。在《建筑设计防火规范》（GB 50016—2014）中工业建筑分为厂房和仓库。厂房根据生产过程中使用和产出物质的火灾危险性类别确定厂房的火灾危险性，分为甲、乙、丙、丁、戊五类厂房。仓库根据储存物品的火灾危险性确定仓库的火灾危险性，分为甲、乙、丙、丁、戊五类库房。

（二）民用建筑

民用建筑是供人们居住和进行公共活动的建筑的总称。对民用建筑进行分类是一个复杂的问题，《民用建筑设计统一标准》（GB 50352—2019）将民用建筑分为居住建筑和公共建筑两大类，其中居住建筑包括住宅建筑、宿舍建筑等。《建筑设计防火规范》（GB 50016—2014）从建筑防火安全方面出发，将民用建筑分为住宅建筑和公共建筑两大类。因为在防火方面除住宅建筑外，其他类型居住建筑的火灾危险性与公共建筑接近，防火要求按公共建筑的有关规定执行，因此将民用建筑分为住宅建筑和公共建筑两大类，并进一步按照建筑高度分为高层民用建筑和单层、多层民用建筑。民用建筑的分类见表3-1。

表3-1　民用建筑的分类

名称	高层民用建筑		单、多层民用建筑
	一类	二类	
住宅建筑	建筑高度大于54m的住宅建筑（包括设置商业服务网点的住宅建筑）	建筑高度大于27m，但不大于54m的住宅建筑（包括设置商业服务网点的住宅建筑）	建筑高度不大于27m的住宅建筑（包括设置商业服务网点的住宅建筑）
公共建筑	1. 建筑高度大于50m的公共建筑 2. 建筑高度24m以上部分任一楼层建筑面积大于1000m^{2}的商店、展览、电信、邮政、财贸金融建筑和其他多种功能组合的建筑 3. 医疗建筑、重要公共建筑、独立建造的老年人照料设施 4. 省级及以上的广播电视和防灾指挥调度建筑、网局级和省级电力调度建筑 5. 藏书超过100万册的图书馆、书库	除一类高层公共建筑外的其他高层公共建筑	1. 建筑高度大于24m的单层公共建筑 2. 建筑高度不大于24m的其他公共建筑

注：1. 表中未列入的建筑，其类别应根据本表类比确定。
　　2. 除另有规定外，宿舍、公寓等非住宅类居住建筑的防火要求，应符合有关公共建筑的规定。
　　3. 除另有规定外，裙房的防火要求应符合有关高层建筑的规定。
　　4. "建筑高度24m以上部分任一楼层"是指该层楼板的标高大于24m。
　　5. 没有治疗功能的休养性疗养院不属于医疗建筑，其防火设计应按旅馆建筑对待。
　　6. 建筑高度大于24m的单层公共建筑，在实际工程中情况往往比较复杂，可能存在单层和多层组合建造的情况，难以确定是按单、多层建筑还是按高层建筑进行防火设计，在防火设计时要根据建筑各使用功能的层数和建筑高度综合确定。如某体育馆建筑主体为单层，建筑高度30.6m，座位区下部设置4层辅助房，第四层顶板标高22.7m，该体育馆可不按高层建筑进行防火设计。

（三）农业建筑

农业建筑是以农业性生产为主要使用功能的建筑。农业建筑的设计、使用功能与工业建筑、民用建筑相同，因此《建筑设计防火规范》（GB 50016—2014）根据其使用功能归到工业建筑和民用建筑两大类中。

（四）相关概念

1. 裙房

裙房是指在高层建筑主体投影范围外，与建筑主体相连且建筑高度不大于24m的附属建筑。由于裙房与高层建筑主体是一个整体，其结构与高层建筑主体直接相连，作为高层建筑主体的附属建筑而构成同一座建筑，所以为保证安全，除对裙房另有规定外，裙房的防火设计要求应与高层建筑主体相一致，如高层建筑主体的耐火等级为一级，裙房的耐火等级也不应低于一级，防火分区划分、消防设施设置等也要与高层建筑主体一致。

2. 老年人照料设施

服务于老年人的老年人照料设施可以按照民用建筑的分类方式划分为养老服务设施（老年人公共建筑）与老年人居住建筑。养老服务设施又可按是否提供照料服务划分为老年人照料设施和老年人活动设施。老年人照料设施可按提供照料服务的时段及类型进一步划分为老年人全日照料设施和老年人日间照料设施。老年人照料设施是为老年人提供集中照料服务的设施，是老年人全日照料设施和老年人日间照料设施的统称，属于公共建筑。老年人照料设施区别于其他老年人设施的重要特征是能够为老年人提供全日或日间的照料服务，老年大学、老年活动中心、老年人住宅不属于老年人照料设施。

（1）老年人全日照料设施是为老年人提供住宿、生活照料服务及其他服务项目的设施，是养老院、老人院、福利院、敬老院、老年养护院等的统称。老年人全日照料设施的主要特点是为老年人提供住宿和生活照料服务。生活照料服务是指向老年人提供饮食、起居、清洁、卫生照护的活动。除生活照料服务之外，老年人全日照料设施还可根据实际运营需求，提供老年护理服务、康复服务、医疗服务等其他服务项目。符合上述特点的设施，无论其实际的设施名称如何，均应纳入老年人全日照料设施范畴。目前，常见的设施名称有养老院、老人院、福利院、敬老院、老年养护院、老年公寓等。需注意，部分老年公寓为供老年人居家养老使用的居住建筑，不属于老年人全日照料设施。

（2）老年人日间照料设施是为老年人提供日间休息、生活照料服务及其他服务项目的设施，是托老所、日托站、老年人日间照料室、老年人日间照料中心等的统称。老年人日间照料设施区别于老年人全日照料设施的主要特征是只提供日间休息和相关服务。参考《社区老年人日间照料中心建设标准》（建标143—2010）可知，其具体的服务项目通常包括膳食供应、个人照顾、保健康复、娱乐和交通接送等日间服务。通过对全国多地日间照料设施的调研可知，老年人日间照料设施的服务对象是较为多样的，既包括能力完好的老年人，也包括存在一定程度失能状况的老年人。老年人日间照料设施既可以是独立建设和运营的设施，也可以是老年人全日照料设施的组成部分。目前，常见的老年人日间照料设施有托老所、日托站、老年人日间照料室、老年人日间照料中心等。

《建筑设计防火规范》（GB 50016—2014）中的老年人照料设施是指《老年人照料设施建筑设计标准》（JGJ 450—2018）中床位总数（可容纳老年人总数）大于或等于20床（人），为老年人提供集中照料服务的公共建筑，包括老年人全日照料设施和老年人日间照料设施。其他专供老年人使用的、非集中照料的设施或场所，如老年大学、老年活动中心等不属于老年人照料设施。老年人照料设施包括3种形式，即独立建造的、与其他建筑组合建造的和设置在其他建筑内的老年人照料设施。其他专供老年人使用的、非集中照料的设施或场所，其防火设计要求按有关公共建筑的规定确定。老年人照料设施示意图如图3-1所示。

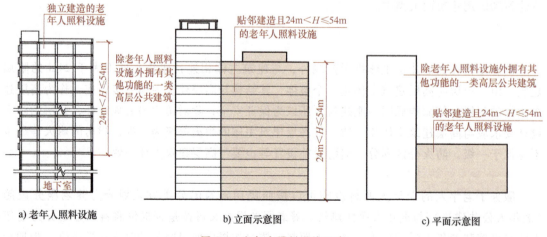

图3-1 老年人照料设施示意

二、按照建筑高度分类

（1）按照《建筑设计防火规范》（GB 50016—2014）的要求，建筑按照建筑高度分为单、多层建筑，高层建筑，超高层建筑。

1）单、多层建筑是指建筑高度不大于27m的住宅建筑和建筑高度不大于24m的厂房、仓库和其他民用建筑。建筑高度大于24m的体育馆、高大的单层厂房等单层建筑，由于具有相对方便的疏散和扑救条件，仍不划分为高层建筑，按单层建筑考虑。

2）高层建筑是指建筑高度大于27m的住宅建筑和建筑高度大于24m的非单层厂房、仓库和其他民用建筑。

3）超高层建筑是指建筑高度大于100m的建筑。

（2）建筑高度的计算方法。按建筑高度对建筑进行分类，就要对建筑高度的起算点进行规定，建筑高度因建筑屋面形式不同、室外设计地坪不同、屋顶设备用房及其他局部突出屋面用房的总面积不同，从消防救援考虑，在《建筑设计防火规范》（GB 50016—2014）中对建筑高度的起算点做如下界定。

1）建筑屋面为坡屋面时，建筑高度为建筑室外设计地面至檐口与屋脊的平均高度（图3-2）。

2）建筑屋面为平屋面（包括有女儿墙的平屋面）时，建筑高度为建筑室外设计地面至屋面面层的高度（图3-3）。

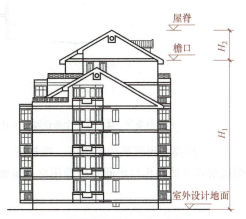

图3-2　坡屋面建筑的建筑高度示意

注：建筑高度 $H = H_1 + (1/2)H_2$。

坡屋面坡度应不低于3%。

图3-3　平屋面建筑的建筑高度示意

3）同一座建筑有多种形式的屋面时，建筑高度按上述方法分别计算后，取其中最大值（图3-4）。

4）对于台阶式地坪，当位于不同高程地坪上的同一建筑之间有防火墙分隔，各自有符合规范规定的安全出口，且可沿建筑的两个长边设置贯通式或尽头式消防车道时，可分别确定

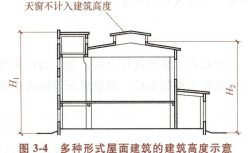

图3-4　多种形式屋面建筑的建筑高度示意

各自的建筑高度。否则，建筑高度按其中建筑高度最大者确定（图3-5）。

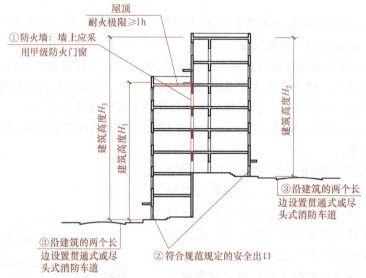

图3-5 不同高程地坪剖面示意

注：同时具备①、②、③三个条件时可按 H_1、H_2 分别计算建筑高度；否则应按 H_3 计算建筑高度。

5）局部突出屋顶的瞭望塔、冷却塔、水箱间、微波天线间或设施、电梯机房、排风和排烟机房以及楼梯出口小间等辅助用房占屋面面积不大于1/4时，无须计入建筑高度（图3-6）。

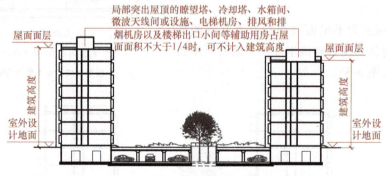

图3-6 不计入建筑高度的建筑示意

6）对于住宅建筑，设置在底部且室内高度不超过2.2m的自行车库、储藏室、敞开空间，室内外高差或建筑的地下或半地下室的顶板面高出室外设计地面的高度不超过1.5m的部分，不计入建筑高度。

三、按照耐火程度分类

根据耐火程度进行分类，建筑的耐火等级分为一级、二级、三级、四级，一级耐火等级的建筑耐火性能最好，四级耐火等级的建筑耐火性能最差。

四、汽车库、修车库、停车场分类

随着城市中车辆的增多，对停车设施的需求量不断增加。停车问题是城市发展中出现的静态交通问题。对城市中的车辆来说，行驶时为动态，停放时为静态。停车设施是城市静态交通的主要内容，包括露天停车场，各类汽车库、修车库等。

按照《汽车库、修车库、停车场设计防火规范》（GB 50067—2014），汽车库是用于停放由内燃机驱动且无轨道的客车、货车、工程车等汽车的建筑物；修车库是用于保养、修理由内燃机驱动且无轨道的客车、货车、工程车等汽车的建（构）筑物；停车场是专用于停放由内燃机驱动且无轨道的客车、货车、工程车等汽车的露天场地或构筑物。

（1）按照停车数量和建筑面积，汽车库、修车库、停车场分为Ⅰ、Ⅱ、Ⅲ、Ⅳ四个类别。汽车库、修车库、停车场按停车数量和总建筑面积进行划分，汽车库、修车库、停车场建筑发生火灾后确定火灾损失的大小，主要是按烧毁车库中车辆的多少确定的。一般情况下，汽车库每个停车泊位占建筑面积 $30 \sim 40 \mathrm{m}^2$，根据泊位数量和总建筑面积进行分类，泊位数控制值及建筑面积控制值两项限值先达到哪项就按该项执行。汽车库、修车库、停车场按停车数量和总建筑面积的分类见表 3-2。

表 3-2　汽车库、修车库、停车场按停车数量和总建筑面积的分类

名称		Ⅰ	Ⅱ	Ⅲ	Ⅳ
汽车库	停车数量/辆	>300	151~300	51~150	≤50
	总建筑面积 s/m^2	$s>10000$	$5000<s \leqslant 10000$	$2000<s \leqslant 5000$	$s \leqslant 2000$
修车库	停车数量/辆	>15	6~15	3~5	≤2
	总建筑面积 s/m^2	$s>3000$	$1000<s \leqslant 3000$	$500<s \leqslant 1000$	$s \leqslant 500$
停车场	停车数量/辆	>400	251~400	101~250	≤100

注：1. 当屋面露天停车场与下部汽车库共用汽车坡道时，其停车数量应计算在汽车库的车辆总数内。

2. 室外坡道、屋面露天停车场的建筑面积可不计入汽车库的建筑面积之内。

3. 公交汽车库的建筑面积可按本表的规定值增加 2.0 倍。

（2）按照汽车库、修车库建筑的耐火程度分类。按照汽车库、修车库建筑的耐火程度，以及《汽车库、修车库、停车场设计防火规范》（GB 50067—2014），汽车库、修车库的耐火等级分为一级、二级和三级。

（3）按照建筑高度，汽车库可分为多层汽车库和高层汽车库。多层汽车库是指建筑高度不大于 24m 的两层及以上的汽车库或设在多层建筑内地面层以上楼层的汽车库。高层汽车库是指建筑高度大于 24m 的汽车库或设在高层建筑内地面层以上楼层的汽车库。

（4）汽车库与建筑物组合建造在地面以下的以及独立在地面以下建造的汽车库都称为地下汽车库。进一步细分，地下汽车库是指地下室内地坪面与室外地坪面的高度之差大于该层车库净高 1/2 的汽车库；半地下汽车库是指地下室内地坪面与室外地坪面的高度之差大于该层车库净高 1/3 且不大于 1/2 的汽车库。

（5）机械式汽车库是指采用机械设备进行汽车停放作业的汽车库。机械式汽车库是近年来新发展起来的一种利用机械设备提高单位面积停车数量的停车形式，主要分为两大类，一类是室内无车道且无人员停留的机械式立体汽车库，类似高架仓库，根据机械设备的运转方式又可分为垂直循环式（汽车上下移动）、电梯提升式（汽车上、下、左、右移动）、高架仓储式（汽车上、下、左、右、前、后移动）等形式；另一类是室内有车道且有人员停留的复式汽车库，机械设备只是类似于普通仓库的货架，根据机械设备的不同又可分为二层杠杆式、三层升降式、二/三层升降横移式等形式。

（6）敞开式汽车库是指任一层车库的外墙敞开面积大于该层四周外墙体总面积的25%，敞开区域均匀布置在外墙上且其长度不小于车库周长的50%的汽车库。

（7）斜楼板式汽车库是指汽车坡道与停车区同在一个斜面。错层式汽车库是指汽车坡道只跨越半层车库。

单元二　生产和储存物品火灾危险性分类

一、生产的火灾危险性分类

生产的火灾危险性是指生产过程中发生火灾、爆炸事故的原因、因素和条件，以及火灾扩大蔓延条件的总和。它取决于物料及产品的性质、生产设备的缺陷、生产作业行为、工艺参数的控制和生产环境等诸多因素的交互作用。评定生产过程的火灾危险性，就是在了解和掌握生产中所使用物质的物理、化学性质和火灾、爆炸特性的基础上，分析物质在加工处理过程中同作业行为、工艺控制条件、生产设备、生产环境等要素的联系与作用，评价生产过程发生火灾和爆炸事故的可能性。

生产的火灾危险性分类，一般要分析整个生产过程中的每个环节是否有引起火灾的可能性。生产的火灾危险性分类一般要按其中最危险的因素确定，通常可根据生产中使用的全部原材料的性质、生产中操作条件的变化是否会改变物质的性质、生产中产生的全部中间产物的性质、生产的最终产品及其副产品的性质和生产过程中的自然通风、气温、湿度等环境条件等因素综合分析确定。当然，要同时兼顾生产的实际使用量或产出量。生产中使用的物质主要是指所用物质为生产的主要组成部分或原材料，用量相对较多或需对其进行加工等。生产的火灾危险性分类受众多因素的影响，还需要根据生产工艺、生产过程中使用的原材料及其产品与副产品的火灾危险性，以及生产时的实际环境条件等情况确定。在实际中，一些产品可能有若干种不同工艺的生产方法，其中使用的原材料和生产条件也可能不尽相同，因而不同生产方法所具有的火灾危险性也可能有所差异，分类时要注意区别对待。

（一）生产的火灾危险性分类及举例

生产的火灾危险性应根据生产中使用或产生的物质性质及数量等因素划分，可分为甲、乙、丙、丁、戊五类。生产的火灾危险性分类及举例见表3-3。

表3-3　生产的火灾危险性分类及举例

生产的火灾危险性类别	使用或生产下列物质的火灾危险性特征	
甲	1. 闪点<28℃的液体 2. 爆炸下限<10%的气体 3. 常温下能自行分解或在空气中氧化即能导致迅速自燃或爆炸的物质 4. 常温下受到水或空气中水蒸气的作用，能产生可燃气体并引起燃烧或爆炸的物质	1. 闪点<28℃的油品和有机溶剂的提炼、回收或洗涤部位及其泵房，橡胶制品的涂胶和胶浆部位，二硫化碳的粗馏、精馏工段及其应用部位，青霉素提炼部位，原料药厂的非纳西汀车间的烃化、回收及电感精馏部位，皂素车间的抽提、结晶及过滤部位，冰片精制部位，农药厂乐果厂房、敌敌畏的合成厂房、磺化法糖精厂房、氯乙醇厂房，环氧乙烷、环氧丙烷工段，苯酚厂房的磺化、蒸馏部位，焦化厂吡啶工段，胶片厂片基厂房，汽油加铅室，甲醇、乙醇、丙酮、丁醇异丙醇、醋酸乙酯、苯等的合成或精制厂房，集成电路工厂的化学清洗间（使用闪点<28℃的液体），植物油加工厂的浸出厂房，白酒液态法酿酒车间、酒精蒸馏塔，酒精度为38°及以上的勾兑车间、灌装车间、酒泵房、白兰地蒸馏车间、勾兑车间、灌装车间、酒泵房

（续）

生产的火灾危险性类别	使用或生产下列物质的火灾危险性特征	
甲	5. 遇酸、受热、撞击、摩擦、催化以及遇有机物或硫黄等易燃的无机物，极易引起燃烧或爆炸的强氧化剂 6. 受撞击、摩擦或与氧化剂、有机物接触时能引起燃烧或爆炸的物质 7. 在密闭设备内操作温度不小于物质本身自燃点的生产	2. 乙炔站，氢气站，石油气体分馏（或分离）厂房，氯乙烯厂房，乙烯聚合厂房，天然气、石油伴生气、矿井气、水煤气或焦炉煤气的净化（如脱硫）厂房压缩机室及鼓风机室，液化石油气灌瓶间，丁二烯及其聚合厂房，醋酸乙烯厂房，电解水或电解食盐厂房，环己酮厂房，乙基苯和苯乙烯厂房，化肥厂的氢（氮）气压缩厂房，半导体材料厂使用氢气的拉晶间，硅烷热分解室 3. 硝化棉厂房及其应用部位，赛璐珞厂房，黄磷制备厂房及其应用部位，三乙基铝厂房，染化厂某些能自行分解的重氮化合物生产，甲胺厂房，丙烯腈厂房 4. 金属钠、钾加工厂房及其应用部位，聚乙烯厂房的一氯二乙基铝部位，三氯化磷厂房，多晶硅车间三氯氢硅部位，五氧化二磷厂房 5. 氯酸钠、氯酸钾厂房及其应用部位，过氧化氢厂房，过氧化钠、过氧化钾厂房，次氯酸钙厂房 6. 赤磷制备厂房及其应用部位，五硫化二磷厂房及其应用部位 7. 洗涤剂厂房石蜡裂解部位，冰醋酸裂解厂房
乙	1. 闪点≥28℃至<60℃的液体 2. 爆炸下限≥10%的气体 3. 不属于甲类的氧化剂 4. 不属于甲类的易燃固体 5. 助燃气体 6. 能与空气形成爆炸性混合物的浮游状态的粉尘、纤维、闪点≥60℃的液体雾滴	闪点≥28℃至<60℃的油品和有机溶剂的提炼、回收、洗涤部位及其泵房，松节油或松香蒸馏厂房及其应用部位，醋酸酐精馏厂房，己内酰胺厂房，甲酚厂房，氯丙醇厂房，樟脑油提取部位，环氧氯丙烷厂房，松针油精制部位，煤油灌桶间 一氧化碳压缩机室及净化部位，发生炉煤气或鼓风炉煤气净化部位，氢压缩机房 发烟硫酸或发烟硝酸浓缩部位，高锰酸钾厂房，重铬酸钠（红矾钠）厂房 樟脑或松香提炼厂房，硫黄回收厂房，焦化厂精萘厂房 氧气站，空分厂房 铝粉或镁粉厂房，金属制品抛光部位，煤粉厂房、面粉厂的碾磨部位，活性炭制造及再生厂房，谷物筒仓工作塔，亚麻厂的除尘器和过滤器室
丙	1. 闪点≥60℃的液体 2. 可燃固体	1. 闪点≥60℃的油品和有机液体的提炼、回收工段及其抽送泵房，香料厂的松油醇部位和乙酸松油脂部位，苯甲酸厂房，苯乙酮厂房，焦化厂焦油厂房，甘油、桐油的制备厂房，油浸变压器室，机器油或变压油灌桶间，润滑油再生部位，配电室（每台装油量>60kg的设备），沥青加工厂房，植物油加工厂的精炼部位 2. 煤、焦炭、油母页岩的筛分、转运工段和栈桥或储仓，木工厂房，竹、藤加工厂房，橡胶制品的压延、成型和硫化厂房，针织品厂房，纺织、印染、化纤生产的干燥部位，服装加工厂房，棉花加工和打包厂房，造纸厂备料、干燥厂房，印染厂成品厂房，麻纺厂粗加工车间，谷物加工房，卷烟厂的切丝、卷制、包装车间，印刷厂的印刷车间，毛涤厂选毛车间，电视机、收音机装配厂房，显像管厂装配工段烧枪间，磁带装配厂房，集成电路工厂的氧化扩散间、光刻间，泡沫塑料厂的发泡、成型、印片压花部位，饲料加工厂房，畜（禽）屠宰、分割及加工车间，鱼加工车间

（续）

生产的火灾 危险性类别	使用或生产下列物质的火灾危险性特征	
丁	1. 对不燃烧物质进行加工，并在高温或熔化状态下经常产生强辐射热、火花或火焰的生产 2. 利用气体、液体、固体作为燃料或将气体、液体进行燃烧作其他用途的各种生产 3. 常温下使用或加工难燃烧物质的生产	1. 金属冶炼、锻造、铆焊、热轧、铸造、热处理厂房 2. 锅炉房，玻璃原料熔化厂房，灯丝烧拉部位，保温瓶胆厂房，陶瓷制品的烘干、烧成厂房，蒸汽机车库，石灰焙烧厂房，电石炉部位，耐火材料烧成部位，转炉厂房，硫酸车间焙烧部位，电极煅烧工段，配电室（每台装油量≤60kg 的设备） 3. 难燃铝塑料材料的加工厂房，酚醛泡沫塑料的加工厂房，印染厂的漂炼部位，化纤厂后加工润湿部位
戊	常温下使用或加工不燃烧物质的生产	制砖车间，卷扬机室，不燃液体的泵房和阀门室，不燃液体的净化处理工段，金属（镁合金除外）冷加工车间，电动车库，钙镁磷肥车间（焙烧炉除外），造纸厂或化学纤维厂的浆粕蒸煮工段，仪表、器械或车辆装配车间，氟利昂厂房，水泥厂的轮窑厂房，加气混凝土厂的材料准备、构件制作厂房

（二）厂房内有不同火灾危险性生产时建筑或区域火灾危险性的确定

同一座厂房或厂房的任一防火分区内有不同火灾危险性生产时，厂房或防火分区内的生产火灾危险性类别应按火灾危险性较大的部分确定。如在一座厂房中或一个防火分区内存在甲、乙类等多种火灾危险性生产时，甲类生产着火后，可燃物质足以构成爆炸或燃烧危险，则该建筑物中的生产类别应按甲类划分。

当生产过程中使用或产生易燃、可燃物的量较少，不足以构成爆炸或火灾危险时，可按实际情况确定。如在一座厂房中或一个防火分区内存在甲、乙类等多种火灾危险性生产时，如果该厂房面积很大，其中甲类生产所占用的面积比例较小，并采取了相应的工艺保护和防火防爆分隔措施将甲类生产部位与其他区域完全隔开，即使发生火灾也不会蔓延到其他区域时，该厂房可按火灾危险性较小者确定。

当符合下述条件之一时，可按火灾危险性较小的部分确定。

1）火灾危险性较大的生产部分占本层或本防火分区建筑面积的比例小于 5% 或丁、戊类厂房内的油漆工段小于 10%，且发生火灾事故时不足以蔓延至其他部位或火灾危险性较大的生产部分采取了有效的防火措施。如在一座汽车总装厂房中，当喷漆工段占总装厂房的面积比例不足 10%，并将喷漆工段采用防火分隔和自动灭火设施保护时，厂房的生产火灾危险性仍可划分为戊类。

2）丁、戊类厂房内的油漆工段，当采用封闭喷漆工艺，封闭喷漆空间内保持负压、油漆工段设置可燃气体探测报警系统或自动抑爆系统，且油漆工段占所在防火分区建筑面积的比例不大于 20%。近年来，喷漆工艺有了很大的改进和提高，并采取了一些行之有效的防护措施，生产过程中的火灾危害减少，规定了在同时满足三个条件时，油漆工段面积比例最大可为 20%。

二、储存物品的火灾危险性分类

生产和储存物品的火灾危险性有相同之处，也有不同之处。有些生产的原料、成品的火灾危险性较低，当生产条件发生变化或经化学反应后产生了中间产物，就可能增加火灾危险性。例如，可燃粉尘静止时不危险，但生产时，粉尘悬浮在空中与空气形成爆炸性混合物，遇火源则能爆炸起火，而储存这类物品就不存在这种情况。与此相反，桐油织物及其制品，堆放在通风不良地点，受到一定温度作用时能缓慢氧化，积热不散会导致自燃起火，因而在储存时其火灾危险性较大，而在生产过程中不存在此种情况，火灾危险性就较小。

（1）储存物品的火灾危险性分类及举例。储存物品的火灾危险性主要是根据储存物品本身的火灾危险性分为甲、乙、丙、丁、戊五类，其火灾危险性分类及举例见表3-4。

表3-4 储存物品的火灾危险性分类及举例

类别	火灾危险性特征	举例
甲	1. 闪点<28℃的液体 2. 爆炸下限<10%的气体，受到水或空气中水蒸气的作用能产生爆炸下限<10%气体的固体物质 3. 常温下能自行分解或在空气中氧化能导致迅速自燃或爆炸的物质 4. 常温下受到水或空气中水蒸气的作用能产生可燃气体并引起燃烧或爆炸的物质 5. 遇酸、受热、撞击、摩擦以及遇有机物或硫黄等易燃的无机物，极易引起燃烧或爆炸的强氧化剂 6. 受撞击、摩擦或与氧化剂、有机物接触时能引起燃烧或爆炸的物质	1. 己烷、戊烷、石脑油、环戊烷、二硫化碳、苯、甲苯、甲醇、乙醇、乙醚、蚁酸甲酯、醋酸甲酯、硝酸乙酯、汽油、丙酮、丙烯、38°及以上的白酒 2. 乙炔、氢、甲烷、乙烯、丙烯、丁二烯、环氧乙烷、水煤气、硫化氢、氯乙烯、液化石油气、电石、碳化铝 3. 硝化棉、消化纤维胶片、喷漆棉、火胶棉、赛璐珞棉、黄磷 4. 金属钾、钠、锂、钙、锶、氢化锂、四氢化锂铝、氢化钠 5. 氯酸钾、氯酸钠、过氧化钾、过氧化钠、硝酸铵 6. 赤磷、五硫化二磷、三硫化二磷
乙	1. 闪点≥28℃至<60℃的液体 2. 爆炸下限≥10%的气体 3. 不属于甲类的氧化剂 4. 不属于甲类的易燃固体 5. 助燃气体 6. 常温下与空气接触能缓慢氧化，积热不散引起自燃的物品	1. 煤油、松节油、丁烯醇、异戊醇、丁醚、醋酸丁酯、硝酸戊酯、乙酰丙酮、环己胺、溶剂油、冰醋酸、樟脑油、蚁酸 2. 氨气、一氧化碳 3. 硝酸铜、铬酸、亚硝酸钾、重铬酸钠、铬酸钾、硝酸、硝酸汞、硝酸钴、发烟硫酸、漂白粉 4. 硫黄、镁粉、铝粉、赛璐珞板（片）、樟脑、萘、生松香、硝化纤维漆布、硝化纤维色片 5. 氧气、氟气、液氯 6. 漆布及其制品，油布及其制品，油纸及其制品，油绸及其制品
丙	1. 闪点≥60℃的液体 2. 可燃固体	1. 动物油、植物油、沥青、蜡、润滑油、机油、重油、闪点≥60℃的柴油、糖醛、采用瓶装等方式存放完成全部生产过程、可供销售的白酒、白兰地的成品库 2. 化学、人造纤维及其织物，纸张，棉、毛、丝、麻及其织物，谷物，面粉，粒径≥2mm的工业成品硫黄，天然橡胶及其制品，竹、木及其制品，中药材，电视机、收录机等电子产品，计算机房已录数据的磁盘储存间，冷库中的鱼、肉间
丁	难燃烧物品	自熄性塑料及其制品，酚醛泡沫塑料及其制品，水泥刨花板
戊	不燃烧物品	钢材、铝材、玻璃及其制品、搪瓷制品、陶瓷制品、不燃气体、玻璃棉、岩棉、陶瓷棉、硅酸铝纤维、矿棉、石膏及其无纸制品、水泥、石、膨胀珍珠岩

（2）仓库内存放不同种类火灾危险性物质时仓库火灾危险性的确定。同一座仓库或其中任一防火分区内储存不同火灾危险性的物品时，仓库或防火分区的火灾危险性应按火灾危险性最大的物品确定。一个防火分区内存放多种可燃物时，火灾危险性分类原则应按其中火灾危险性大的确定。当数种火灾危险性不同的物品存放在一起时，建筑的耐火等级、允许层数和允许面积均要求按最危险者的要求确定。如同一座仓库存放有甲、乙、丙三类物品，仓库就需要按甲类储存物品仓库的要求设计。此外，甲、乙类物品和一般物品以及容易相互发生化学反应或者灭火方法不同的物品，必须分间、分库储存，并在醒目处标明储存物品的名称、性质和灭火方法。因此，为了有利于安全和便于管理，同一座仓库或其中同一个防火分区内，要尽量储存一种物品。当有困难需将数种物品存放在一座仓库或同一个防火分区内时，存储过程中要分区域布置，但性质相互抵触或灭火方法不同的物品不允许存放在一起。

（3）丁、戊类储存物品仓库的火灾危险性，当可燃包装质量大于物品本身质量1/4或可燃包装体积大于物品本身体积的1/2时，应按丙类确定。

丁、戊类物品本身虽属于难燃烧或不燃烧物质，但有很多物品的包装是可燃的木箱、纸盒、泡沫塑料等。据调查，有些仓库内的可燃包装物，多者在100～300kg/m^2，少者在30～50kg/m^2。因此，这两类仓库，除考虑物品本身的燃烧性能外还要考虑可燃包装的数量，在防火要求上应较丁、戊类仓库严格。有些包装物与被包装物品的质量比虽然小于1/4，但包装物（如泡沫塑料等）的单位体积质量较小，极易燃烧且初期燃烧速率较快、释热量大，如果仍然按照丁、戊类仓库来确定则可能出现与实际火灾危险性不符的情况。因此，针对这种情况，当可燃包装体积大于物品本身体积的1/2时，要相应提高该库房的火灾危险性类别。

单元三　建筑构件的燃烧性能和耐火极限

一、建筑构件的燃烧性能

燃烧性能通常是指建筑材料、制品及建筑构件的对火反应特性，是在规定条件下，材料或物质的对火反应特性和耐火性能。这里的对火反应是指在规定的试验条件下，材料或制品遇火所产生的反应。建筑构件主要是建筑的各个构件，如墙、柱、梁、楼板、屋顶承重构件、疏散楼梯和吊顶，建筑构件的燃烧性能由国家标准试验方法测定，分为不燃性、难燃性和可燃性。

1. 不燃性

用不燃烧性材料做成的构件统称为不燃性构件。不燃烧性材料是指在空气中受到火烧或高温作用时不起火、不微燃、不炭化的材料，如钢材、混凝土、砖、石、砌块、石膏板等。

2. 难燃性

用难燃烧性材料做成的构件或用燃烧性材料做成而用非燃烧性材料做保护层的构件统称为难燃性构件。难燃烧性材料是指在空气中受到火烧或高温作用时难起火、难微燃、难炭化，当火源移走后燃烧或微燃立即停止的材料，如沥青混凝土，经阻燃处理后的木材、塑料、水泥、刨花板、板条抹灰墙等。

3. 可燃性

用燃烧性材料做成的构件统称为可燃性构件。燃烧性材料是指在空气中受到火烧或高温作用时立即起火或微燃，且火源移走后仍继续燃烧或微燃的材料，如木材、竹子、刨花板、宝丽板、塑料等。

为确保建筑物在受到火灾危害时，在一定时间内不垮塌，并阻止、延缓火灾的蔓延，建筑构件多采用不燃烧性材料或难燃烧性材料。在建筑构件的选用上，应尽可能不增加建筑物的火灾荷载。

二、建筑构件的耐火极限

（一）概念

耐火极限就是在标准耐火试验条件下，建筑构件、配件或结构从受到火的作用时起，至失去承载能力、完整性或隔热性时止所用的时间，用小时（h）表示。

标准耐火试验条件是指符合国家标准规定的耐火试验条件。对于升温条件下的不同使用性质和功能的建筑，火灾类型可能不同，因而在建筑构（配）件的标准耐火性能测定过程中，受火条件也有所不同，需要根据实际的火灾类型确定不同标准的升温条件。目前，我国对于以纤维类火灾为主的建筑构（配）件耐火试验主要参照 ISO 834 系列标准规定的时间-温度标准曲线进行试验。对于石油化工建筑、通行大型车辆的隧道等以烃类火灾为主的场所，结构的耐火极限需采用碳氢时间-温度曲线等升温曲线进行试验测定。对于不同类型的建筑构件，耐火极限的判断标准也不一样，比如非承重墙体，其耐火极限测定主要考察该墙体在试验条件下的完整性和隔热性，而柱的耐火极限测定则主要考察其在试验条件下的承载能力和稳定性。因此，对于不同的建筑结构或构（配）件，耐火极限的判定标准和所代表的含义也不完全一致。承载能力是指承重构件承受规定的试验荷载，其变形的大小和速率均未超过标准规定极限值的能力。承载能力也是试件在耐火试验期间能够持续保持其承载能力的时间。判定试件承载能力的参数是变形量和变形速率。试件变形在达到稳定阶段后将会发生相对快速的变形速率，因此依据变形速率的判定应在变形量超过 $L/30$（L 为构件长度）之后才可应用。完整性是指在标准耐火试验条件下，建筑构件当某一面受火时，在一定时间内阻止火焰和热气穿透或在背火面出现火焰的能力。隔热性是指在标准耐火试验条件下，建筑构件当某一面受火时，在一定时间内背火面温度不超过规定极限值的能力。如果试件的承载能力已不符合要求，则将自动认为试件的隔热性和完整性不符合要求；如果试件的完整性已不符合要求，则将自动认为试件的隔热性不符合要求。

（二）影响耐火极限的因素

在火灾中，建筑耐火构（配）件起着阻止火势蔓延扩大、延长支撑时间的作用，它们的耐火性能直接决定着建筑物在火灾中失稳和倒塌的时间。影响建筑构（配）件耐火极限的因素有材料本身的属性、建筑构（配）件的结构特性、材料与结构间的构造方式、标准规定的试验条件、材料的老化性能、火灾种类和使用环境要求等多方面的因素。

1. 材料本身的属性

材料本身的属性是建筑构（配）件耐火性能主要的内在影响因素，可决定其用途和适用性。如果材料本身就不具备防火性能甚至是可燃烧的材料，就会在热的作用下出现燃烧和烟气，而建筑中可燃物越多，燃烧时产生的热量越高，带来的火灾危害就越大。

2. 建筑构（配）件的结构特性

建筑构（配）件的结构特性决定了保护措施的选择方案。构（配）件的受力特性决定其结构特性，在其他条件相同时，不同的结构处理得出的耐火极限是不同的，尤其是对节点的处理，如焊接、铆接、螺钉连接、简支、固支等方式。因此，预制钢筋混凝土结构构件的节点和明露的钢支撑构件部位，一般是构件的防火薄弱环节和结构的重要受力点，要求采取防火保护措施，使该节点的耐火极限不低于相应构件的规定，如对于梁、柱节点，其耐火极限就要与柱的耐火极限一致。

3. 材料与结构间的构造方式

材料与结构间的构造方式取决于材料自身的属性和基材的结构特性，即使使用品质优良的材料，构造方式不恰当也同样难以起到应有的防火作用。如厚涂型结构防火涂料在使用厚度超过一定范围后就需要用钢丝网来提升涂层与构件之间的附着力；薄涂型结构防火涂料若在一定厚度范围内耐火极限达不到工程要求，而增加厚度并不能提高耐火极限时，可采用在涂层内包裹建筑纤维布的办法增强已发泡涂层的附着力，提高耐火极限。

4. 标准规定的试验条件

标准规定的耐火性能试验与所选择的执行标准有关，包括试件养护条件、使用场合、升温条件、试验炉压力条件、受力情况、判定指标等。在试件不变的情况下，试验条件越苛刻，耐火极限越低。不同的构（配）件由于作用不同，会有试验条件上的差别，由此得出的耐火极限也有所不同。

5. 材料的老化性能

各种构（配）件虽然在工程中发挥了作用，但能否持久地发挥作用则取决于所使用的材料是否具有良好的耐久性和较长的使用寿命，应尽量选用耐老化性能好的无机材料或具有长期使用经验的防火材料做防火保护。对于材料的耐火性能衰减，应选用合理的方法和对应产品长期积累的实际应用数据进行合理的评估，以便在发生火灾时能根据其使用年限、环境条件来推算现存的耐火极限，从而为制定合理的扑救措施提供参考依据。

6. 火灾种类和使用环境要求

由不同的火灾种类得出的构（配）件耐火极限是不同的。不同火灾种类下的火灾热释放速率、火灾的可能延续时间、火灾的升温特性等是不同的。构（配）件所在的环境决定了其在进行耐火试验时应遵循的火灾试验条件，应对建筑物可能发生的火灾类型进行充分的考虑，应在各方面保证构（配）件耐火极限符合相应的耐火等级要求。

（三）耐火性能验算和防火保护设计

建筑中承重的金属结构或构件、木结构或构件、组合结构或构件、钢筋混凝土结构或构件应根据设计耐火极限和受力情况等进行耐火性能验算和防火保护设计，或采用耐火试验验证其耐火性能。

单元四　建筑耐火等级

一、工业建筑耐火等级的选用

工业建筑发生火灾时造成的生命、财产损失与建筑内物质的火灾危险性、工艺及操作的火灾危险性和采取的相应措施等直接相关。在进行防火设计和日常监督检查时，必须首先判断其火灾危险性，再采取防火防爆对策。

由于可燃物的种类很多，各种气体、液体与固体不同的性质形成了不同的危险性，并且同样的物品采用不同的工艺和操作，产生的危险性也不相同，现行有关标准对不同生产和储存场所的火灾危险性进行了分类，这些分类标准是经过大量的调查研究，并经过多年的实践总结出来的，是工业企业防火设计中的技术依据和准则。实际设计中，确定了具体建设项目的生产和储存物品的火灾危险性类别后，才能按照所属的火灾危险性类别采取对应的防火与防爆措施，如确定建筑物的耐火等级、层数、面积，设置必要的防火分隔物、安全疏散设施、防爆泄压设施、消防给水和灭火设备、防烟排烟和火灾报警设备，以及与周围建筑之间的防火间距等。对生产和储存物品的火灾危险性进行分类，对保护劳动者和广大人民群众的人身安全、维护工业企业正常的生产秩序、保护国家财产，具有非常重要的意义。

（一）　工业建筑耐火等级的选用要求

（1）下列工业建筑的耐火等级应为一级：

1）地下、半地下建筑。

2）建筑高度大于 50m 的高层厂房。

3）建筑高度大于 32m 的高层丙类仓库，储存可燃液体的多层丙类仓库，每个防火分隔间建筑面积大于 3000m² 的其他多层丙类仓库。

（2）下列工业建筑的耐火等级不应低于二级：

1）建筑面积大于 300m² 的单层甲、乙类厂房，多层甲、乙类厂房。

2）高架仓库。高架仓库是指货架高度大于 7m 且采用机械化操作或自动化控制的货架仓库。

3）使用或储存特殊贵重的机器、仪表、仪器等设备或物品的建筑。特殊贵重的设备或物品主要是指价格昂贵、损失大的设备，影响工厂或地区生产全局或影响城市生命线供给的关键设施，如热电厂、燃气供给站、水厂、发电厂、化工厂等的主控室。失火后影响大、损失大、修复时间长的设备，也应认为是"特殊贵重"的设备。特殊贵重物品，如货币、金银、邮票、重要文物、资料、档案库以及价值较高的其他物品。

4）高层厂房、高层仓库。

（3）下列工业建筑的耐火等级不应低于三级：

1）甲、乙类厂房。

2）单、多层丙类厂房。

3）多层丁类厂房。

4）单、多层丙类仓库。

5）多层丁类仓库。

（4）裙房的耐火等级不应低于高层建筑主体的耐火等级。除可采用木结构的建筑外，其他建筑的耐火等级应符合相关规范的规定。

（二）　厂房和仓库建筑构件的燃烧性能和耐火极限

厂房和仓库的耐火等级可分为一级、二级、三级、四级，不同耐火等级建筑相应的建筑构件的燃烧性能和耐火极限的最低要求不同，除另有规定外，不应低于表 3-5 的规定。

表 3-5　不同耐火等级厂房和仓库建筑构件的燃烧性能和耐火极限　（单位：h）

构 件 名 称		耐 火 等 级			
		一级	二级	三级	四级
墙	防火墙	不燃性 3.00	不燃性 3.00	不燃性 3.00	不燃性 3.00
	承重墙	不燃性 3.00	不燃性 2.50	不燃性 2.00	难燃性 0.50
	楼梯间和前室的墙， 电梯井的墙	不燃性 2.00	不燃性 2.00	不燃性 1.50	难燃性 0.50
	疏散走道两侧的隔墙	不燃性 1.00	不燃性 1.00	不燃性 0.50	难燃性 0.25
	非承重外墙、房间隔墙	不燃性 0.75	不燃性 0.50	难燃性 0.50	难燃性 0.25
柱		不燃性 3.00	不燃性 2.50	不燃性 2.00	难燃性 0.50
梁		不燃性 2.00	不燃性 1.50	不燃性 1.00	难燃性 0.50
楼板		不燃性 1.50	不燃性 1.00	不燃性 0.75	难燃性 0.50
屋顶承重构件		不燃性 1.50	不燃性 1.00	难燃性 0.50	可燃性
疏散楼梯		不燃性 1.50	不燃性 1.00	不燃性 0.75	可燃性
顶棚（包括顶棚搁栅）		不燃性 0.25	难燃性 0.25	难燃性 0.15	可燃性

（1）防火墙的耐火极限不应低于 3.00h。甲、乙类厂房和甲、乙、丙类仓库一旦着火，燃烧时间较长，燃烧过程中释放巨大热量，有必要适当提高防火墙的耐火极限。因此，甲、乙类厂房和甲、乙、丙类仓库内的防火墙，其耐火极限不应低于 4.00h。

（2）建筑高度大于 100m 的工业建筑楼板的耐火极限不应低于 2.00h。建筑物符合要求的上人平屋面可作为建筑的室外安全地点。为确保安全，应提高相应耐火等级楼板的耐火极限，一级耐火等级工业建筑的上人平屋顶，屋面板的耐火极限不应低于 1.50h；二级耐火等级工业建筑的上人平屋顶，屋面板的耐火极限不应低于 1.00h。

（3）采用自动喷水灭火系统全保护的一级耐火等级单、多层厂房（仓库）的屋顶承重构件，其耐火极限不应低于 1.00h。

（4）采用聚苯乙烯、聚氨酯作为芯材的金属夹芯板材的建筑火灾多发，短时间内即造成大面积蔓延，产生大量有毒烟气，导致金属夹芯板材的垮塌和掉落，影响人员安全疏散，不利于灭火救援，造成使用人员及消防救援人员的伤亡。因此，建筑中的非承重外墙、房间隔墙和屋面板，当确需采用金属夹芯板材时，其芯材应为不燃材料，且耐火极限应符合国家相关规范的有关规定。

二、民用建筑耐火等级的选用

民用建筑的耐火等级应根据其建筑高度、使用功能、重要性和火灾扑救难度等确定。地下、半地下建筑发生火灾后，热量不易散失，温度高、烟雾大，燃烧时间长，疏散和扑救难度大，其耐火等级要求高。民用建筑的耐火等级分级一方面是为了便于根据建筑自身结构的防火性能来确定该建筑的其他防火要求；另一方面，根据这个分级及对应建筑构件的耐火性能，也可以用于确定既有建筑的耐火等级。

（一）民用建筑耐火等级的选用要求

（1）下列民用建筑的耐火等级应为一级：

1）地下、半地下建筑（室）。

2）一类高层民用建筑发生火灾，疏散和扑救都很困难，容易造成人员伤亡或财产损失，要求一类高层民用建筑的耐火等级应为一级。

3）二层和二层半式、多层式民用机场航站楼。

4）A类广播电影电视建筑。广播电影电视建筑是用于生产、存储、监测、分发广播电影电视节目的建筑，广播电影电视建筑的分类主要以建筑规模、服务范围、火灾危险性、疏散和扑救难度不同等因素进行分类。

5）四级生物安全实验室。

（2）下列民用建筑的耐火等级不应低于二级：

1）二类高层民用建筑。

2）一层和一层半式民用机场航站楼。

3）总建筑面积大于 $1500m^2$ 的单、多层人员密集场所。

4）B类广播电影电视建筑。

5）一级普通消防站、二级普通消防站、特勤消防站、战勤保障消防站。

6）设置洁净手术部的建筑，三级生物安全实验室。

7）用于灾时避难的建筑。

（3）除以上规定的建筑外，下列民用建筑的耐火等级不应低于三级：

1）城市和镇中心区内的民用建筑。

2）老年人照料设施、教学建筑、医疗建筑。

（4）裙房的耐火等级不应低于高层建筑主体的耐火等级。除可采用木结构的建筑外，其他建筑的耐火等级应符合规范的规定。

（二）民用建筑构件的燃烧性能和耐火极限

民用建筑的耐火等级可分为一级、二级、三级、四级。除另有规定外，不同耐火等级民用建筑相应构件的燃烧性能和耐火极限不应低于表3-6的规定。

表3-6　不同耐火等级民用建筑相应构件的燃烧性能和耐火极限　　　　（单位：h）

构件名称		耐火等级			
		一级	二级	三级	四级
墙	防火墙	不燃性 3.00	不燃性 3.00	不燃性 3.00	不燃性 3.00
	承重墙	不燃性 3.00	不燃性 2.50	不燃性 2.00	难燃性 0.50
	非承重外墙	不燃性 1.00	不燃性 1.00	不燃性 0.50	可燃性
	楼梯间和前室的墙,电梯井的墙, 住宅建筑单元之间的墙和分户墙	不燃性 2.00	不燃性 2.00	不燃性 1.50	难燃性 0.50

（续）

构件名称		耐火等级			
		一级	二级	三级	四级
墙	疏散走道两侧的隔墙	不燃性 1.00	不燃性 1.00	不燃性 0.50	难燃性 0.25
	房间隔墙	不燃性 0.75	不燃性 0.50	难燃性 0.50	难燃性 0.25
柱		不燃性 3.00	不燃性 2.50	不燃性 2.00	难燃性 0.50
梁		不燃性 2.00	不燃性 1.50	不燃性 1.00	难燃性 0.50
楼板		不燃性 1.50	不燃性 1.00	不燃性 0.50	可燃性
屋顶承重构件		不燃性 1.50	不燃性 1.00	可燃性 0.50	可燃性
疏散楼梯		不燃性 1.50	不燃性 1.00	不燃性 0.50	可燃性
顶棚（包括顶棚搁栅）		不燃性 0.25	难燃性 0.25	难燃性 0.15	可燃性

注：1. 除另有规定外，以木柱承重且墙体采用不燃材料的建筑，其耐火等级应按四级确定。
　　2. 住宅建筑构件的耐火极限和燃烧性能可按《住宅建筑规范》（GB 50368—2005）的规定执行。

（1）高层民用建筑在我国呈快速发展之势，建筑高度大于100m的建筑越来越多，火灾也呈多发态势，火灾后果严重，扑救难度巨大，火灾延续时间可能较长。为保证超高层建筑的防火安全，建筑高度大于100m的民用建筑，其楼板的耐火极限不应低于2.00h。一级、二级耐火等级建筑的上人平屋顶，其屋面板的耐火极限分别不应低于1.50h和1.00h。

（2）一级、二级耐火等级建筑的屋面板应采用不燃材料，屋面防水层宜采用不燃、难燃材料。当采用可燃防水材料且铺设在可燃、难燃保温材料上时，防水材料或可燃、难燃保温材料应采用不燃材料作防护层。

（3）二级耐火等级建筑内采用难燃性墙体的房间隔墙，其耐火极限不应低于0.75h。当房间的建筑面积不大于100m² 时，房间的隔墙可采用耐火极限不低于0.50h的难燃性墙体或耐火极限不低于0.30h的不燃性墙体。二级耐火等级多层住宅建筑内采用预应力钢筋混凝土的楼板，其耐火极限不应低于0.75h。

（4）采用聚苯乙烯、聚氨酯作为芯材的金属夹芯板材的建筑火灾多发，短时间内即造成大面积蔓延，产生大量有毒烟气，导致金属夹芯板材的垮塌和掉落，影响人员安全疏散，不利于灭火救援，造成使用人员及消防救援人员的伤亡。因此，建筑中的非承重外墙、房间隔墙和屋面板，当确需采用金属夹芯板材时，其芯材应为不燃材料，且耐火极限应符合国家相关规范的有关规定。

（5）为防止顶棚受火作用塌落而影响人员疏散，对顶棚的耐火极限有要求。二级耐火等级建筑内采用不燃材料的顶棚，其耐火极限不限。三级耐火等级的医疗建筑、中小学校的教学建筑、老年人照料设施，以及托儿所、幼儿园的儿童用房和儿童游乐厅等儿童活动场所的顶棚，应采用不燃材料。当采用难燃材料时，其耐火极限不应低于0.25h。二级和三级耐火等级建筑中门厅、走道的顶棚应采用不燃材料。

（6）对于装配式钢筋混凝土结构，其节点缝隙和明露钢支撑构件部位一般是构件的防火薄弱环节，容易被忽视，而这些部位却是保证结构整体承载力的关键部位，要求采取防火保护措施。建筑内预制钢筋混凝土构件的节点外露部位，应采取防火保护措施，且节点的耐火极限不应低于相应构件的耐火极限。

三、汽车库和修车库耐火等级的选用

（一）汽车库、修车库耐火等级选择

汽车库、修车库附设在其他建筑内时，除设置在地下室外，建筑的耐火等级应按照一级确定；当汽车库仅设置在地下室时，建筑地上部分的耐火等级仍可以根据其实际功能和建筑高度确定。

（1）下列汽车库的耐火等级应为一级：

1）地下、半地下汽车库。

2）Ⅰ类汽车库、Ⅰ类修车库。

3）甲、乙类物品运输车的汽车库或修车库。

4）其他高层汽车库。高层汽车库是指建筑高度大于24m的汽车库、设置在距地面高度大于24m的楼层上的汽车库。

（2）下列汽车库的耐火等级不应低于二级：

1）电动汽车充电站建筑。

2）Ⅱ、Ⅲ类汽车库、修车库。

（3）Ⅳ类汽车库、修车库的耐火等级不应低于三级。

（二）汽车库、修车库构件的燃烧性能和耐火极限

汽车库、修车库构件的燃烧性能和耐火极限见表3-7。

表3-7 汽车库、修车库构件的燃烧性能和耐火极限 （单位：h）

构件名称		耐火等级		
		一级	二级	三级
墙	防火墙	不燃性 3.00	不燃性 3.00	不燃性 3.00
	承重墙	不燃性 3.00	不燃性 2.50	不燃性 2.00
	楼梯间和前室的墙、防火隔墙	不燃性 2.00	不燃性 2.00	不燃性 2.00
	隔墙、非承重外墙	不燃性 1.00	不燃性 1.00	不燃性 0.50
柱		不燃性 3.00	不燃性 2.50	不燃性 2.00
梁		不燃性 2.00	不燃性 1.50	不燃性 1.00
楼板		不燃性 1.50	不燃性 1.00	不燃性 0.50
疏散楼梯、坡道		不燃性 1.50	不燃性 1.00	不燃性 1.00
屋顶承重构件		不燃性 1.50	不燃性 1.00	可燃性 0.50
顶棚（包括顶棚搁栅）		不燃性 0.25	不燃性 0.25	难燃性 0.15

四、木结构建筑耐火等级的选用

（一）木结构建筑耐火等级选择

木结构建筑的耐火等级分类应符合《建筑设计防火规范》（GB 50016—2014）的规定。

木结构是指采用以木材为主制作的构件承重的结构。木组合结构是由木质组合结构构件组成的结构，以及由木质组合结构构件与木构件、钢构件或混凝土构件组成的结构。

甲、乙、丙类厂房（库房）不应采用木结构建筑或木组合结构建筑。

（二）木结构建筑构件的燃烧性能和耐火极限

木结构建筑构件的燃烧性能和耐火极限见表3-8。

表3-8　木结构建筑构件的燃烧性能和耐火极限　　　　　　　　　　（单位：h）

构件名称	燃烧性能和耐火极限
防火墙	不燃性 3.00
承重墙，住宅建筑单元之间的墙和分户墙，楼梯间的墙	难燃性 1.00
电梯井的墙	不燃性 1.00
非承重外墙，疏散走道两侧的隔墙	难燃性 0.75
房间隔墙	难燃性 0.50
承重柱	可燃性 1.00
梁	可燃性 1.00
楼板	难燃性 0.75
屋顶承重构件	可燃性 0.50
疏散楼梯	难燃性 0.50
顶棚	难燃性 0.15

五、其他建筑耐火等级的选用

地铁的地下出入口通道是出入地铁车站的安全疏散通道，属于地下车站建筑的一部分；地铁控制中心是负责一条或若干条轨道交通线路平时运营和应对灾害的调度指挥中枢；主变电站对保证线路正常运营发挥着重要作用。这些建筑的耐火等级均应严格要求，地铁地上车站的耐火等级可以按照相应规模和高度的民用建筑确定，但作为人员聚集的公共建筑，不应低于三级或为耐火性能相当的木结构建筑。

（1）地铁的地下出入口通道、地铁控制中心、主变电站的耐火等级不应低于一级。地铁地上车站建筑的耐火等级不应低于三级。

（2）交通隧道承重结构体的耐火性能应与其车流量、隧道封闭段长度、通行车辆类型和隧道的修复难度等情况相适应。

（3）城市交通隧道的消防救援出入口的耐火等级不应低于一级。城市交通隧道的地面重要设备用房、运营管理中心及其他地面附属用房的耐火等级不应低于二级。

模块四

建筑总平面防火

模块概述：
本模块的主要内容是认识建筑总平面布局、防火间距、消防车道以及救援场地。

知识目标：
认识建筑总平面的确定原则；了解建筑总平面布置包含的相关内容；掌握防火间距、消防车道、救援场地的设置要求；学会判断建筑总平面布局是否符合规范要求。

素养目标：
随着工业化、城镇化的持续推进，我国中心城市、城市群迅猛发展，人口、生产要素更加集聚，产业链、供应链、价值链日趋复杂，生产生活空间高度关联，各类承灾体的暴露度、集中度、脆弱性大幅增加。在建筑总平面布局中，应树立城市发展系统思维，为新产业、新业态、新模式的发展与安全提供科学合理、有效的建筑空间。

单元一　建筑总平面布局

在城市建设发展过程中，不同性质建筑的规划布局不仅关系着周围人民的生活质量，而且对相邻建筑物的使用安全有较大影响。在建筑全生命周期内（设计、施工、装修、使用、改造、拆除），应最大限度地让建筑节能环保、低碳绿色，为人们提供安全、舒适和高质量的使用空间，创造与自然和谐共生的绿色建筑。建筑总平面布局应从城市的总体规划、用地周围环境和城市消防规划等要求出发，根据建筑物的使用性质、规模、高度、火灾危险性等因素，科学合理地确定建筑物的位置、防火间距、消防车道和救援场地等。

一、建筑总平面布局的确定

城市总体规划包括城市的性质、发展目标和发展规模、城市主要建设标准和定额指标、城市建设用地布局、功能分区和各项建设的总体部署、城市综合交通体系、河湖与绿地系统、各项专业规划、近期建设规划等内容。其中，城市建设用地布局、功能分区决定着该用地范围内建筑的性质、规模及总平面布局。合理的建筑总平面布局不仅可满足建筑物使用功能要求，还可满足采光、通风、朝向、交通等舒适安全方面的要求，还能节约用地成本。协调好个体与群体、空间与体型、绿化与道路、使用功能与消防规划之间的关系，从而使建筑空间与自然环境相互协调，既可增强建筑本身的美观舒适性，丰富城市面貌，又能保障建筑消防安全。

在建筑的总平面布局中，应根据建筑的使用性质、使用需要与规模、火灾危险性等合理确定建筑的方位、建筑间的相互关系与间距、消防车道与内外部道路、消防水源等，减少拟建建筑和周围建（构）筑物火灾的相互作用，防止引发次生灾害，并为消防救援提供便利条件，符合减少火灾危害、方便消防救援的要求。

（一）规划用地性质及建筑规模

城市规划应当符合城市防火、防爆、抗震、防洪、防泥石流，以及治安、交通管理、人民防空建设等要求，城市新区开发和旧区改建必须坚持统一规划、合理布局、因地制宜、综合开发、配套建设的原则。各项建设工程的选址、定点，不得妨碍城市的发展、危害城市的安全、污染和破坏城市环境、影响城市各项功能的协调。

城市行政区内实际已经成片开发建设、市政公用设施和公共设施基本具备的地区称为城市建成区。在城市建成区内不应建设压缩天然气加气母站，一级汽车加油站、加气站、加油加气合建站，以控制城市中的重大火灾危险源。

（二）确定建筑物耐火等级

应根据建筑的高度（埋深）、层数、规模、类别、使用性质、功能用途、火灾危险性、所在位置以及周围环境情况确定其耐火等级，以提高建筑自身安全性能，减少或消除相邻建筑物及周围环境带来的火灾风险隐患。

（三）设置防火间距

建筑物之间的防火间距要根据建筑的耐火等级、外墙的耐火性能与防火构造、建筑的高度与火灾危险性、建筑外部的消防救援条件等影响防火间距的主要因素，按照防止相邻建筑发生火灾后相互蔓延和方便消防救援的原则确定。工业与民用建筑应根据建筑使用性质、建筑高度、耐火等级及火灾危险性等合理确定防火间距，建筑之间的防火间距应保证任意一侧建筑外墙受到的相邻建筑火灾辐射热强度均低于其临界引燃辐射热强度。

与着火建筑相邻的建筑物受到的辐射热强度取决于火势的大小、持续时间、防火间距及风向风力等因素。火势越大、燃烧持续时间长、防火间距小、建筑物处于下风位置时，所受辐射热强度越大。

（四）满足消防救援要求

《中华人民共和国消防法》第八条明确规定：地方各级人民政府应当将包括消防安全布局、消防站、消防供水、消防通信、消防车通道、消防装备等内容的消防规划纳入城乡规划，并负责组织实施。

城市消防站应位于易燃易爆危险品场所或设施全年最小频率风向的下风侧，其用地边界距离加油站、加气站、加油加气合建站不应小于50m，距离甲、乙类厂房和易燃易爆危险品储存场所不应小于200m。城市消防站执勤车辆的主出入口，距离人员密集的大型公共建筑的主要疏散出口不应小于50m。

尽管建筑不同的规模、高度或埋深、使用功能或不同类别的火灾危险性对消防车道和登高操作场地等的需求不同，不同的建筑外观、不同的建造位置对消防救援设施的设置也有所影响，但是任何具有火灾危险性的建筑都有发生火灾的可能，在建筑建造时均应在建筑内部和外部提供一定的供消防救援人员利用的条件和设施。

建筑的消防救援设施主要包括建筑外的消防车道、消防救援场地或消防车登高操作场地、消防水泵接合器、室外消火栓或市政消火栓，建筑外墙上的竖梯、消防救援口，建筑内的消防电梯及其前室、楼梯间等救援通道，室内消火栓系统、应急排烟窗等，以及建筑屋顶上的直升机停机坪或直升机救助平台等。

二、工业建筑总平面布置

工业建筑总平面布置应在总体规划的基础上，根据工业企业的性质、规模、生产流程、交通运输、环境保护，以及防火、安全、卫生、节能、施工、检修、厂区发展等要求，结合场地自然条件，通过多方案技术经济比选后择优确定；联合企业中不同类型的工厂应按生产性质、相互关系、协作条件等因素分区集中布置。应根据建筑物的实际需要，合理划分生产区、储存区、生产辅助设施区、行政办公和生活区等。

生产和储存易燃易爆物品的工厂、仓库、堆场、储罐等的规划布局，应在符合城镇总体规划的基础上充分分析这些场所的火灾和爆炸危险性，并通过合理布局尽可能减小这些场所发生火灾对周围区域的危害性作用，故这些场所应位于城镇规划区的边缘或相对独立的安全地带。散发可燃气体、可燃蒸气和可燃粉尘的车间、装置等，宜布置在明火或散发火花地点的常年最小频率风向的上风侧。液化石油气储罐区宜布置在本单位或本地区全年最小频率风向的上风侧，并选择通风良好的地点独立设置。

三、民用建筑总平面布置

城镇中耐火等级低的既有建筑密集区，应根据城镇建设与老旧城区改造规划，通过拆迁、改造、开辟防火隔离带或设置防火墙、消防车道、消防水源等措施，改善这些区域的消防安全条件。既有建筑改造应根据建筑的现状和改造后的建筑规模、火灾危险性和使用用途等因素确定相应的防火技术要求，并达到《建筑防火通用规范》（GB 55037—2022）规定的目标、功能和性能要求。要避免在甲、乙类厂房和仓库，可燃液体和可燃气体储罐以及可燃材料堆场的附近布置民用建筑，要从根本上防止和减少火灾危险性大的建筑发生火灾时对民用建筑的影响。城镇建成区内影响消防安全的既有厂房、仓库等应迁移或改造。

民用建筑与变、配电站，燃油、燃气或燃煤锅炉房，燃气调压站、液化石油气气化站及混气站，城市液化气供应站瓶库等的防火间距应符合国家现行标准的有关规定。

四、汽车库、修车库、停车场总平面布置

根据汽车燃烧、爆炸的特点，结合多年贯彻《建筑设计防火规范》（GB 50016—2014）和消防灭火战斗的实际经验，汽车库、修车库按一般厂房的防火要求考虑。汽车库、修车库与一级、二级耐火等级建筑物之间，在火灾初期有 10m 左右的防火间距，一般能满足扑救的需要和防止火势的蔓延。高度大于 24m 的汽车库发生火灾时需使用登高车灭火抢救，防火间距需大些。露天停车场由于自然条件好，汽油蒸气不易积聚，遇明火发生事故的机会要少一些，发生火灾时进行扑救和车辆疏散的条件较室内有利，对建筑物的威胁也较小。所以，露天停车场与其他建筑物的防火间距可相应减小。

（1）汽车库、修车库、停车场的选址和总平面设计，应根据城市规划要求，合理确定

汽车库、修车库、停车场的位置、防火间距、消防车道和消防水源等。

（2）汽车库、修车库、停车场不应布置在易燃、可燃液体或可燃气体的生产装置区和储存区内。

单元二　防火间距

一、确定防火间距的基本原则

工业与民用建筑应根据建筑使用性质、建筑高度、耐火等级及火灾危险性等合理确定防火间距，建筑之间的防火间距应保证任意一侧建筑外墙受到的相邻建筑火灾辐射热强度均低于其临界引燃辐射热强度。

二、影响防火间距的主要因素

（一）建筑使用性质

工业建筑与民用建筑的使用性质是指建筑实际的功能用途。不同使用性质的建筑，火灾危险性不同，工业建筑火灾危险性与住宅建筑有很大差异。同一使用性质的建筑中，不同的使用物品，建筑火灾危险性也有较大差异，如高度白酒仓库与啤酒仓库。

（二）建筑耐火等级

同一使用功能、不同耐火等级或不同高度的建筑物，其防止相邻建筑火灾蔓延的能力也不同。耐火等级越低的建筑其建筑构件的耐火极限越短，例如四级耐火等级的办公建筑就比一级、二级耐火等级的办公建筑被相邻建筑引燃的可能性要高。建筑外墙的耐火性能、外墙构筑材料和外墙装饰材料的燃烧性能，因建筑耐火等级和建筑需求不同而不同。建筑高度越高，建筑中各构件所要求的耐火极限越高。

（三）建筑高度

两座相邻的不同高度的建筑，对消防车所需救援空间和建筑之间的防火间距的要求不同。例如，不同建筑高度的相邻建筑发生火灾时，使用不同灭火救援高度的消防车，其车辆展开救援所需要的空间大小是不同的。相邻两建筑物，若较低的建筑物着火，尤其是屋顶结构倒塌火焰窜出时，对相邻较高的建筑物危险很大。

（四）火灾危险性

不同建筑的使用性质、耐火等级、高度不同，使得其火灾危险性各不相同。建筑中可燃物的性质、种类、数量等因素，在本质上决定了建筑发生火灾时产生的辐射热强度。着火建筑内火焰温度越高，辐射热强度越大，引燃一定距离内的可燃物时间也越短。

当着火建筑或相邻建筑外墙开口面积较大时，辐射热伴随着热对流和飞火就更容易导致火灾在着火建筑中的竖直方向或者相邻建筑之间蔓延。建筑物发生火灾时，火灾高温烟气从外墙开口部位喷出后向上升腾，在建筑物周围形成强烈的热对流作用，建筑外墙、外窗、阳台、屋檐及开口处存在的可燃固体受到辐射热作用后达到自燃温度发生燃烧，进而导致火灾在建筑室内或建筑外立面蔓延。不同可燃固体材料被引燃的辐射热流不同，一般采用热流密度或热通量表示。

（五）气象条件

温度、相对湿度、风速、风向等气象条件也是影响建筑火灾相互蔓延的主要因素。

三、各类建筑物的防火间距

建筑物之间的防火间距应按相邻建筑外墙的最近水平距离计算，当外墙有凸出的可燃或难燃构件时，应从其凸出部分外缘算起，停车场从靠近建筑物的最近停车位置边缘算起。

（一）民用建筑的防火间距

（1）建筑高度大于100m的民用建筑在发生火灾后，建筑周边需要较开阔的场地以保证灭火救援和人员疏散的需要。除裙房与相邻建筑的防火间距可按单、多层建筑确定外，建筑高度大于100m的民用建筑与相邻建筑的防火间距应符合下列规定：

1）与高层民用建筑的防火间距不应小于13m。

2）与一级、二级耐火等级的单、多层民用建筑的防火间距不应小于9m。

3）与三级耐火等级的单、多层民用建筑的防火间距不应小于11m。

4）与四级耐火等级的单、多层民用建筑和木结构民用建筑的防火间距不应小于14m。

（2）相邻两座通过连廊、天桥或下部建筑物等连接的建筑，防火间距应按照两座独立建筑确定。

（3）除高层民用建筑外，数座一级、二级耐火等级的住宅建筑或办公建筑，当建筑物的占地面积总和不大于2500m²时，可成组布置，但组内建筑物之间的间距不宜小于4m。组与组或组与相邻建筑物的防火间距应参考表4-1取值。

表 4-1　民用建筑防火间距　　　　　　　　　　　　　（单位：m）

建筑类别		高层民用建筑	裙房和其他民用建筑		
		一级、二级	一级、二级	三级	四级
高层民用建筑	一级、二级	13	9	11	14
裙房和其他民用建筑	一级、二级	9	6	7	9
	三级	11	7	8	10
	四级	14	9	10	12

注：1. 相邻两座单、多层建筑，当相邻外墙为不燃性墙体且无外露的可燃性屋檐，每面外墙上无防火保护的门、窗、洞口不正对开设且该门、窗、洞口的面积之和不大于外墙面积的5%时，其防火间距可按本表的规定减少25%。

　　2. 两座建筑相邻较高一面外墙为防火墙，或高出相邻较低一座一级、二级耐火等级建筑的屋面15m及以下范围内的外墙为防火墙时，其防火间距不限。

　　3. 相邻两座高度相同的一级、二级耐火等级建筑中相邻任一侧外墙为防火墙，屋顶的耐火极限不低于1.00h时，其防火间距不限。

　　4. 相邻两座建筑中较低一座建筑的耐火等级不低于二级，相邻较低一面外墙为防火墙且屋顶无天窗，屋顶的耐火极限不低于1.00h时，其防火间距不应小于3.5m；对于高层建筑，不应小于4m。

　　5. 相邻两座建筑中较低一座建筑的耐火等级不低于二级且屋顶无天窗，相邻较高一面外墙高出较低一座建筑的屋面15m及以下范围内的开口部位设置甲级防火门、窗，或设置符合《自动喷水灭火系统设计规范》（GB 50084—2017）规定的防火分隔水幕或《建筑设计防火规范》（GB 50016—2014）第6.5.3条规定的防火卷帘时，其防火间距不应小于3.5m；对于高层建筑，不应小于4m。

　　6. 相邻建筑通过连廊、天桥或底部的建筑物等连接时，其间距不应小于本表的规定。

　　7. 耐火等级低于四级的既有建筑，其耐火等级可按四级确定。

（4）除建筑高度大于100m的民用建筑外，其他民用建筑之间、其他民用建筑与工业建筑等建筑之间的防火间距，应根据建筑耐火等级、建筑高度和火灾危险性等因素，参照

《建筑设计防火规范》（GB 50016—2014）的有关规定执行。

上述第（1）、第（2）条属于《建筑防火通用规范》（GB 55037—2022）中内容。有关其他民用建筑之间的防火间距，可以按照《建筑设计防火规范》（GB 50016—2014）等标准的规定确定。

（二）工业建筑的防火间距

（1）甲类厂房与人员密集场所、明火或散发火花地点的最小防火间距。甲类厂房与人员密集场所的防火间距不应小于50m，与明火或散发火花地点的防火间距不应小于30m。要注意的是，甲类厂房的火灾危险性较大，大多数火灾事故以爆炸为主，破坏性较大，且甲类生产涉及行业多。

（2）散发可燃气体、可燃蒸气的甲类厂房与铁路、道路等的防火间距见表4-2。甲类厂房所属厂内铁路装卸线当有安全措施时，防火间距不受表4-2的限制。

表4-2 散发可燃气体、可燃蒸气的甲类厂房与铁路、道路等的防火间距（单位：m）

名称	厂外铁路中心线	厂内铁路中心线	厂外道路路边	厂内道路路边	
				主要	次要
甲类厂房	30	20	15	10	5

（3）厂房外附设化学易燃物品的设备，总容量不大于15m³的丙类液体储罐，当直埋于厂房外墙外，且面向储罐一面4m范围内的外墙为防火墙时，其防火间距不限。

（4）甲类仓库之间、甲类仓库与高层民用建筑和设置人员密集场所的民用建筑的最小防火间距。甲类仓库与高层民用建筑和设置人员密集场所的民用建筑的防火间距不应小于50m，甲类仓库之间的防火间距不应小于20m。甲类仓库着火或爆炸时的影响范围取决于所存放物品的数量、性质和仓库规模等，其中储存量大小是决定其危害性的主要因素。在确定相关间距时，还要根据实际情况增大。

（5）乙类仓库与人员密集场所的最小防火间距。除乙类第5项、第6项物品仓库外，乙类仓库与高层民用建筑和设置人员密集场所的其他民用建筑的防火间距不应小于50m。乙类火灾危险性物品的火灾事故大多以爆炸为主，与甲类仓库的爆炸危害性相当。乙类第5项为易燃气体；第6项主要为桐油漆布及其制品、油纸油绸及其制品、浸油的豆饼、浸油金属屑等在常温下与空气接触能够缓慢氧化，因蓄热不散会引起自燃，但不会发生爆燃或爆炸的物品。

（6）丙、丁、戊类厂房与民用建筑的耐火等级均为一级、二级时，丙、丁、戊类厂房与民用建筑的防火间距。

1）当较高一面外墙为无门、窗、洞口的防火墙，或比相邻较低一座建筑屋面高15m及以下范围内的外墙为无门、窗、洞口的防火墙时，其防火间距可不限。

2）相邻较低一面外墙为防火墙，且屋顶无天窗、屋顶耐火极限不低于1.00h，或相邻较高一面外墙为防火墙，且墙上开口部位采取了防火保护措施，其防火间距可适当减小，但不应小于4m。

（7）高层厂房与甲、乙、丙类液体储罐，可燃、助燃气体储罐，液化石油气储罐，可燃材料堆场（煤和焦炭场除外）的防火间距，应符合《建筑设计防火规范》（GB 50016—2014）的有关规定，且不应小于13m。

（8）除规范另有规定外，厂房之间及与乙、丙、丁、戊类仓库以及民用建筑等的防火间距，应参照《建筑设计防火规范》（GB 50016—2014）等的有关规定（表4-3）执行。甲类仓库与其他建筑、铁路、道路等的防火间距见表4-4。

表 4-3　厂房之间及与乙、丙、丁、戊类仓库以及民用建筑等的防火间距（单位：m）

名称			甲类厂房	乙类厂房(仓库)			丙、丁、戊类厂房(仓库)				民用建筑				
			单层或多层	单层或多层		高层	单层或多层			高层	裙房,单层或多层			高层	
			一级、二级	一级、二级	三级	一级、二级	一级、二级	三级	四级	一级、二级	一级、二级	三级	四级	一类	二类
甲类厂房	单层或多层	一级、二级	12	12	14	13	12	14	16	13	25			50	
乙类厂房	单层或多层	一级、二级	12	10	12	13	10	12	14	13					
乙类厂房	单层或多层	三级	14	12	14	15	12	14	16	15					
乙类厂房	高层	一级、二级	13	13	15	13	13	15	17	13					
丙类厂房	单层或多层	一级、二级	12	10	12	13	10	12	14	13	10	12	14	20	15
丙类厂房	单层或多层	三级	14	12	14	15	12	14	16	15	12	14	16	25	20
丙类厂房	单层或多层	四级	16	14	16	17	14	16	18	17	14	16	18		
丙类厂房	高层	一级、二级	13	13	15	13	13	15	17	13	13	15	17	20	15
丁、戊类厂房	单层或多层	一级、二级	12	10	12	13	10	12	14	13	10	12	14	15	13
丁、戊类厂房	单层或多层	三级	14	12	14	15	12	14	16	15	12	14	16	18	15
丁、戊类厂房	单层或多层	四级	16	14	16	17	14	16	18	17	14	16	18		
丁、戊类厂房	高层	一级、二级	13	13	15	13	13	15	17	13	13	15	17	15	13
室外变、配电站	变压器总油量/t	≥5,≤10	25	25	25	25	12	15	20	12	15	20	25	20	
室外变、配电站		>10,≤50					15	20	25	15	20	25	30	25	
室外变、配电站		>50					20	25	30	20	25	30	35	30	

注：1. 乙类厂房与重要公共建筑的防火间距不宜小于50m；与明火或散发火花地点，不宜小于30m。单层或多层戊类厂房之间及与戊类仓库的防火间距，可按本表的规定减少2m。单层或多层戊类厂房与民用建筑的防火间距可按《建筑设计防火规范》（GB 50016—2014）第5.2.2条的规定执行。为丙、丁、戊类厂房服务而单独设立的生活用房应按民用建筑确定，与所属厂房的防火间距不应小于6m。必须相邻建造时，应符合本表注2、3的规定。

2. 两座厂房相邻较高一面的外墙为防火墙时，其防火间距不限，但甲类厂房之间不应小于4m。两座丙、丁、戊类厂房相邻两面的外墙均为不燃性墙体，当无外露的可燃性屋檐，每面外墙上的门、窗、洞口面积之和各不大于该外墙面积的5%，且门、窗、洞口不正对开设时，其防火间距可按本表的规定减少25%。

3. 两座一级、二级耐火等级的厂房，当相邻较低一面外墙为防火墙且较低一座厂房的屋顶耐火极限不低于1.00h，或相邻较高一面外墙的门、窗等开口部位设置甲级防火门、窗或防火分隔水幕或按《建筑设计防火规范》（GB 50016—2014）第6.5.3条的规定设置防火卷帘时，甲、乙类厂房之间的防火间距不应小于6m；丙、丁、戊类厂房之间的防火间距不应小于4m。

4. 发电厂内的主变压器，其油量可按单台确定。

5. 耐火等级低于四级的既有厂房，其耐火等级可按四级确定。

6. 当丙、丁、戊类厂房与丙、丁、戊类仓库相邻时，应符合本表注2、3的规定。

（9）飞机库与甲类仓库的防火间距。飞机库与甲类仓库的防火间距不应小于20m。喷漆机库与飞机库之间一般应保持不小于15m的间距。当实际需要飞机库与喷漆机库贴邻建造时，要采用防火墙分隔，防火墙上的连通门应为甲级防火门或耐火极限不低于3.00h的防火卷帘门。

表4-4　甲类仓库与其他建筑、铁路、道路等的防火间距　　（单位：m）

名　　称		甲类仓库及其储量/t			
		甲类储存物品第3、第4项		甲类储存物品第1、第2、第5、第6项	
		≤5	>5	≤10	>10
裙房、其他民用建筑（非人员密集场所）		30	40	25	30
厂房和乙、丙、丁、戊类仓库	一级、二级耐火等级	15	20	12	15
	三级耐火等级	20	25	15	20
	四级耐火等级	25	30	20	25
电力系统电压为35~500kV且每台变压器容量在10MV·A以上的室外变、配电站,工业企业的变压器总油量大于5t的室外降压变电站		30	40	25	30
厂外铁路线中心线		40			
厂内铁路线中心线		30			
厂外道路路边		20			
厂内道路路边	主要	10			
	次要	5			

上述（1）、（4）、（5）、（9）属于《建筑防火通用规范》（GB 55037—2022）中内容。有关工业建筑的防火间距，可以按照《建筑设计防火规范》（GB 50016—2014）等标准的规定确定。

（三）汽车库、修车库、停车场的防火间距

（1）甲、乙类物品运输车的汽车库、修车库、停车场与人员密集场所的防火间距不应小于50m，与其他民用建筑的防火间距不应小于25m；甲类物品运输车的汽车库、修车库、停车场与明火或散发火花地点的防火间距不应小于30m。

甲、乙类物品运输车的汽车库、修车库参照甲类厂房确定了相应的防火间距。因此，现行相关技术标准未明确规定者，可以依据此原则确定相应的防火间距。甲、乙类物品运输车的汽车库、修车库之间，其他汽车库、修车库之间，以及其他汽车库、修车库与非汽车库、修车库建筑的防火间距，可以按照《汽车库、修车库、停车场设计防火规范》（GB 50067—2014）的相关规定确定。

（2）汽车库、修车库、停车场之间及汽车库、修车库、停车场与除甲类物品仓库外的其他建筑物的防火间距，不应小于表4-5的规定。其中，高层汽车库与其他建筑物，汽车库、修车库与高层建筑的防火间距应按表4-5的规定值增加3m；汽车库、修车库与甲类厂房的防火间距应按表4-5的规定值增加2m。

（3）汽车库、修车库之间或汽车库、修车库与其他建筑之间的防火间距可适当减少，但应符合下列规定：

1）当两座建筑相邻较高一面外墙为无门、窗、洞口的防火墙或当较高一面外墙比较低一座一级、二级耐火等级建筑屋面高15m及以下范围内的外墙为无门、窗、洞口的防火墙时，其防火间距可不限。

表 4-5　汽车库、修车库、停车场之间及汽车库、修车库、停车场与
除甲类物品仓库外的其他建筑物的防火间距　　（单位：m）

名称和耐火等级	汽车库、修车库		厂房、仓库、民用建筑		
	一级、二级	三级	一级、二级	三级	四级
一级、二级汽车库、修车库	10	12	10	12	14
三级汽车库、修车库	12	14	12	14	16
停车场	6	8	6	8	10

2）当两座建筑相邻较高一面外墙上，同较低建筑等高的以下范围内的墙为无门、窗、洞口的防火墙时，其防火间距可按《汽车库、修车库、停车场设计防火规范》（GB 50067—2014）表 4.2.1 的规定值减小 50%。

3）相邻的两座一级、二级耐火等级建筑，当较高一面外墙的耐火极限不低于 2.00h，墙上开口部位设置甲级防火门、窗或耐火极限不低于 2.00h 的防火卷帘、水幕等防火设施时，其防火间距可减小，但不应小于 4m。

4）相邻的两座一级、二级耐火等级建筑，当较低一座的屋顶无开口，屋顶的耐火极限不低于 1.00h，且较低一面外墙为防火墙时，其防火间距可减小，但不应小于 4m。

（4）停车场与相邻的一级、二级耐火等级建筑之间，当相邻建筑的外墙为无门、窗、洞口的防火墙，或比停车部位高 15m 范围以下的外墙均为无门、窗、洞口的防火墙时，防火间距可不限。

（5）汽车库、修车库、停车场与易燃、可燃液体储罐，可燃气体储罐，以及液化石油气储罐的防火间距，应符合《汽车库、修车库、停车场设计防火规范》（GB 50067—2014）的有关规定。

（6）汽车库、修车库、停车场与可燃材料露天、半露天堆场的防火间距，应符合《汽车库、修车库、停车场设计防火规范》（GB 50067—2014）的有关规定。

（7）汽车库、修车库、停车场与燃气调压站、液化石油气的瓶装供应站的防火间距，应符合《城镇燃气设计规范》（GB 50028—2006）的有关规定。

（8）汽车库、修车库、停车场与石油库、汽车加油加气站的防火间距，应符合《石油库设计规范》（GB 50074—2014）和《汽车加油加气加氢站技术标准》（GB 50156—2021）的有关规定。

（9）停车场的汽车宜分组停放，每组的停车数量不宜大于 50 辆，组之间的防火间距不应小于 6m。

（10）屋面停车区域与建筑其他部分或相邻其他建筑物的防火间距，应按地面停车场与建筑的防火间距确定。

单元三　消防车道

一、强制性设置要求

（1）工业与民用建筑周围、工厂厂区内、仓库库区内、城市轨道交通的车辆基地内、

其他地下工程的地面出入口附近，均应设置可通行消防车并与外部公路或街道连通的道路。任何一座建筑周围均应提供保障消防车接近并能够展开消防救援的场地条件。供消防车通行或扑救的道路或场地，可以利用城镇市政道路，厂区、库区和乡村内的其他道路，以及公共用地等。工厂厂区或仓库库区以及大型车辆基地内需要设置连接各建筑物消防车道且与外部道路连通的道路，以保证消防车快速到达火场。

（2）下列建筑应至少沿建筑的两条长边设置消防车道：

1）高层厂房，占地面积大于3000m²的单、多层甲、乙、丙类厂房。

2）占地面积大于1500m²的乙、丙类仓库。

3）飞机库。

（3）除受环境地理条件限制只能设置1条消防车道的公共建筑外，其他高层公共建筑和占地面积大于3000m²的其他单、多层公共建筑应至少沿建筑的两条长边设置消防车道。住宅建筑应至少沿建筑的一条长边设置消防车道。当建筑仅设置1条消防车道时，该消防车道应位于建筑的消防车登高操作场地一侧。其他建筑可以根据实际情况，从满足灭火救援需要出发，按照国家现行相关技术标准的要求设置消防车道或满足消防车通行要求的道路。

（4）供消防车取水的天然水源和消防水池应设置消防车道，天然水源和消防水池的最低水位应满足消防车可靠取水的要求。规划和设计用于供消防车取水的消防水池、天然水源（包括江河湖泊、水渠、水库、水塘、水井等），均要设置便于消防车接近并安全取水的道路和场地，且水源的最低水位应满足消防车有效吸水高度的要求。

（5）消防车道或兼作消防车道的道路应符合下列规定：

1）道路的净宽度和净空高度应满足消防车安全、快速通行的要求。

2）转弯半径应满足消防车转弯的要求。

3）路面及其下面的建筑结构、管道、管沟等，应满足承受消防车满载时压力的要求。

4）坡度应满足消防车满载时正常通行的要求，且不应大于10%，兼作消防救援场地的消防车道，坡度尚应满足消防车停靠和消防救援作业的要求。

5）消防车道与建筑外墙的水平距离应满足消防车安全通行的要求，位于建筑消防扑救面一侧兼作消防救援场地的消防车道应满足消防救援作业的要求。

6）长度大于40m的尽头式消防车道应设置满足消防车回转要求的场地或道路。

7）消防车道与建筑消防扑救面之间不应有妨碍消防车操作的障碍物，不应有影响消防车安全作业的架空高压电线。

特殊消防车通行道路的要求及未明确的消防车道的其他性能要求，应符合国家现行相关技术标准的规定和当地消防救援机构的要求。用于通行消防车的道路的净宽度、净高度、转弯半径和路面的承载能力要根据需要通行的消防车的基本参数确定。对于需要利用消防车道作为救援场地时，道路与建筑外墙的距离、扑救范围内的空间还应满足方便消防车安全救援作业的要求。

（6）《建筑高度大于250米民用建筑防火设计加强性技术要求（试行）》要求建筑周围消防车道的净宽度和净空高度均不应小于4.5m。消防车道的路面、救援操作场地，消防车道和救援操作场地下面的结构、管道和暗沟等，应能承受不小于70t的重型消防车驻停和支腿工作时的压力。严寒地区，应在消防车道附近适当位置增设消防水鹤。

二、一般设置要求

（1）街区内的道路应考虑消防车的通行，道路中心线间的距离不宜大于 160m。由于我国市政消火栓的保护半径在 150m 左右，按规定一般设在城市道路两旁，故将消防车道的间距定为 160m。当建筑物沿街道部分的长度大于 150m 或总长度大于 220m 时，应设置穿过建筑物的消防车道。确有困难时，应设置环形消防车道。

（2）有封闭内院或天井的建筑物，为满足消防车在火灾时方便进入内院展开救援操作及回车需要，当内院或天井的短边长度大于 24m 时，宜设置进入内院或天井的消防车道；当该建筑物沿街时，应设置连通街道和内院的人行通道（可利用楼梯间），其间距不宜大于 80m。

（3）在穿过建筑物或进入建筑物内院的消防车道两侧，不应设置影响消防车通行或人员安全疏散的设施。应防止建筑物在通道两侧的外墙上设置影响消防车通行的设施或开设出口，导致人员在火灾时大量进入该通道，影响消防车通行。在穿过建筑物或进入建筑物内院的消防车道两侧、影响人员安全疏散或消防车通行的设施主要有：与车道连接的车辆进出口、栅栏、开向车道的窗扇、疏散门、货物装卸口等。

（4）可燃材料露天堆场区，液化石油气储罐区，甲、乙、丙类液体储罐和可燃气体储罐区，应设置消防车道。消防车道的设置应符合下列规定：

1）储量大于表 4-6 规定的堆场、储罐区，宜设置环形消防车道。

表 4-6　堆场或储罐区的储量

名称	棉、麻、毛、化纤 /t	秸秆、芦苇 /t	木材 /m³	甲、乙、丙类 液体储罐/m³	液化石油气 储罐/m³	可燃气体 储罐/m³
储量	1000	5000	5000	1500	500	30000

2）占地面积大于 30000m² 的可燃材料堆场，应设置与环形消防车道相通的中间消防车道，消防车道的间距不宜大于 150m。液化石油气储罐区，甲、乙、丙类液体储罐区和可燃气体储罐区内的环形消防车道之间宜设置连通的消防车道。

3）消防车道的边缘距离可燃材料堆垛不应小于 5m。

（5）供消防车取水的天然水源和消防水池应设置消防车道，消防车道的边缘距离取水点不宜大于 2m。

（6）消防车道靠建筑外墙一侧的边缘距离建筑外墙不宜小于 5m。

（7）环形消防车道至少应有两处与其他车道连通。尽头式消防车道应设置回车道或回车场，回车场的面积不应小于 12m×12m；对于高层建筑，不宜小于 15m×15m；供重型消防车使用时，不宜小于 18m×18m。常用消防车的满载总质量见表 4-7。

表 4-7　常用消防车的满载总质量　　　　　　　　　　　　　（单位：kg）

名称	型号	满载质量	名称	型号	满载质量
水罐车	SG65、SG65A	17286	水罐车	SG40	13320
	SHX5350、GXFSG160	35300		SG55	14500
	CG60	17000		SG60	14100
	SG120	26000		SG170	31200

（续）

名称	型号	满载质量	名称	型号	满载质量
水罐车	SG35ZP	9365	供水车	GS150ZP	31500
	SG80	19000		GS150P	14100
	SG85	18525		东风 144	5500
	SG70	13260		GS70	13315
	SP30	9210	干粉车	GF30	1800
	EQ144	5000		GF60	2600
	SG36	9700	干粉-泡沫联用消防车	PF45	17286
	EQ153A-F	5500		PF110	2600
	SG110	26450	登高平台车、举高喷射消防车、抢险救援车	CDZ53	33000
	SG35GD	11000		CDZ40	2630
	SH5140GXFSG55GD	4000		CDZ32	2700
泡沫车	PM40ZP	11500		CDZ20	9600
	PM55	14100		CJQ25	11095
	PM60ZP	1900		SHX5110TTXFQJ73	14500
	PM80、PM85	18525	消防通讯指挥车	CX10	3230
	PM120	26000		FXZ25	2160
	PM35ZP	9210		FXZ25A	2470
	PM55GD	14500		FXZ10	2200
	PP30	9410	火场供给消防车	XXFZM10	3864
	EQ140	3000		XXFZM12	5300
	CPP181	2900		TQXZ20	5020
	PM35GD	11000		QXZ16	4095
	PM50ZD	12500	供水车	GS1802P	31500
供水车	GS140ZP	26325			

（8）消防车道不宜与铁路正线平交，确需平交时，应设置备用车道，且两车道的间距不应小于一列火车的长度。

单元四　救 援 场 地

一、消防车登高操作场地

消防车登高操作场地是发生火灾时进行有效灭火救援行动的重要设施。为满足扑救建筑火灾和救助高层建筑中遇困人员的基本要求，对于高层建筑，特别是布置有裙房的高层建筑，要合理布置，确保登高消防车能够靠近高层建筑主体，便于消防车开展灭火救援。

（一）设置要求

任何建筑在设计时均应充分考虑便于消防车靠近建筑，开展消防救援作业，使建筑周围具有必要的开阔场地，具备与建筑的高度、规模和火灾危险性相适应的消防救援条件。在建筑使用过程中，应确保场地不被占用。消防车登高操作场地对于保障消防车到场后迅速对高层建筑展开消防救援行动发挥着至关重要的作用，其布置应结合建筑的外形、立面、建筑高度等情况确定。

高层建筑应至少沿其一条长边或周边长度的 1/4 且不小于一个长边长度的底边连续布置消防车登高操作场地，该范围内的裙房进深不应大于 4m。建筑高度不大于 50m 的建筑，连续布置消防车登高操作场地确有困难时，可间隔布置，但间隔距离不宜大于 30m，且消防车登高操作场地的总长度仍应符合上述规定。未连续布置的消防车登高操作场地，应保证消防车的救援作业范围能覆盖该建筑的全部消防扑救面。场地的长度和宽度分别不应小于 15m 和 10m。对于建筑高度大于 50m 的建筑，场地的长度和宽度分别不应小于 20m 和 10m。

消防车登高救援场地应符合下列规定：

（1）场地与建筑之间不应有进深大于 4m 的裙房及其他妨碍消防车操作的障碍物或影响消防车作业的架空高压电线。

（2）场地及其下面的建筑结构、管道、管沟等应满足承受消防车满载时压力的要求。

（3）场地的坡度应满足消防车安全停靠和消防救援作业的要求。

（4）场地应与消防车道连通，场地靠建筑外墙一侧的边缘距离建筑外墙不宜小于 5m，且不应大于 10m，场地的坡度不宜大于 3%。

有关消防车登高救援场地的其他要求，可以根据国家现行相关技术标准的规定确定。当消防车登高操作场地利用建筑屋顶或高架桥等场地时，应注意校核其下部承重结构的承载力，并设置保障消防车对建筑实施灭火救援的设施。

（二）建筑高度大于 250m 的民用建筑设置要求

在《建筑高度大于 250 米民用建筑防火设计加强性技术要求（试行）》中规定了建筑高层主体消防车登高操作场地应符合的规定：

（1）场地的长度不应小于建筑周长的 1/3 且不应小于一个长边的长度，并应至少布置在两个方向上，每个方向上均应连续布置。

（2）在建筑的第一个和第二个避难层的避难区外墙一侧应对应设置消防车登高操作场地。

（3）消防车登高操作场地的长度和宽度分别不应小于 25m 和 15m。

在避难层外墙一侧对应设置消防车登高操作场地有利于救援避难层的人员。

根据消防车相关资料，78m 登高平台消防车总重为 50t，101m 登高平台消防车总重为 62t。因此，为确保重型消防车到达现场后能够安全展开救援作业，要求消防车道的路面、救援操作场地，消防车道和救援操作场地下面的结构、管道和暗沟等，能承受不小于 70t 的重型消防车驻停和支腿工作时的压力。登高平台消防车作业曲线图和消防扑救面示意图如图 4-1 所示。

二、消防救援口

随着建筑立面造型的多样化，现在的建筑外墙多采用较少开口的外窗或无外窗、玻璃幕墙、金属幕墙等形式，在外墙上很少设置直接开向室外并可供人员进入的消防救援口，而有的建筑火灾，消防救援人员从建筑内的楼梯间进入有时难以开展灭火救援行动。因此在建筑

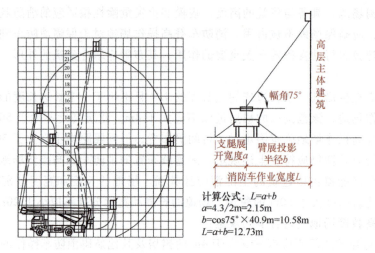

计算公式：$L=a+b$
$a=4.3/2m=2.15m$
$b=\cos75°×40.9m=10.58m$
$L=a+b=12.73m$

图 4-1　登高平台消防车作业曲线图和消防扑救面示意

的外墙设置直通室外的楼梯或可供专业消防人员使用的入口，对于方便人员疏散逃生及消防员灭火救援十分必要。

　　建筑中直通室外的楼梯间、出入口或消防专用入口是消防救援人员进入建筑到达着火区的主要通道，入口位置要便于消防救援人员安全出入。消防救援口大小应满足一个消防员背负基本救援装备进入建筑的需要，因此在建筑与消防车登高操作场地相对应的范围内，应设置直通室外的楼梯或直通楼梯间的入口。

　　除有特殊要求的建筑和甲类厂房可不设置消防救援口外，在建筑的外墙上应设置便于消防救援人员出入的消防救援口，并应符合下列规定：

　　（1）沿外墙的每个防火分区在对应消防救援操作面范围内设置的消防救援口不应少于2个。

　　（2）无外窗的建筑应每层设置消防救援口，有外窗的建筑应自第三层起每层设置消防救援口。无外窗的建筑是指建筑外墙上未设置外窗或外窗开口大小不符合消防救援的要求，包括部分楼层无外窗或全部楼层无外窗的建筑。有外窗的建筑是指建筑各层均设置外窗，且第一层和第二层的外窗开口大小符合消防救援要求的建筑。

　　（3）消防救援口的净高度和净宽度均不应小于1.0m，当利用门时，净宽度不应小于0.8m；下沿距室内地面不宜大于1.2m。

　　（4）消防救援口应易于从室内和室外打开或破拆，采用玻璃窗时，应选用安全玻璃。

　　（5）消防救援口应设置可在室内和室外识别的永久性明显标志。

　　消防救援口要结合楼层走道两侧或端部外墙上的开口及避难层或避难间以及救援场地，在外墙上选择合适的位置设置，确保具有外墙的每个防火分区均设置不少于2个消防救援口。消防救援口可以利用符合要求的外窗或门，设置位置应与消防车登高操作场地相对应。

三、直升机停机坪

　　对于建筑高度大于100m的高层建筑，建筑中部需设置避难层，当建筑某楼层着火导致人员难以向下疏散时，往往需到达上一个避难层或屋面等待救援。仅靠消防队员利用云梯车或地面登高施救条件有限时，可利用直升机营救被困于屋顶的避难者。

(一) 设置范围

建筑高度大于 100m 且标准层建筑面积大于 2000m² 的公共建筑，宜在屋顶设置直升机停机坪或供直升机救助的设施。建筑高度大于 250m 的工业与民用建筑，应在屋顶设置直升机停机坪。

(二) 直升机停机坪的设置要求

(1) 屋顶直升机停机坪的尺寸和面积应满足直升机安全起降和救助的要求。

(2) 停机坪与屋面上突出物的最小水平距离不应小于 5m。

(3) 建筑通向停机坪的出口不应少于 2 个。

(4) 停机坪四周应设置航空障碍灯和应急照明装置。

(5) 停机坪附近应设置消火栓。

(6) 供直升机救助使用的设施应避免火灾或高温烟气的直接作用，其结构承载力、设备与结构的连接应满足设计允许的人数停留和该地区最大风速作用的要求。

模块五

建筑防火分区和平面布置

模块概述：

本模块的主要内容是认识防火分区、建筑平面布置、防火分隔设施与建筑构造。

知识目标：

了解防火分区划分应考虑的因素和常用的防火分区分隔构件；熟悉厂房、仓库、民用建筑、木结构建筑、汽车库等防火分区划分的要求；掌握防火分区设置要求，特殊功能区域平面布置要求，主要防火分隔物的设置要求。

素养目标：

要牢固树立安全发展理念，自觉把维护公共安全放在维护最广大人民根本利益中来认识，扎实做好公共安全工作。发展和安全相辅相成、互为条件，要加强机遇意识和风险意识，树立底线思维，打好主动仗，在建筑内划分防火分区是为了有效地将火灾控制在一定的范围内，减少火灾危害。防火分区的划分是建筑防火中的一项防火技术措施，能有效防范、化解火灾蔓延风险。

单元一　防火分区

一、防火分区划分的基本原则

工业与民用建筑、地铁车站应综合考虑建筑高度（埋深）、使用功能和火灾危险性等因素，根据有利于消防救援、控制火灾及降低火灾危害的原则划分防火分区，同时结合平面布置和使用功能需要合理划分防火分区和防火分隔。

（1）建筑内横向采用防火墙等划分防火分区，且防火分隔应保证火灾不会蔓延至相邻防火分区。

（2）在建筑的竖向不仅要用耐火楼板分隔，而且建筑外部还通常需要在外墙开口处设置防火挑檐、窗槛墙等构造以防止火灾经建筑外立面的开口蔓延。建筑内部设置的敞开楼梯、自动扶梯、中庭、工艺开口，以及电线电缆井、管道竖井、电梯井等，也是容易蔓延火灾和烟气的途径，需要采用防火分隔墙等分别划分为单独的防火区域，以实现竖向防火分隔的目标。

建筑内竖向按自然楼层划分防火分区时，除允许设置敞开楼梯间的建筑外，防火分区的建筑面积应按上下楼层中在火灾时未封闭的开口所连通区域的建筑面积之和计算。

（3）高层建筑主体与裙房之间没有采用防火墙和甲级防火门分隔时，裙房的防火分区应按高层建筑主体的相应要求划分。

（4）除建筑内游泳池、消防水池等的水面、冰面或雪面面积，射击场的靶道面积，污水沉降池面积，开敞式的外走廊或阳台面积等可不计入防火分区的建筑面积外，其他建筑面积均应计入所在防火分区的建筑面积。

二、厂房的防火分区

厂房的防火分区划分应根据不同的生产火灾危险性类别选择合适的耐火等级，并确定厂房的层数和每个防火分区最大允许建筑面积，这样可以有效防止火灾蔓延扩大，减少损失。厂房的层数和每个防火分区的最大允许建筑面积应符合表5-1的要求。

表5-1　厂房的层数和每个防火分区的最大允许建筑面积

生产火灾危险性类别	厂房的耐火等级	最多允许层数	每个防火分区的最大允许建筑面积/m²			
			单层厂房	多层厂房	高层厂房	地下或半地下厂房（包括厂房的地下室或半地下室）
甲	一级	宜采用单层	4000	3000	—	—
	二级		3000	2000	—	—
乙	一级	不限	5000	4000	2000	—
	二级	6	4000	3000	1500	—
丙	一级	不限	不限	6000	3000	500
	二级	不限	8000	4000	2000	500
	三级	2	3000	2000	—	—
丁	一级、二级	不限	不限	不限	4000	1000
	三级	3	4000	2000	—	—
	四级	1	1000	—	—	—
戊	一级、二级	不限	不限	不限	6000	1000
	三级	3	5000	3000	—	—
	四级	1	1500	—	—	—

1）防火分区之间应采用防火墙分隔。甲、乙类厂房的防火墙耐火极限不应低于4.00h。甲类生产具有易燃、易爆的特性，容易发生火灾和爆炸，疏散和救援困难，如层数多则更难扑救，严重者对结构有严重破坏。因此，对甲类厂房层数及防火分区面积提出了较严格的规定。为适应生产发展需要建设大面积厂房和布置连续生产线工艺时，防火分区采用防火墙分隔有时比较困难。除甲类厂房外的一级、二级耐火等级厂房，当其防火分区的建筑面积大于表5-1的规定，且设置防火墙确有困难时，可采用防火卷帘或防火分隔水幕分隔。

2）除麻纺厂房外，一级耐火等级的多层纺织厂房和二级耐火等级的单、多层纺织厂房，其每个防火分区的最大允许建筑面积可按表5-1的规定增加0.5倍，但厂房内的原棉开包、清花车间与厂房内其他部位之间均应采用耐火极限不低于2.50h的防火隔墙分隔，需要开设门、窗、洞口时，应设置甲级防火门、窗。

3）一级、二级耐火等级的单、多层造纸生产联合厂房，其每个防火分区的最大允许建筑面积可按表 5-1 的规定增加 1.5 倍。一级、二级耐火等级的湿式造纸联合厂房，当纸机烘缸罩内设置自动灭火系统，完成工段设置有效灭火设施时，其每个防火分区的最大允许建筑面积可按工艺要求确定。

4）一级、二级耐火等级的谷物筒仓工作塔，当每层工作人数不超过 2 人时，其层数不限。

5）二级耐火等级卷烟生产联合厂房内的原料、备料及成组配方、制丝、储丝和卷接包、辅料周转、成品暂存、二氧化碳膨胀烟丝等生产用房应划分独立的防火分隔单元，当工艺条件许可时，应采用防火墙进行分隔。其中，制丝、储丝和卷接包车间可划分为一个防火分区，且每个防火分区的最大允许建筑面积可按工艺要求确定，但制丝、储丝及卷接包车间之间应采用耐火极限不低于 2.00h 的防火隔墙和 1.00h 的楼板进行分隔。厂房内各水平和竖向防火分隔之间的开口应采取防止火灾蔓延的措施。

6）厂房内的操作平台、检修平台，当使用人数少于 10 人时，平台的面积可不计入所在防火分区的建筑面积内。厂房内的操作平台、检修平台主要布置在高大的生产装置周围，在车间内多为局部或全部镂空，面积较小且操作人员或检修人员较少，主要为生产服务的工艺设备设置，这些平台可不计入防火分区的建筑面积。

7）自动灭火系统能及时控制和扑灭防火分区内的初起火灾，有效地控制火势蔓延。因此，厂房内设置自动灭火系统时，每个防火分区的最大允许建筑面积可按表 5-1 的规定增加 1 倍。当丁、戊类的地上厂房内设置自动灭火系统时，每个防火分区的最大允许建筑面积不限。厂房内局部设置自动灭火系统时，其防火分区的增加面积可按该局部面积的 1 倍计算。

三、仓库的防火分区

仓库用于物资储存，可燃物数量多，灭火救援难度大，一旦着火，往往整个仓库或防火分区会被全部烧毁，造成严重经济损失，因此要严格控制其防火分区的大小。应根据不同储存物品的火灾危险性类别，确定仓库的耐火等级、层数和建筑面积的相互关系。仓库的层数和面积应符合表 5-2 的规定。

表 5-2　仓库的层数和面积

储存物品的火灾危险性类别		仓库的耐火等级	最多允许层数	每座仓库的最大允许占地面积和每个防火分区的最大允许建筑面积/m²						
				单层仓库		多层仓库		高层仓库		地下或半地下仓库（包括地下或半地下室）
				每座仓库	防火分区	每座仓库	防火分区	每座仓库	防火分区	防火分区
甲	3、4 项	一级	1	180	60	—	—	—	—	—
	1、2、5、6 项	一级、二级	1	750	250	—	—	—	—	—
乙	1、3、4 项	一级、二级	3	2000	500	900	300	—	—	—
		三级	1	500	250	—	—	—	—	—
	2、5、6 项	一级、二级	5	2800	700	1500	500	—	—	—
		三级	1	900	300	—	—	—	—	—

（续）

储存物品的火灾危险性类别		仓库的耐火等级	最多允许层数	每座仓库的最大允许占地面积和每个防火分区的最大允许建筑面积/m²						
				单层仓库		多层仓库		高层仓库		地下或半地下仓库（包括地下或半地下室）
				每座仓库	防火分区	每座仓库	防火分区	每座仓库	防火分区	防火分区
丙	1项	一级、二级	5	4000	1000	2800	700	—	—	150
		三级	1	1200	400					
	2项	一级、二级	不限	6000	1500	4800	1200	4000	1000	300
		三级	3	2100	700	1200	400			
丁		一级、二级	不限	不限	3000	不限	1500	4800	1200	500
		三级	3	3000	1000	1500	500			
		四级	1	2100	700					
戊		一级、二级	不限	不限	不限	不限	2000	6000	1500	1000
		三级	3	3000	1000	2100	700			
		四级	1	2100	700					

1）仓库内的防火分区之间必须采用防火墙分隔，不能用其他方式替代，甲、乙、丙类仓库防火墙的耐火极限不应低于4.00h。甲、乙类仓库着火后蔓延快、火势猛烈，其中有不少物品还会发生爆炸，危害大，因此甲、乙类仓库内的防火分区之间采用不开设门、窗、洞口的防火墙分隔，且甲类仓库应采用单层结构。设置在地下、半地下的仓库，火灾时室内气温高，烟气浓度比较高，热分解产物成分复杂、毒性大，甲、乙类仓库不应附设在建筑物的地下室和半地下室内。对于单独建设的甲、乙类仓库，甲、乙类物品也不应储存在该建筑的地下、半地下空间。随着地下空间的开发利用，地下仓库的规模也越来越大，火灾危险性及灭火救援难度随之增加，规范明确规定了地下、半地下仓库或仓库的地下、半地下室的占地面积要求。

2）石油库区内的桶装油品仓库应符合《石油库设计规范》（GB 50074—2014）的规定。

3）一级、二级耐火等级的煤均化库，每个防火分区的最大允许建筑面积不应大于12000m²。

4）独立建造的硝酸铵仓库、电石仓库、聚乙烯等高分子制品仓库、尿素仓库，当建筑内设置自动灭火系统时，防火分区最大允许建筑面积可按表5-2的规定增加1倍。局部设置时，防火分区的增加面积可按该局部面积的1倍计算。配煤仓库、造纸厂的独立成品仓库，当建筑的耐火等级不低于二级时，每座仓库的最大允许占地面积和每个防火分区的最大允许建筑面积可按表5-2的规定增加1倍。

5）根据国家建设粮食储备库的需要以及仓房式粮食仓库发生火灾的概率确实很小这一实际情况，对粮食平房仓的最大允许占地面积和防火分区的最大允许建筑面积及建筑的耐火等级确定均做了一定的扩大。一级、二级耐火等级粮食平房仓的最大允许占地面积不应大于12000m²，每个防火分区的最大允许建筑面积不应大于3000m²。三级耐火等级粮食平房仓的最大允许占地面积不应大于3000m²，每个防火分区的最大允许建筑面积不应大于 1000m²。

6）一级、二级耐火等级且占地面积不大于 2000m² 的单层棉花库房，其防火分区的最大允许建筑面积不应大于 2000m²。

7）一级、二级耐火等级冷库的最大允许占地面积和防火分区的最大允许建筑面积，应符合《冷库设计标准》（GB 50072—2021）的规定。

当设地下室时，冷藏间应设在地下一层且冷藏间地面与室外出入口地坪的高差不应大于 10m，地下冷藏间总占地面积不应大于地上冷藏间建筑的最大允许占地面积，每个防火分区建筑面积不应大于 1500m²。冷库库房的冷藏间最大允许总占地面积和每个防火分区内冷藏间最大允许建筑面积见表 5-3。

表 5-3　冷库库房的冷藏间最大允许总占地面积和每个防火分区内冷藏间最大允许建筑面积

冷库库房耐火等级	最多允许层数	冷库库房的冷藏间最大允许总占地面积和每个防火分区内冷藏间最大允许建筑面积/m²			
		单层、多层		高层	
		总占地面积	防火分区内面积	总占地面积	防火分区内面积
一级、二级	不限	7000	3500	5000	2500
三级	3	1200	400	—	—

8）自动灭火系统能及时控制和扑灭防火分区内的初起火，有效地控制火势蔓延，运行维护良好的自动灭火设施，能较大地提高仓库的消防安全性。仓库内设置自动灭火系统时，除冷库的防火分区外，每座仓库的最大允许占地面积和每个防火分区的最大允许建筑面积可按表 5-2 的规定增加 1 倍。冷库的防火分区面积应符合《冷库设计标准》（GB 50072—2021）的规定。冷库内设置自动灭火系统时，每座库房冷藏间的最大允许总占地面积可按规定增加 1 倍，但每个防火分区内冷藏间最大允许建筑面积的规定值不可增加。

四、民用建筑的防火分区

防火分区的作用在于发生火灾时，将火势控制在一定的范围内。建筑设计中应合理划分防火分区，以有利于灭火救援、减少火灾损失。

（一）民用建筑防火分区的划分

根据目前的经济水平以及灭火救援能力和民用建筑防火实际情况，参照国外有关标准、规范资料，我国相关规范规定了防火分区的最大允许建筑面积。不同耐火等级民用建筑防火分区的最大允许建筑面积见表 5-4。

（二）建筑内的商店营业厅

一级、二级耐火等级建筑内的商店营业厅，当设置自动灭火系统和火灾自动报警系统并采用不燃或难燃装修材料时，每个防火分区的最大允许建筑面积可适当增加，并应符合下列规定：

（1）设置在高层建筑内时，不应大于 4000m²，如图 5-1 所示。

（2）设置在单层建筑内或仅设置在多层建筑的首层内时，不应大于 10000m²。

（3）设置在地下或半地下时，不应大于 2000m²。

表 5-4　不同耐火等级民用建筑防火分区的最大允许建筑面积

名称	耐火等级	允许建筑高度或允许层数	防火分区的最大允许建筑面积/m²	备注
高层民用建筑	一级、二级	按一类、二类高层民用建筑分类确定	1500	对于体育馆、剧场的观众厅，其防火分区最大允许建筑面积可适当增加
单层或多层民用建筑	一级、二级	1. 单层公共建筑的建筑高度不限 2. 住宅建筑的建筑高度不大于27m 3. 其他民用建筑的建筑高度不大于24m	2500	
	三级	5层	1200	—
	四级	2层	600	—
地下、半地下建筑(室)	一级	—	500	设备用房的防火分区最大允许建筑面积不应大于1000m²

注：1. 当建筑内设置自动灭火系统时，防火分区最大允许建筑面积可按表中的规定增加1倍。局部设置时，防火分区的增加面积可按该局部面积的1倍计算。

2. 独立建造的一级、二级耐火等级老年人照料设施的建筑高度不宜大于32m，不应大于54m。独立建造的三级耐火等级老年人照料设施，不应超过2层。

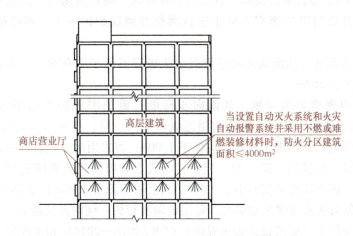

图 5-1　商店营业厅设在高层建筑内示意

（三）地下或半地下商业营业厅

总建筑面积大于20000m²的地下或半地下商店，应采用无门、窗、洞口的防火墙，以及耐火极限不低于2.00h的楼板分隔为多个建筑面积不大于20000m²的区域，如图5-2所示。总建筑面积是指应按照商店营业厅、配套库房、配套设备用房、配套办公用房等构成地下商店的所有用房和区域的建筑面积之和计算。

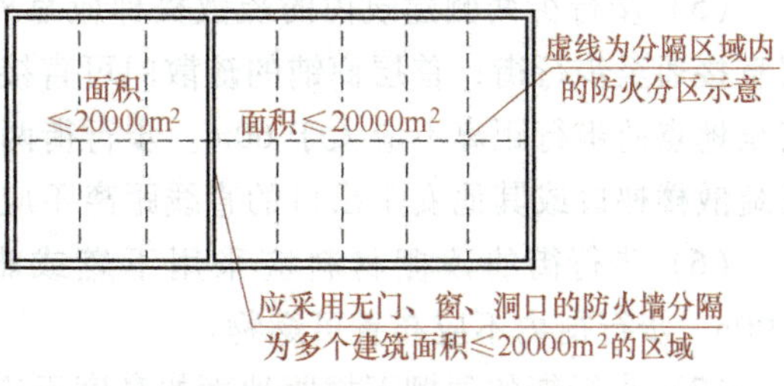

用于分隔总建筑面积大于20000m²的地下、半地下商业营业厅的措施，可以根据构成地下商业营业厅各区域的布置情况，结合地面条件确定，重点应保证防火分隔措施的可靠

图 5-2　地下或半地下商业营业厅防火分区示意

性和有效性。相邻区域确需局部水平或竖向连通时，应采用符合规定的下沉式广场等室外开敞空间、防火隔间、避难走道、防烟楼梯间等方式进行连通。在地下、半地下商业营业厅分隔后每个总建筑面积小于 20000m² 的区域内，应按照规定进一步划分防火分区，防火分区之间的防火分隔应符合规范要求，并尽可能提高防火分区之间防火分隔措施的可靠性和有效性。

（四）有顶棚的商业步行街

零售、餐饮和娱乐等中小型商业设施或商铺通过有顶棚的步行街连接时，步行街两端均应有开放的出入口并具有良好的自然通风或排烟条件，且步行街两侧均为建筑面积较小的商铺，一般不大于 300m²。步行街如果没有顶棚，则步行街两侧的建筑就成为相对独立的多座不同建筑。步行街两侧的建筑不会因步行街上部设置了顶棚而明显增大火灾蔓延的危险，也不会导致火灾烟气在该空间内明显积聚。

商店等商业设施通过有顶棚的步行街连接，且步行街两侧的建筑需利用步行街进行安全疏散时，应符合下列规定：

（1）步行街两侧建筑的耐火等级不应低于二级。

（2）步行街两侧建筑相对面的最近距离均不应小于规范对相应高度建筑的防火间距要求，且不应小于 9m。步行街的端部在各层均不宜封闭，确需封闭时，应在外墙上设置可开启的门窗，且可开启门窗的面积不应小于该部位外墙面积的一半。步行街的长度不宜大于 300m。

（3）步行街两侧建筑的商铺之间应设置耐火极限不低于 2.00h 的防火隔墙，每间商铺的建筑面积不宜大于 300m²。

（4）步行街两侧建筑的商铺，其面向步行街一侧的围护构件的耐火极限不应低于 1.00h，并宜采用实体墙，其门、窗应采用乙级防火门、窗；当采用防火玻璃墙（包括门、窗）时，其耐火隔热性和耐火完整性不应低于 1.00h；当采用耐火完整性不低于 1.00h 的非隔热性防火玻璃墙（包括门、窗）时，应设置闭式自动喷水灭火系统进行保护。相邻商铺之间面向步行街一侧应设置宽度不小于 1m、耐火极限不低于 1.00h 的实体墙。

当步行街两侧的建筑为多个楼层时，每层面向步行街一侧的商铺均应设置防止火灾竖向蔓延的措施，并应符合《建筑设计防火规范》（GB 50016—2014）相关规定要求；设置回廊或挑檐时，其出挑宽度不应小于 1.2m；步行街两侧的商铺在上部各层需设置回廊和连接天桥时，应保证步行街上部各层楼板的开口面积不应小于步行街地面面积的 37%，且开口宜均匀布置。

（5）步行街两侧建筑内的疏散楼梯应靠外墙设置并宜直通室外，确有困难时，可在首层直接通至步行街；首层商铺的疏散门可直接通至步行街，步行街内任一点到达最近的室外安全地点的步行距离不应大于 60m。步行街两侧建筑二层及以上各层商铺的疏散门至该层最近疏散楼梯口或其他安全出口的直线距离不应大于 37.5m。

（6）步行街的顶棚材料应采用不燃或难燃材料，其承重结构的耐火极限不应低于 1.00h。步行街内不应布置可燃物。

（7）步行街的顶棚下檐距地面的高度不应小于 6m，顶棚应设置自然排烟设施并宜采用常开式的排烟口，且自然排烟口的有效面积不应小于步行街地面面积的 25%。常闭式自然排烟设施应能在火灾时手动和自动开启。

（8）步行街两侧建筑的商铺外应每隔 30m 设置 DN65 的消火栓，并应配备消防软管卷盘或消防水龙，商铺内应设置自动喷水灭火系统和火灾自动报警系统；每层回廊均应设置自动喷水灭火系统。步行街内宜设置自动跟踪定位射流灭火系统。

（9）步行街两侧建筑的商铺内外均应设置疏散照明、灯光疏散指示标志和消防应急广播系统。

五、木结构建筑的防火分区

木结构建筑进行防火设计，其构件的燃烧性能和耐火极限、建筑的层数和防火分区面积，以及防火间距等都要满足规范要求，建筑构件的燃烧性能和耐火极限应符合《建筑设计防火规范》（GB 50016—2014）的规定。木结构建筑的其他防火设计应符合《建筑设计防火规范》（GB 50016—2014）有关四级耐火等级建筑的规定，防火构造要求还应符合《木结构设计标准》（GB 50005—2017）等标准的规定。

甲、乙、丙类厂房（库房）不应采用木结构建筑或木结构组合建筑。丁、戊类厂房（库房）和民用建筑，当采用木结构建筑或木结构组合建筑时，其允许层数和允许建筑高度应符合表 5-5 的规定，木结构建筑中防火墙间的允许建筑长度和每层最大允许建筑面积应符合表 5-6 的规定。

表 5-5　木结构建筑或木结构组合建筑的允许层数和允许建筑高度

木结构建筑形式	普通木结构建筑	轻型木结构建筑	胶合木结构建筑	木结构建筑	木结构组合建筑
允许层数/层	2	3	1	3	7
允许建筑高度/m	10	10	不限	15	24

表 5-6　木结构建筑中防火墙间的允许建筑长度和每层最大允许建筑面积

层数/层	防火墙间的允许建筑长度/m	防火墙间的每层最大允许建筑面积/m²
1	100	1800
2	80	900
3	60	600

注：1. 当设置自动喷水灭火系统时，防火墙间的允许建筑长度和每层最大允许建筑面积可按表 5-6 的规定增加 1 倍。当为丁、戊类地上厂房时，防火墙间的每层最大允许建筑面积不限。
2. 体育场馆等高大空间建筑，其建筑高度和建筑面积可适当增加。

六、城市交通隧道的防火分区

城市交通隧道的防火设计应综合考虑隧道的交通组成、隧道的用途、自然条件、长度等因素。隧道的用途及交通组成、通风情况决定了隧道可燃物的数量与种类、火灾的可能规模及其增长过程和火灾延续时间；隧道的环境条件和隧道长度等决定了消防救援和人员逃生的难易程度及隧道的防烟、排烟和通风方案；隧道的通风与排烟等因素又对隧道中的人员逃生和灭火救援影响很大。随着新建隧道的长度日益增加，导致排烟和逃生、救援更加困难，交通隧道内车流量日益增长，发生火灾的可能性增加。因此，城市交通隧道设计应综合考虑各种因素和条件，合理确定防火要求。

（一）单孔和双孔城市交通隧道的分类

单孔和双孔城市交通隧道应按其封闭段长度和交通情况分为一、二、三、四类。单孔和双孔城市交通隧道的分类见表5-7。

表5-7 单孔和双孔城市交通隧道的分类

用　　途	一类	二类	三类	四类
	隧道封闭段长度 L/m			
可通行危险化学品等机动车	$L>1500$	$500<L\leqslant1500$	$L\leqslant500$	—
仅限通行非危险化学品等机动车	$L>3000$	$1500<L\leqslant3000$	$500<L\leqslant1500$	$L\leqslant500$
仅限人行或通行非机动车	—	—	$L>1500$	$L\leqslant1500$

（二）城市交通隧道的耐火等级

城市交通隧道内的地下设备用房、风井和消防救援出入口的耐火等级应为一级，地面的重要设备用房、运营管理中心及其他地面附属用房的耐火等级不应低于二级。

（三）城市交通隧道地下设备用房防火分区划分

服务于城市交通隧道的重要设备用房主要包括隧道的通风与排烟机房、变电站、消防设备房，其他地面附属用房主要包括收费站、道口检查亭、管理用房等。城市交通隧道内及地面保障隧道日常运行的各类设备用房、管理用房等基础设施以及消防救援专用口、临时避难间，在火灾情况下担负着灭火救援的重要作用，需确保这些用房的防火安全。城市交通隧道内地下设备用房的每个防火分区的最大允许建筑面积不应大于1500m^2。

（四）城市交通隧道的防火分隔

城市交通隧道内的变电站、管廊、专用疏散通道、通风机房等是保障隧道日常运行和应急救援的重要设施，有的本身还具有一定的火灾危险性。因此，在设计中要采取一定的防火分隔措施与车行隧道分隔。城市交通隧道内的变电站、管廊、专用疏散通道、通风机房及其他辅助用房等，应采取耐火极限不低于2.00h的防火隔墙和乙级防火门等分隔措施与车行隧道分隔。

七、汽车库防火分区

汽车库防火分区的最大允许建筑面积应符合表5-8的规定。

表5-8 汽车库防火分区的最大允许建筑面积 （单位：m^2）

耐火等级	单层汽车库	多层汽车库 半地下汽车库	地下汽车库 高层汽车库
一级、二级	3000	2500	2000
三级	1000	不允许	不允许

注：除另有规定外，防火分区之间应采用规范规定的防火墙、防火卷帘等分隔。

（1）敞开式、错层式、斜楼板式汽车库的上下连通层面积应叠加计算，每个防火分区的最大允许建筑面积不应大于表5-8规定的2倍。

（2）室内有车道且有人员停留的机械式汽车库，其防火分区最大允许建筑面积应按表5-8的规定减少35%。

（3）汽车库内设有自动灭火系统时，其防火分区的最大允许建筑面积可按规定增加

1倍。

（4）甲类、乙类物品运输车的汽车库、修车库，每个防火分区的最大允许建筑面积不应大于500m²。

（5）修车库每个防火分区的最大允许建筑面积不应大于2000m²，当修车部位与相邻使用有机溶剂的清洗和喷漆工段采用防火墙分隔时，每个防火分区的最大允许建筑面积不应大于4000m²。

（6）《汽车库、修车库、停车场设计防火规范》（GB 50067—2014）针对的是内燃机汽车，不适用于电动汽车。电动汽车是全部或部分由电动机驱动的汽车，其关键部件主要包括动力蓄电池、电池管理系统、动力系统、车身底盘等，目前主要有纯电动汽车、混合动力汽车、燃料电池电动汽车以及外接充电式混合动力汽车。电动汽车采用整车充电模式的，适用于电动汽车充电站的设计规范要求；电动汽车采用配建于汽车库、停车场中的电动汽车分散充电设施充电的，适用于电动汽车分散充电设施工程技术标准的要求。

新建汽车库内配建的分散充电设施在同一防火分区内应集中布置，并应符合下列规定：

1）布置在一级、二级耐火等级的汽车库的首层、二层或三层。当设置在地下或半地下空间时，宜布置在地下车库的首层，不应布置在地下建筑四层及以下空间。

2）设置独立的防火单元，每个防火单元的最大允许建筑面积应符合表5-9的规定。

表5-9　每个防火单元的最大允许建筑面积

耐火等级	单层汽车库	多层汽车库	地下汽车库高层汽车库
一级、二级	1500m²	1250m²	1000m²

单元二　建筑平面布置

一、厂房平面布置

（1）甲、乙类生产场所，有粉尘爆炸危险的生产场所、滤尘设备间，不应设置在地下或半地下空间。

（2）住宿与生产、储存、经营合用场所，俗称"三合一"建筑，造成过多起重（特）大火灾，教训深刻。因此，要求厂房内不应设置宿舍（图5-3）；直接服务于生产的办公室、休息室等辅助用房的设置，应符合下列规定：

1）不应设置在甲、乙类厂房内。

2）与甲、乙类厂房贴邻的辅助用房的耐火等级不应低于二级，并应采用耐火极限不低于3.00h的抗爆墙与厂房中有爆炸危险的区域分隔，安全出口应独立设置。抗爆墙的抗爆和耐火性能应综合考虑生产部位可能产生的爆炸超压值、泄压面积等因素确定。

（3）厂房中的丙类液体中间储罐应设置在单独房间内，其容积不应大于5m³。设置中间储罐的房间，应采用耐火极限不低于3.00h的防火隔墙和1.50h的楼板与其他部位分隔，房间门应采用甲级防火门。"容积不应大于5m³"主要是为了防止液体流散或储存丙类液体的储罐受外部火的影响。

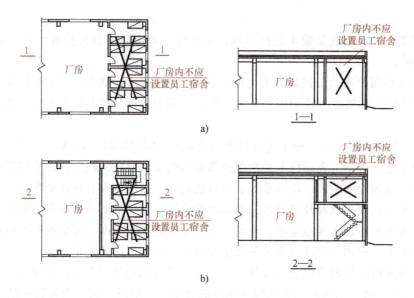

图 5-3 厂房内不应设置宿舍示意

（4）设置在厂房内的甲、乙、丙类中间仓库，应采用防火墙和耐火极限不低于 1.50h 的不燃性楼板与其他部位分隔。这是厂房内设置甲、乙、丙类中间仓库的基本防火要求，以防止火灾危险性大的甲、乙、丙类库房发生火灾或爆炸事故对生产厂房及生产过程造成更大破坏。中间仓库是为满足厂房内正常连续生产需要，在厂房内存放原材料或连接上下工序的半成品、辅助材料及成品的周转库房。中间仓库的面积、耐火等级等其他设置要求，可以按照国家现行相关技术标准的规定确定。甲、乙类中间仓库应靠外墙布置，其储量不宜超过 1 昼夜的需要量。丁、戊类中间仓库应采用耐火极限不低于 2.00h 的防火隔墙和 1.00h 的楼板与其他部位分隔。

（5）为防止变（配）电站火灾引发相邻的甲、乙类生产厂房产生更大的次生灾害，专门服务于相邻甲、乙类厂房的 10kV 及以下的变（配）电站，允许在甲类厂房外一面贴邻厂房建造，但防火墙上不允许有任何开口。对于乙类厂房，允许在该防火墙上设置便于观察设备、仪表运转等情况的甲级防火窗，不允许设置连通门及其他开口。其他变（配）电站应设置在甲、乙类厂房以及爆炸危险性区域外，不应与甲、乙类厂房贴邻。

（6）使用和生产甲、乙、丙类液体的场所中，管、沟不应与相邻建筑或场所的管、沟相通，下水道应采取防止含可燃液体的污水流入的措施。

二、仓库平面布置

（1）甲、乙类仓库，邮袋库，丝、麻、棉、毛类物质库不应设置在地下或半地下空间。

（2）仓库内不应设置员工宿舍及与库房运行、管理无直接关系的其他用房。甲、乙类仓库内不应设置办公室、休息室等辅助用房，不应与办公室、休息室等辅助用房及其他场所贴邻。服务于甲、乙类仓库的办公室与休息室等辅助用房，应在甲、乙类仓库外独立设置。丙、丁类仓库内的办公室、休息室等辅助用房，应采用防火门、防火窗、耐火极限不低于 2.00h 的防火隔墙和耐火极限不低于 1.00h 的楼板与其他部位分隔，并应设置独立的安全出口，相互间的连通门应为甲级或乙级防火门。

允许在仓库建筑内设置的办公室和休息室等辅助用房应是为方便日常管理必需的用房，如监控室、出入库管理室、工作人员临时休息室、卫生间等。

（3）甲、乙类仓库和储存丙类可燃液体的仓库应为单、多层建筑。

（4）仓库内的防火分区或库房之间应采用防火墙分隔，甲、乙类库房内的防火分区或库房之间应采用无任何开口的防火墙分隔。

三、民用建筑平面布置

（一）民用建筑内设附属库房

民用建筑功能复杂，人员密集，如果内部布置生产车间及库房，一旦发生火灾，极易造成重大人员伤亡和财产损失。除为满足民用建筑使用功能所设置的附属库房外，民用建筑内不应设置生产车间和其他库房。民用建筑内不应设置经营、存放或使用甲、乙类火灾危险性物品的商店、作坊和储藏间。附属库房是指直接为民用建筑使用功能服务，在整座建筑中所占面积比例较小，且内部采取了一定防火分隔措施的库房，如建筑中的自用物品暂存库房、档案室和资料室等。

（二）商店营业厅、公共展览厅

商店营业厅、公共展览厅布置在不同耐火等级建筑内的楼层位置要求应符合下列规定：

（1）对于一级、二级耐火等级建筑，应布置在地下二层及以上的楼层。

（2）对于三级耐火等级建筑，应布置在首层或二层。

（3）对于四级耐火等级建筑，应布置在首层。

（三）歌舞娱乐放映游艺场所

歌舞娱乐放映游艺场所包括歌厅、舞厅、录像厅、夜总会、卡拉 OK 厅和具有卡拉 OK 功能的餐厅或包房、各类游艺厅、桑拿浴室的休息室和具有桑拿服务功能的客房、网吧等场所，不包括电影院和剧场的观众厅。歌舞娱乐放映游艺场所发生火灾后容易造成群死群伤的严重后果，所以布置和分隔应符合下列规定（图5-4）：

（1）应布置在地下一层及以上且埋深不大于 10m 的楼层。

（2）当布置在地下一层或地上四层及以上楼层时，每个房间的建筑面积不应大于

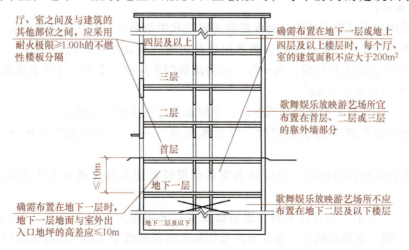

图 5-4　歌舞娱乐放映游艺场所平面布置示意

$200m^2$。

（3）房间之间应采用耐火极限不低于 2.00h 的防火隔墙分隔。

（4）与建筑的其他部位之间应采用防火门、耐火极限不低于 2.00h 的防火隔墙和耐火极限不低于 1.00h 的不燃性楼板分隔。

（四）剧院、电影院、礼堂

剧院、电影院和礼堂为人员密集的场所，人群组成复杂，安全疏散需要重点考虑。当设置在其他建筑内时，考虑到这些场所在使用时，人员通常集中精力于观演等某件事情中，对周围火灾可能难以及时知情，在疏散时与其他场所的人员也可能混合。因此，要采用防火隔墙将这些场所与其他场所分隔，疏散楼梯尽量独立设置，不能完全独立设置时，也至少要保证一部疏散楼梯仅供该场所使用，不与其他用途的场所或楼层共用。剧院、电影院、礼堂平面布置示意图如图 5-5 所示。

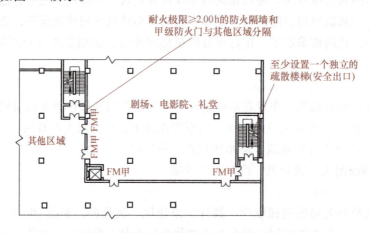

图 5-5　剧场、电影院、礼堂平面布置示意

（1）剧场、电影院、礼堂宜设置在独立的建筑内。

（2）采用三级耐火等级建筑时，不应超过 2 层。

（3）确需设置在其他民用建筑内时，至少应设置 1 个独立的安全出口和疏散楼梯，并应符合下列规定：

1）应采用耐火极限不低于 2.00h 的防火隔墙和甲级防火门与其他区域分隔。

2）设置在一级、二级耐火等级的多层建筑内时，观众厅宜布置在首层、二层或三层。确需布置在四层及以上楼层时，每个厅、室的疏散门不应少于 2 个，且每个观众厅或多功能厅的建筑面积不宜大于 $400m^2$。

3）设置在三级耐火等级的建筑内时，不应布置在三层及以上楼层。

4）设置在地下或半地下空间时，宜设置在地下一层，不应设置在地下三层及以下楼层。

5）设置在高层建筑内时，应设置火灾自动报警系统及自动喷水灭火系统等自动灭火系统。

（4）舞台下部的灯光操作室和可燃物储藏室应采用耐火极限不低于 2.00h 的防火隔墙与其他部位分隔。电影放映室、卷片室应采用耐火极限不低于 1.50h 的防火隔墙与其他部位分隔，观察孔和放映孔应采取防火分隔措施，如图 5-6 和图 5-7 所示。

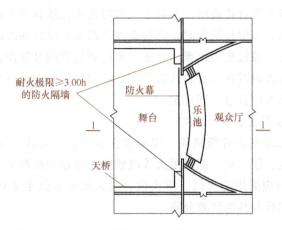

图 5-6 剧院等建筑的舞台与观众厅平面布置示意

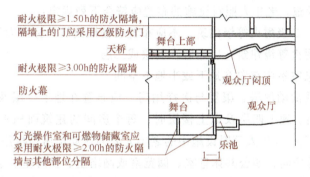

图 5-7 剧院等建筑的舞台与观众厅平面布置剖面图

（五）建筑内的会议厅、多功能厅等人员密集场所

在民用建筑内设置的会议厅（包括宴会厅）等人员密集的厅、室，有的设在建筑的首层或较低的楼层，有的设在建筑的上部或顶层。设置在上部或顶层的，会给灭火救援和人员安全疏散带来很大困难。因此，建筑内的会议厅、多功能厅等人员密集场所，宜布置在首层、二层或三层，使人员能在短时间内安全疏散完毕，尽量不与其他疏散人群交叉。设置在三级耐火等级的建筑内时，不应布置在三层及以上楼层。确需布置在一级、二级耐火等级建筑的其他楼层时，应符合下列规定：

（1）每个厅、室的疏散门不应少于 2 个，且建筑面积不宜大于 $400m^2$。

（2）设置在地下或半地下空间时，宜设置在地下一层，不应设置在地下三层及以下楼层。

（3）设置在高层建筑内时，应设置火灾自动报警系统和自动喷水灭火系统等自动灭火系统。

（六）儿童活动场所

儿童活动场所是指供 12 周岁及以下婴幼儿和少儿活动的场所，包括幼儿园、托儿所中供婴幼儿生活和活动的房间，设置在建筑内的儿童游乐厅、儿童乐园、儿童培训班、早教中心等儿童游乐、学习和培训等活动的场所，不包括小学学校的教室等教学场所。儿童的行为能力均较弱，需要其他人协助进行疏散。托儿所、幼儿园的儿童用房和儿童游乐厅等儿童活动场所与其他功能的场所混合建造时，不利于火灾时儿童疏散和灭火救援，应严格控制。儿童活动场所设置在单层、多层建筑内时，宜设置独立的安全出口和疏散楼梯。设置在高层建筑内时，一旦发生火灾，疏散更加困难，要进一步提高疏散的可靠性，避免与其他楼层和场所的疏散人员混合。要求设置在高层建筑内的儿童活动场所，安全出口和疏散楼梯应独立设置。儿童活动场所的布置应符合下列规定：

（1）不应布置在地下或半地下空间。

（2）对于一级、二级耐火等级建筑，应布置在首层、二层或三层。对于三级耐火等级建筑，应布置在首层或二层。对于四级耐火等级建筑，应布置在首层。

（3）儿童活动场所应采用防火门、防火窗、耐火极限不低于 2.00h 的防火隔墙和耐火极限不低于 1.00h 的楼板与其他区域分隔。

（七）老年人照料设施

老年人照料设施包括三种形式，即独立建造的、与其他建筑组合建造的和设置在其他建筑内的老年人照料设施。老年人照料设施的布置应符合下列规定：

（1）对于一级、二级耐火等级建筑，不应布置在楼地面设计标高大于 54m 的楼层上。

（2）对于三级耐火等级建筑，应布置在首层或二层。

（3）居室和休息室不应布置在地下或半地下空间。

（4）老年人公共活动用房、康复与医疗用房，应布置在地下一层及以上楼层，当布置在半地下或地下一层、地上四层及以上楼层时，每个房间的建筑面积不应大于 200m^2 且使用人数不应多于 30 人。老年人照料设施中的老年人公共活动用房是指用于老年人集中休闲、娱乐、健身等用途的房间，如公共休息室、阅览室或网络室、棋牌室、书画室、健身房、教室、公共餐厅等。康复与医疗用房是指用于老年人诊疗与护理、康复治疗等用途的房间或场所。

（5）老年人照料设施应采用防火门、防火窗、耐火极限不低于 2.00h 的防火隔墙和耐火极限不低于 1.00h 的楼板与其他区域分隔。

（八）医疗建筑的住院病房

医疗建筑是为医院、卫生院、疗养院、独立门诊部、诊所、卫生所（室）等从事疾病诊断、治疗活动的机构服务的建筑，不包括无治疗功能的休养和疗养建筑、无治疗功能的孕妇待产和产妇与婴儿康复场所。医疗建筑中住院病房内的大多数人员行动能力受限，相比办公楼等公共建筑的火灾危险性更高。因此，需要建筑具有较高的消防安全性能，在发生火灾时提供更长的安全疏散和避难时间。

医疗建筑中住院病房的布置和分隔应符合下列规定：

（1）不应布置在地下或半地下空间。

（2）对于三级耐火等级建筑，应布置在首层或二层。不能采用四级耐火等级建筑。

（3）建筑内相邻护理单元之间应采用耐火极限不低于 2.00h 的防火隔墙和甲级防火门分隔。

（4）医疗建筑中的手术室或手术部、产房、重症监护室、贵重精密医疗装备用房、储藏间、实验室、胶片室等应采用防火门、防火窗、耐火极限不低于 2.00h 的防火隔墙和耐火极限不低于 1.00h 的楼板与其他区域分隔。

（九）住宅与非住宅功能合建的建筑

住宅建筑的设防标准与其他民用建筑有一定差别，一般要求住宅建筑独立建造。当将住宅与其他功能场所空间组合在同一座建筑内时，需在水平方向与竖向采取防火分隔措施同其他部分分隔，并使各自的疏散设施相互独立，互不连通。在水平方向，应采用无门、窗、洞口的防火墙分隔。在竖向，应采用楼板分隔并在建筑立面开口位置的上下楼层分隔处采用防火挑檐、窗槛墙等防止火灾蔓延。

当住宅与商业设施（包括各类经营性商业场所）、办公场所或其他非住宅功能场所组合在同一座建筑内时，需在水平方向和竖向采取防火分隔措施相互分隔，并使各自的疏散设施独立、互不连通。

住宅与非住宅功能合建的建筑应符合下列规定：

（1）除汽车库的疏散出口外，住宅部分与非住宅部分之间应采用耐火极限不低于2.00h，且无开口的防火隔墙和耐火极限不低于2.00h的不燃性楼板完全分隔。

（2）住宅部分与非住宅部分的安全出口和疏散楼梯应分别独立设置。疏散楼梯间的形式、安全出口和疏散楼梯的净宽度可以分别按照疏散楼梯的各自服务高度、服务的楼层数、服务区域的建筑使用功能或用途，按照国家现行标准的规定确定。

（3）为住宅服务的地上车库应设置独立的安全出口或疏散楼梯，地下车库的疏散楼梯间应按相关规范的规定分隔。

（4）商业设施应是为小区居民服务的各类经营性小型商业服务场所和物业管理等配套用房，包括位于住宅投影下部的商业设施和位于住宅投影外的商业设施。住宅与商业设施合建的建筑按照住宅建筑的防火要求建造的，商业设施中每个独立单元之间应采用耐火极限不低于2.00h且无开口的防火隔墙分隔。每个独立单元的层数不应大于2层，且2层的总建筑面积不应大于300m²。每个独立单元中建筑面积大于200m²的任一楼层均应设置至少2个疏散出口。

四、设备用房的平面布置

（一）消防水泵房

消防水泵房是保障建筑消防供水的重要场所，需保证泵房内部设备在火灾延续时间内仍能正常工作，应确保水泵房内的设备和需进入泵房内的操作人员不会受到火灾的威胁。消防水泵房的布置和防火分隔应符合下列规定：

（1）单独建造的消防水泵房，耐火等级不应低于二级。

（2）附设在建筑内的消防水泵房应采用防火门、防火窗、耐火极限不低于2.00h的防火隔墙和耐火极限不低于1.50h的楼板与其他部位分隔。

（3）除地铁工程、水利水电工程和其他特殊工程中的地下消防水泵房可根据工程要求确定其设置楼层外，其他建筑中的消防水泵房不应设置在建筑的地下三层及以下楼层。

（4）消防水泵房的疏散门应直通室外或安全出口。

（5）消防水泵房的室内环境温度不应低于5℃。

（6）消防水泵房应采取防水淹等措施。

（二）消防控制室

消防控制室是建筑物内防火、灭火设施的显示、控制中心，必须确保其在发生火灾时不会受到火势和高温的作用而中断正常运行，不会因火灾而影响相关应急人员安全进出。消防控制室管理应实行每日24 h专人值班制度，每班不应少于2人，值班人员应持有消防设施操作员职业资格证。消防控制室的布置和防火分隔应符合下列规定：

（1）单独建造的消防控制室，耐火等级不应低于二级。

（2）附设在建筑内的消防控制室应采用防火门、防火窗、耐火极限不低于2.00h的防火隔墙和耐火极限不低于1.50h的楼板与其他部位分隔。

（3）消防控制室应位于建筑的首层或地下一层，疏散门应直通室外或安全出口。

（4）消防控制室的环境条件不应干扰或影响消防控制室内火灾报警与控制设备的正常运行。

（5）消防控制室内不应敷设或穿过与消防控制室无关的管线。

（6）消防控制室应采取防水淹、防潮、防啮齿动物等的措施。

（7）消防控制室的值班应急程序。接到火灾警报后，值班人员应立即以最快方式确认。火灾确认后，值班人员应立即确认火灾报警联动控制开关处于自动状态，同时拨打"119"电话报警，报警时应说明着火单位地点、起火部位、着火物种类、火势大小、报警人姓名和联系电话。值班人员应立即启动单位内部应急疏散和灭火预案，并同时报告单位负责人。

（三）锅炉房、油浸变压器室、高压电容器室、多油开关室等

燃油或燃气锅炉房、可燃油油浸变压器室、充有可燃油的高压电容器室、多油开关室、柴油发电机房等具有较高火灾危险性场所应尽量独立建造且不与其他建筑贴邻；当受条件限制，燃油或燃气锅炉房、可燃油油浸变压器室、充有可燃油的高压电容器室、多油开关室、柴油发电机房等独立建造的设备用房与民用建筑贴邻时，应采用防火墙分隔，且不应贴邻建筑中人员密集的场所；当设在建筑内时，应符合下列规定：

（1）当位于人员密集的场所的上一层、下一层或贴邻时，应采取防止设备用房的爆炸作用危及上一层、下一层或相邻场所的措施。

（2）设备用房的疏散门应直通室外或安全出口。

（3）设备用房应采用耐火极限不低于2.00h的防火隔墙和耐火极限不低于1.50h的不燃性楼板与其他部位分隔，防火隔墙上的门、窗应为甲级防火门、窗。

（4）附设在建筑内的燃油或燃气锅炉房、柴油发电机房，还应符合下列规定：

1）常（负）压燃油或燃气锅炉房不应位于地下二层及以下空间，位于屋顶的常（负）压燃气锅炉房与通向屋面的安全出口的最小水平距离不应小于6m，其他燃油或燃气锅炉房应位于建筑首层的靠外墙部位或地下一层的靠外侧部位，不应贴邻消防救援专用出入口、疏散楼梯（间）或人员的主要疏散通道。

2）建筑内单间储油间的燃油储存量不应大于1m³。油箱的通气管设置应满足防火要求，油箱的下部应设置防止油品流散的设施。储油间应采用耐火极限不低于3.00h的防火隔墙与发电机间、锅炉间分隔。

3）柴油机的排烟管、柴油机房的通风管、与储油间无关的电气线路等，不应穿过储油间。

4）燃油或燃气管道在设备间内及进入建筑物前，应分别设置具有自动和手动关闭功能的切断阀。

可燃油油浸变压器存在爆炸和形成流淌火蔓延的危险性。变压器油是原油经一定加工工

艺生产出的优质石油产品。在电力建设保障国家经济发展、惠及民生的同时，变电站火灾事故应引起注意。2018 年 4 月 7 日，国家电网±800kV 天山换流站突发故障着火，起火物为换流变压器用变压器油（约 130t），损失巨大。设置在建筑内的油浸变压器室既要做好防火分隔与流散油的收集措施，又要限制充油量大的变压器附设在建筑内。干式或充装其他非可燃液体的变压器火灾危险性较小，但工作时易升温，仍存在一定的火灾危险性，应设置在专用房间内，并使之具有良好的通风条件或采取相应的散热措施。附设在建筑内的可燃油油浸变压器室、充有可燃油的高压电容器室和多油开关室等设备用房，还应符合下列规定：

1）可燃油油浸变压器室、充有可燃油的高压电容器室和多油开关室均应设置防止油品流散的设施。

2）变压器室应位于建筑的靠外侧部位，不应设置在地下二层及以下楼层。

3）变压器室之间、变压器室与配电室之间应采用防火门和耐火极限不低于 2.00h 的防火隔墙分隔。

（四）柴油发电机房

具有较高火灾危险性的柴油发电机房应尽量独立建造且不与其他建筑贴邻；当受条件限制需与其他建筑贴邻时，应采用防火墙分隔，且不应贴邻建筑中人员密集的场所。

布置在民用建筑内的柴油发电机房应符合下列规定：

（1）宜布置在首层或地下一层、二层。

（2）不应布置在人员密集场所的上一层、下一层或贴邻。

（3）应采用耐火极限不低于 2.00h 的防火隔墙和 1.50h 的不燃性楼板与其他部位分隔，门应采用甲级防火门。

（4）机房内设置储油间时，其总储存量不应大于 1m³，储油间应采用耐火极限不低于 3.00h 的防火墙与发电机间分隔；确需在防火隔墙上开门时，应设置甲级防火门。

（5）应设置火灾报警装置。

（6）应设置与柴油发电机容量和建筑规模相适应的灭火设施，当建筑内其他部位设置自动喷水灭火系统时，机房内应设置自动喷水灭火系统。

（五）丙类液体燃料储罐

供建筑内使用的丙类液体燃料，其储罐应布置在建筑外（图 5-8），并应符合下列规定：

（1）当总容量不大于 15m³，且直埋于建筑附近、面向油罐一面 4m 范围内的建筑外墙为防火墙时，储罐与建筑的防火间距不限。

（2）当总容量大于 15m³ 时，储罐的布置应符合相关规定。

（3）当设置中间罐时，中间罐的容量不应大于 1m³，并应设置在一级、二级耐火等级的单独房间内，房间门应采用甲级防火门。

图 5-8　建筑外设置丙类液体燃料储罐示意

（六）燃气调压用房、瓶装液化石油气瓶组用房

燃气调压用房、瓶装液化石油气瓶组用房应独立建造，不应与居住建筑、人员密集的场所及其他高层民用建筑贴邻。贴邻其他民用建筑的，应采用防火墙分隔，门、窗应向室外开启。燃气调压用房和瓶装液化石油气瓶组用房属于散发可燃气体的甲类火灾危险性场所，应按照甲类生产或储存场所的相关要求设置在独立的建筑内，不应设置在其他建筑内，并采取相应的防爆与泄压措施和严格的防火分隔措施。

（1）瓶装液化石油气瓶组用房应符合下列规定：

1）当与所服务建筑贴邻布置时，液化石油气瓶组的总容积不应大于 $1m^3$，并应采用自然气化方式供气。

2）瓶组用房的总出气管道上应设置紧急事故自动切断阀。

3）瓶组用房内应设置可燃气体探测报警装置。

（2）可燃气体使用场所要防止燃气泄漏所产生的危害，应通过合理的布置保证其具有良好的直接对外的通风和泄压条件，防止可燃气体、蒸气在建筑内积聚，避免对相邻区域产生更大的危害，并要便于事故处理和消防救援。建筑内使用天然气的部位应便于通风和防爆泄压。

五、木结构建筑平面布置

根据不同的耐火等级，木结构建筑的结构形式和耐火性能，分别参照二级、三级、四级耐火等级其他结构类型建筑的要求确定。Ⅰ级耐火等级木结构建筑的整体耐火性能略低于二级耐火等级其他结构类型建筑的耐火性能，Ⅱ级耐火等级木结构建筑的整体耐火性能与三级耐火等级其他结构类型建筑的耐火性能相当，Ⅲ级耐火等级木结构建筑的整体耐火性能低于三级、高于四级耐火等级其他结构类型建筑的耐火性能。因此，Ⅰ级耐火等级木结构建筑的防火分区在竖向允许采用楼板分隔，并按照单个楼层的建筑面积划分，且不限制防火分区的长度；Ⅱ级、Ⅲ级耐火等级木结构建筑的防火分区在竖向需要将相邻两道防火墙之间的全部楼层划入同一个防火分区，并需要限制每个防火分区的长度。

（1）Ⅰ级耐火等级木结构建筑中的下列场所应布置在首层、二层或三层：

1）商店营业厅、公共展览厅等。

2）儿童活动场所、老年人照料设施。

3）医疗建筑中的住院病房。

4）歌舞娱乐放映游艺场所。

（2）Ⅱ级耐火等级木结构建筑中的下列场所应布置在首层或二层：

1）商店营业厅、公共展览厅等。

2）儿童活动场所、老年人照料设施。

3）医疗建筑中的住院病房。

（3）Ⅲ级耐火等级木结构建筑中的下列场所应布置在首层：

1）商店营业厅、公共展览厅等。

2）儿童活动场所。

（4）设置在木结构住宅建筑内的机动车库、发电机间、配电间、锅炉间，应采用耐火极限不低于 2.00h 的防火隔墙和 1.00h 的不燃性楼板与其他部位分隔，不宜开设与室内相通

的门、窗、洞口。确需开设时，可开设一樘不直通卧室的单扇乙级防火门。机动车库的建筑面积不宜大于 $60m^2$。

（5）管道、电气线路敷设在墙体内或穿过楼板、墙体时，应采取防火保护措施，与墙体、楼板之间的缝隙应采用防火封堵材料填塞密实。住宅建筑内厨房的明火或高温部位及排烟管道等应采用防火隔热措施。

（6）木结构墙体、楼板及封闭吊顶或屋顶下的密闭空间内应采取防火分隔措施，且水平分隔长度或宽度均不应大于 $20m$，建筑面积不应大于 $300m^2$，墙体的竖向分隔高度不应大于 $3m$。轻型木结构建筑的每层楼梯梁处应采取防火分隔措施。

六、汽车库、修车库平面布置

汽车库具有人员流动大、致灾因素多等特点；修车库需要进行明火作业和使用易燃物品，如用汽油清洗零件、喷漆时使用有机溶剂等，火灾危险性大。为保障安全，规范对汽车库、修车库的平面布置有以下要求：

（1）汽车库不应与甲、乙类生产场所或库房贴邻或组合建造。

（2）为汽车库、修车库服务的下列附属建筑，可与汽车库、修车库贴邻，但应采用防火墙隔开，并应设置直通室外的安全出口：

1）储存量不超过 $1t$ 的甲类物品库房。

2）总安装容量不大于 $5m^3/h$ 的乙炔发生器间和储存量不超过 5 个标准钢瓶的乙炔气瓶库。

3）1 个车位的非封闭喷漆间或不大于 2 个车位的封闭喷漆间。

4）建筑面积不大于 $200m^2$ 的充电间和其他甲类生产场所。

地下、半地下汽车库内不应设置修理车位、喷漆间、充电间、乙炔间和甲、乙类物品库房。

（3）汽车库和修车库内不应设置汽油罐、加油机、液化石油气或液化天然气储罐、加气机。

（4）汽车库不应与托儿所、幼儿园、老年人建筑、中小学校的教学楼、病房楼等组合建造。当符合下列要求时，汽车库可设置在托儿所、幼儿园、老年人建筑、中小学校的教学楼、病房楼等的地下部分：

1）汽车库与托儿所、幼儿园、老年人建筑、中小学校的教学楼、病房楼等建筑之间，应采用耐火极限不低于 $2.00h$ 的楼板完全分隔。

2）汽车库与托儿所、幼儿园、老年人建筑、中小学校的教学楼、病房楼等的安全出口和疏散楼梯应分别独立设置。

单元三　防火分隔设施与建筑构造

一、防火墙

防火墙是主要的防火分隔设施，防火墙能在火灾初期和灭火过程中，将火灾有效地限制在一定空间内，将火灾阻断在防火墙一侧而不蔓延到另一侧，因此规范对防火墙的结构安全、构造及防火封堵提出了要求，无论防火墙一侧的火灾如何发展，甚至结构发生倒塌，均不会导致火势越过防火墙而蔓延到另一侧。

（1）防火墙应直接设置在建筑的基础或具有相应耐火性能的框架、梁等承重结构上，并应从楼地面基层隔断至结构梁、楼板或屋面板的底面。防火墙与建筑外墙、屋顶相交处，防火墙上的门、窗等开口，应采取防止火灾蔓延至防火墙另一侧的措施。

1）防火墙位于外墙时的措施如下：

① 建筑外墙为难燃性或可燃性墙体时，防火墙应凸出墙的外表面 0.4m 以上，且防火墙两侧的外墙均应为宽度均不小于 2m 的不燃性墙体，其耐火极限不应低于外墙的耐火极限。

② 建筑外墙为不燃性墙体时，防火墙可不凸出墙的外表面，紧靠防火墙两侧的门、窗、洞口之间最近边缘的水平距离不应小于 2m。采取设置乙级防火窗等防止火灾水平蔓延的措施时，该距离不限。

③ 建筑内的防火墙不宜设置在转角处，确需设置时，内转角两侧墙上的门、窗、洞口之间最近边缘的水平距离不应小于 4m。采取设置乙级防火窗等防止火灾水平蔓延的措施时，该距离不限。

2）防火墙位于屋顶结构梁、楼板或屋面板的底面时的措施：

① 防火墙应从楼地面基层隔断至梁、楼板或屋面板的底面基层。

② 当高层厂房（仓库）屋顶承重结构和屋面板的耐火极限低于 1.00h，其他建筑屋顶承重结构和屋面板的耐火极限低于 0.50h 时，防火墙应高出屋面 0.5m 以上。

③ 防火墙横截面中心线水平距离天窗端面小于 4m，且天窗端面为可燃性墙体时，应采取防止火势蔓延的措施。防火墙横截面中心线水平距离天窗端面不小于 4m 时，能在一定程度上阻止火势蔓延，但还是要尽可能加大该距离，或设置不可开启窗扇的乙级防火窗或火灾时可自动关闭的乙级防火窗等，以防止火灾蔓延。

（2）防火墙任一侧的建筑结构或构件以及物体受火作用发生破坏或倒塌并作用到防火墙时，防火墙应仍能阻止火灾蔓延至防火墙的另一侧。

（3）防火墙的耐火极限不应低于 3.00h。甲、乙类厂房和甲、乙、丙类仓库内的防火墙，耐火极限不应低于 4.00h。

（4）电气线路和各类管道穿过防火墙的孔隙应采取防火封堵措施。防火封堵组件的耐火性能不应低于防火分隔部位的耐火性能要求。排除有燃烧或爆炸危险性物质的风管，不应穿过防火墙。

防火墙设置示意如图 5-9~图 5-18 所示。

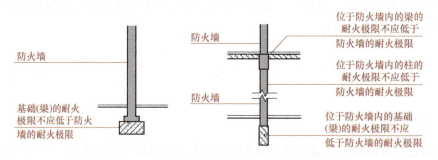

图 5-9 防火墙设置示意（一）

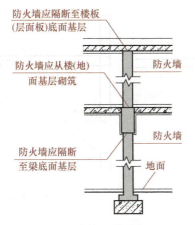

图 5-10　防火墙设置示意（二）

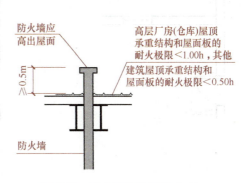

图 5-11　防火墙设置示意（三）

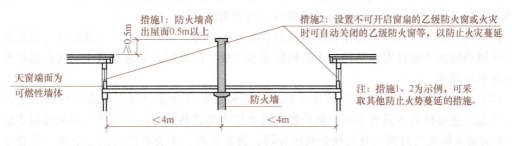

图 5-12　防火墙设置示意（四）

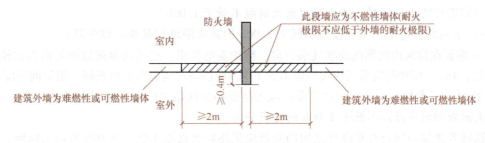

图 5-13　防火墙设置示意（五）

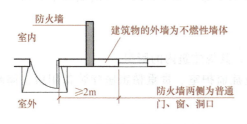

图 5-14　防火墙设置示意（六）

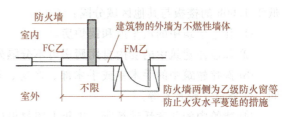

图 5-15　防火墙设置示意（七）

二、防火隔墙

　　防火隔墙主要用于同一防火分区内不同用途或火灾危险性的房间之间的分隔，耐火极限一般低于防火墙的耐火极限要求。

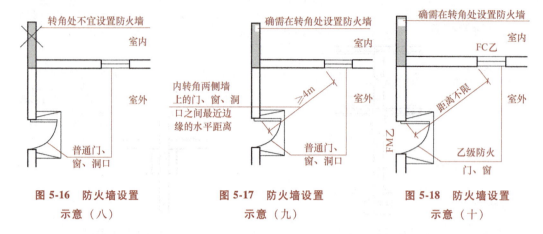

图 5-16　防火墙设置　　　　图 5-17　防火墙设置　　　　图 5-18　防火墙设置
示意（八）　　　　　　　　示意（九）　　　　　　　　示意（十）

（1）防火隔墙应从楼地面基层隔断至梁、楼板或屋面板的底面基层，防火隔墙上的门、窗等开口应采取防止火灾蔓延至防火隔墙另一侧的措施。

防火隔墙要尽量采用不燃性材料且不宜在墙体上设置开口，一级、二级耐火等级建筑中的防火隔墙应为不燃性实体结构，木结构建筑和三级、四级耐火等级建筑中的防火隔墙允许采用难燃性墙体。

（2）设置在建筑中不同部位的防火隔墙，耐火极限因所需分隔房间或区域的火灾危险性、用途的重要性的不同而不同。如设置在避难层内的设备管道区，应采用耐火极限不低于3.00h的防火隔墙与避难区及其他公共区分隔；设置在丙、丁类仓库内的办公室、休息室等辅助用房，应采用耐火极限不低于2.00h的防火隔墙与其他部位分隔。中庭采用防火隔墙与周围空间进行防火分隔时，防火隔墙耐火极限不低于1.00h。

1）下列场所应采用耐火极限不低于3.00h的防火隔墙与其他区域分隔：

① 附设在建筑内的燃油或燃气锅炉房、柴油发电机房，建筑内单间储油间的燃油储存量不应大于$1m^3$。储油间应采用耐火极限不低于3.00h的防火隔墙与发电机间、锅炉间分隔。

② 丙、丁类物流建筑的物流作业区域与辅助办公区域之间应采用耐火极限不低于3.00h的防火隔墙和耐火极限不低于2.00h的楼板分隔。

剧场等建筑的舞台与观众厅之间的隔墙应采用耐火极限不低于3.00h的防火隔墙。

2）下列场所应采用防火门、防火窗、耐火极限不低于2.00h的防火隔墙和耐火极限不低于1.00h的楼板与其他区域分隔：

① 住宅建筑中的汽车库和锅炉房。

② 除居住建筑中的套内自用厨房可不分隔外，其他建筑内的厨房。

③ 医疗建筑中的手术室或手术部、产房、重症监护室、贵重精密医疗装备用房、储藏间、实验室、胶片室等。

④ 建筑中的儿童活动场所、老年人照料设施。

⑤ 除消防水泵房和消防控制室的防火分隔另有规定外，其他消防设备或器材用房。

三、防火门

防火门应具有一定的耐火极限，且在发生火灾时应具有自动关闭的功能，在关闭后应具有烟密闭的性能。2015年7月11日，武汉市一幢32层住宅楼发生火灾，因常闭式防火门处于开启状态，致使火灾发生时高温有毒烟气充满整个楼梯间，又由于烟囱效应，造成大量高温烟气聚集在 30 层以上建筑物的顶部，最终造成 7 人死亡的严重后果。

防火门具有防火密封条，但该密封条需要达到较高的温度才会膨胀将门缝封堵，在温度较低的情况下不能有效阻止烟气透过。因此，要求宿舍的居室、老年人照料设施的老年人居室、旅馆建筑的客房开向公共内走廊或封闭式外走廊的疏散门，应在关闭后具有烟密闭的性能。宿舍的居室、旅馆建筑客房的疏散门，应具有自动关闭的功能。

注意：普通门没有严格的烟密闭性能要求，在火灾条件下难以保证宿舍、公寓、老年人照料设施、旅馆建筑中居室内人员的安全。

（1）防火门的设置应符合下列规定：

1）设置在建筑内经常有人通行处的防火门宜采用常开防火门。常开防火门应能在火灾时自行关闭，并应具有信号反馈的功能。

2）除允许设置常开防火门的位置外，其他位置的防火门均应采用常闭防火门。常闭防火门应在其明显位置设置"保持防火门关闭"等提示标识。

3）除管井检修门和住宅的户门外，防火门应具有自行关闭功能。双扇防火门应具有按顺序自行关闭的功能（图 5-19）。

4）除规范另有规定外，防火门应能在其内外两侧手动开启。

5）设置在建筑变形缝附近时，防火门应设置在楼层较多的一侧（图 5-20），并应保证防火门开启时门扇不跨越变形缝（图 5-21）。

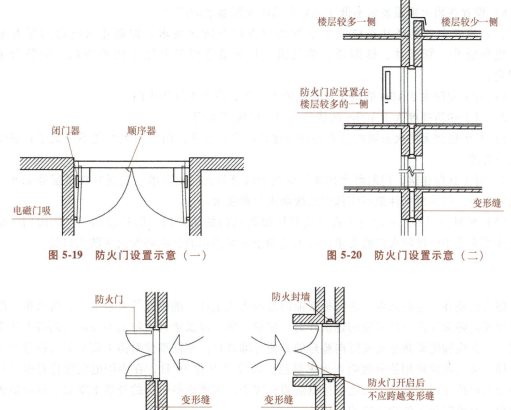

图 5-19   防火门设置示意（一）　　　　　　　图 5-20   防火门设置示意（二）

图 5-21   防火门设置示意（三）

（2）为了确保防火分隔部位分隔的有效性，有效阻止火势蔓延，下列部位的门应为甲级防火门：

1）设置在防火墙上的门、疏散走道在防火分区处设置的门。

2）设置在耐火极限要求不低于3.00h的防火隔墙上的门。

3）电梯间、疏散楼梯间与汽车库连通的门。

4）室内开向避难走道前室的门、避难间的疏散门。

5）多层乙类仓库和地下、半地下及多、高层丙类仓库中从库房通向疏散走道或疏散楼梯间的门。

（3）除建筑直通室外和屋面的门可采用普通门外，下列部位的门的耐火性能不应低于乙级防火门的要求，且其中建筑高度大于100m的建筑相应部位的门应为甲级防火门：

1）甲、乙类厂房，多层丙类厂房，人员密集的公共建筑和其他高层工业与民用建筑中封闭楼梯间的门。

2）防烟楼梯间及其前室的门。

3）消防电梯前室或合用前室的门。

4）前室开向避难走道的门。

5）地下、半地下及多、高层丁类仓库中从库房通向疏散走道或疏散楼梯的门。

6）歌舞娱乐放映游艺场所中的房间疏散门。

7）从室内通向室外疏散楼梯的疏散门。

8）设置在耐火极限要求不低于2.00h的防火隔墙上的门。

（4）建筑中各类竖井在楼层上设置的检查门有防火要求，以防止火灾通过竖井蔓延。电气竖井、管道井、排烟道、排气道、垃圾道等竖井井壁上的检查门，应符合下列规定：

1）对于埋深大于10m的地下建筑或地下工程，应为甲级防火门。

2）对于建筑高度大于100m的建筑，应为甲级防火门。

3）对于层间无防火分隔的竖井和住宅建筑的合用前室，门的耐火性能不应低于乙级防火门的要求。

4）对于其他建筑，门的耐火性能不应低于丙级防火门的要求；当竖井在楼层处无水平防火分隔时，门的耐火性能不应低于乙级防火门的要求。

（5）平时使用的人民防空工程中代替甲级防火门的防护门、防护密闭门、密闭门，耐火性能不应低于甲级防火门的要求，且不应用于平时使用的公共场所的疏散出口处。

四、防火窗

防火窗是在一定时间内，连同框架能满足耐火完整性、隔热性等要求的窗。防火窗一般用于建筑间防火间距不足部位的建筑外窗、屋顶天窗，以及建筑内防火墙或防火隔墙上的观察窗、工艺窗和需要防止火灾竖向蔓延的其他外墙开口。不同部位对防火窗的耐火性能要求不一样。防火窗的使用能有效阻止火灾蔓延。2022年9月16日，在中国电信股份有限公司长沙分公司荷花园大院第二长途电信枢纽楼火灾中，主要设备机房的外墙上安装了双层防火玻璃窗，有效阻止了外墙火势的蔓延。

防火窗按使用功能分为固定式防火窗和活动式防火窗。固定式防火窗是无可开启窗扇的防火窗；活动式防火窗是有可开启窗扇，且装配有窗扇启闭控制装置的防火窗。防火窗按耐火性能分为隔热防火窗（A类）和非隔热防火窗（C类）。隔热防火窗（A类）是在规定时间内，能同时满足耐火隔热性和耐火完整性要求的防火窗；非隔热防火窗（C类）是在规定时间内，能满足耐火完整性要求的防火窗。甲级、乙级、丙级防火窗是隔热防火窗，甲级、乙级、丙级防火窗的耐火性能要同时满足耐火隔热性和耐火完整性的要求。对于一些特殊位置的防火窗，耐火要求还应符合国家现行相关技术标准的规定。

（1）设置在防火墙和要求耐火极限不低于 3.00h 的防火隔墙上的窗应为甲级防火窗。

（2）下列部位的窗的耐火性能不应低于乙级防火窗的要求：

1）歌舞娱乐放映游艺场所中房间开向走道的窗。

2）设置在避难间或避难层中避难区对应外墙上的窗。

3）其他要求耐火极限不低于 2.00h 的防火隔墙上的窗。

五、防火卷帘

防火卷帘是在一定时间内，连同框架能满足耐火完整性、隔热性等要求的卷帘，由帘板、卷轴、电动机、导轨、支架、防护罩和控制机构等组成。防火卷帘一般用于防火墙、防火隔墙上尺寸较大且在正常使用情况下需保持敞开的开口。

（1）分类。防火卷帘按帘板材料不同，分为钢质防火卷帘、无机纤维复合防火卷帘、特级防火卷帘。

1）钢质防火卷帘是指用钢质材料制作帘板、导轨、座板、门楣、箱体等，并配以卷门机和控制箱组成的能符合耐火完整性要求的卷帘。

2）无机纤维复合防火卷帘是指用无机纤维材料制作帘面（内配不锈钢丝或不锈钢丝绳），用钢质材料制作帘板、导轨、座板、门楣、箱体等，并配以卷门机和控制箱组成的能符合耐火完整性要求的卷帘。

3）特级防火卷帘是指用钢质材料或无机纤维材料制作帘面，用钢质材料制作导轨、座板、帘板、门楣、箱体等，并配以卷门机和控制箱组成的能符合耐火完整性、耐火隔热性和防烟性能要求的卷帘。

（2）为确保防火分隔的有效性和可靠性，用于防火分隔的防火卷帘应符合下列规定：

1）应具有在火灾时不需要依靠电源等外部动力源而依靠自重自行关闭的功能。卷门机应具有电动启闭和依靠防火卷帘自重恒速下降（手动速放）的功能。启动防火卷帘自重下降（手动速放）的臂力不应大于 70N。

2）耐火性能不应低于防火分隔部位的耐火性能要求。

3）应在关闭后具有烟密闭的性能。

4）在同一防火分隔区域的界限处采用多樘防火卷帘分隔时，应具有同步降落封闭开口的功能。

5）除中庭外，当防火分隔部位的宽度不大于 30m 时，防火卷帘的宽度不应大于 10m。当防火分隔部位的宽度大于 30m 时，防火卷帘的宽度不应大于该部位宽度的 1/3，且不应大于 20m。

6）需在火灾时自动降落的防火卷帘，应具有信号反馈的功能。

7）防火卷帘其他要求见《防火卷帘》（GB 14102—2005）。

六、防火玻璃墙

用于防火分隔的防火玻璃墙，耐火性能不应低于所在防火分隔部位的耐火性能要求。防火玻璃墙可用于替代防火隔墙。防火玻璃按耐火性能分为隔热型防火玻璃（A 类）和非隔热型防火玻璃（C 类）。隔热型防火玻璃是指在一定时间内能同时满足耐火隔热性和耐火完整性要求的防火玻璃，非隔热型防火玻璃是指在一定时间内能满足耐火完整性要求，但不能满足耐火隔热性要求的防火玻璃。当步行街两侧建筑的商铺采用防火玻璃墙进行防火分隔时，耐火隔热性和耐火完整性不应低于 1.00h；当仅采用耐火完整性符合要求的防火玻璃墙时，应设置闭式自动喷水灭火系统进行保护。

七、防火阀

防火阀是指安装在通风空调系统风管内，平时呈开启状态，火灾时当管道内烟气温度达到 70℃时能自动关闭，并在一定时间内满足漏烟量和耐火完整性要求，起隔烟阻火作用的阀门。防火阀一般由阀体、叶片、执行机构和温感器等部件组成。通风空调系统的风管是建筑内部火灾蔓延的途径之一，要采取措施防止火势通过此处蔓延。

（1）通风空调系统的风管在下列部位应设置公称动作温度为 70℃的防火阀：

1）穿越防火分区处。

2）穿越通风空调机房的房间隔墙和楼板处。

3）穿越重要或火灾危险性大的场所的房间隔墙和楼板处。

4）穿越防火分隔处的变形缝两侧。

5）竖向风管与每层水平风管交接处的水平管段上。

6）当建筑内每个防火分区的通风空调系统均独立设置时，水平风管与竖向总管的交接处可不设防火阀。

（2）公共建筑的浴室、卫生间和厨房的竖向排风管，应采取防止回流措施，并宜在支管上设置公称动作温度为 70℃的防火阀。公共建筑内厨房的排油烟管道宜按防火分区设置，且在与竖向排风管连接的支管处应设置公称动作温度为 150℃的防火阀。

（3）防火阀的设置应符合下列规定：

1）防火阀宜靠近防火分隔处设置。

2）防火阀暗装时，应在安装部位设置方便维护的检修口。

3）在防火阀两侧各 2m 范围内的风管及其绝热材料应采用不燃材料。目前，不燃绝热材料、消声材料有超细玻璃棉、玻璃纤维、岩棉、矿渣棉等。

4）防火阀应符合《建筑通风和排烟系统用防火阀门》（GB 15930—2007）的规定。

八、排烟防火阀

排烟防火阀是指安装在机械排烟系统的管道上，平时呈开启状态，火灾时当排烟管道内烟气温度达到 280℃时关闭，并在一定时间内能满足漏烟量和耐火完整性要求，起隔烟阻火作用的阀门。排烟防火阀一般由阀体、叶片、执行机构和温感器等部件组成。

九、竖井

建筑中的管道井、电缆井、电梯井等竖向井道是烟火竖向蔓延的通道，有的自身还存在一定的火灾危险性，建筑内应将不同类别的竖向井道独立设置，要有效阻止火势蔓延进竖井内，同时竖井的井壁要具备一定的耐火极限。

建筑内的每个电梯井均应各自独立设置，不允许敷设、穿越可燃气体和可燃液体管道，并且电梯层门应具备足够的耐火完整性。

为防止产生烟囱效应而加剧火势并导致火势快速蔓延至多个楼层，除不允许在层间隔断的竖井外，需在竖井的每层楼板处用相当于楼板耐火极限的不燃材料和防火封堵组件等加以分隔和封堵。不同管线在竖井内的敷设和防火要求，还需符合国家现行相关标准的规定。

（1）电梯井应独立设置，电梯井内不应敷设或穿过可燃气体或甲、乙、丙类液体管道及与电梯运行无关的电线或电缆等。电梯层门的耐火完整性不应低于2.00h。电梯层门的耐火完整性和耐火隔热性需符合《电梯层门耐火试验　完整性、隔热性和热通量测定法》（GB/T 27903—2011）或《电梯层门耐火试验》（GB/T 24480—2009）的规定。

（2）电气竖井、管道井、排烟或通风道、垃圾井等竖井应分别独立设置，井壁的耐火极限均不应低于1.00h。

（3）为有效阻止火势在竖井内的蔓延，防止产生烟囱效应而加剧火势并导致火势快速蔓延至多个楼层，除通风管道井、送风管道井、排烟管道井、必须通风的燃气管道竖井及其他有特殊要求的竖井可不在层间的楼板处分隔外，其他竖井应在每层楼板处采取防火分隔措施，且防火分隔组件的耐火性能不应低于楼板的耐火性能。防火封堵组件应能与相应构件或结构协同工作，具有与封堵部位构件或结构相当的耐受火焰、高温烟气和其他热作用的性能。防火封堵组件是指由几种不同防火封堵材料及其支撑等构成的组合封堵体。

（4）电气线路和各类管道穿过防火墙、防火隔墙、竖井井壁、建筑变形缝处和楼板处的孔隙应采取防火封堵措施。防火封堵组件的耐火性能不应低于防火分隔部位的耐火性能要求。

（5）通风空调系统的管道、防烟与排烟系统的管道穿过防火墙、防火隔墙、楼板、建筑变形缝处，建筑内未按防火分区独立设置的通风空调系统中的竖向风管与每层水平风管交接的水平管段处，均应采取防止火灾通过管道蔓延至其他防火分隔区域的措施。

十、中庭

中庭是建筑中贯通多层的室内大厅形成的一种共享空间。中庭贯通数个楼层，甚至从首层直通顶层，四周与建筑物各楼层的廊道、营业厅、窗口等直接连通。建筑内连通上下楼层的开口破坏了防火分区的完整性，导致火灾在多个区域和楼层蔓延发展。火灾时这些开口是火灾竖向蔓延的主要通道，火势和烟气会从开口部位侵入上下楼层，对人员疏散和火灾控制带来困难。

建筑内部形态多样，应结合建筑功能需求和防火安全要求防止火灾和烟气通过中庭蔓延，应对中庭采取防火分隔，一般将中庭单独作为一个独立的防火单元。

建筑内设置中庭时，其防火分区的建筑面积应按上下层相连通的建筑面积叠加计算；当叠加计算后的建筑面积大于防火分区规定时，应符合下列规定（图5-22）：

（1）与周围连通空间应进行防火分隔。

1）采用防火隔墙时，其耐火极限不应低于1.00h。

2）采用防火玻璃墙时，其耐火隔热性和耐火完整性不应低于1.00h；采用耐火完整性

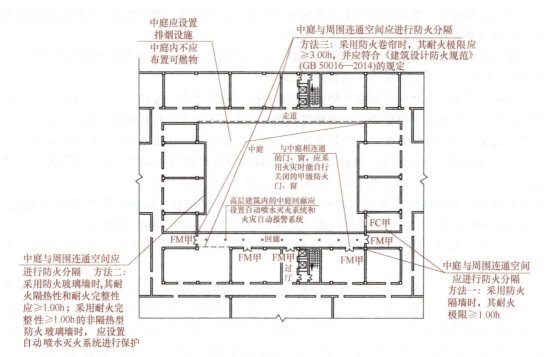

图 5-22　中庭平面布置示意

不低于 1.00h 的非隔热型防火玻璃墙时，应设置自动喷水灭火系统进行保护。

3）采用防火卷帘时，其耐火极限不应低于 3.00h，并应符合《建筑设计防火规范》（GB 50016—2014）的规定。

4）与中庭相连通的门、窗，应采用火灾时能自行关闭的甲级防火门、窗。

一般将中庭单独作为一个独立的防火单元。对于中庭部分的防火分隔物，推荐采用实体墙，有困难时可采用防火玻璃墙。有耐火完整性和耐火隔热性要求的防火玻璃墙，其耐火性能根据《镶玻璃构件耐火试验方法》（GB/T 12513—2006）进行测定。只有耐火完整性要求的防火玻璃墙，要设置自动喷水灭火系统对防火玻璃进行保护，其耐火性能可根据《镶玻璃构件耐火试验方法》（GB/T 12513—2006）进行测定。

（2）高层建筑内的中庭回廊应设置自动喷水灭火系统和火灾自动报警系统。

（3）中庭应设置排烟设施。

（4）中庭内不应布置可燃物。

靠外墙或贯通至建筑屋顶的中庭，在其每层外墙和（或）屋顶上应设置应急排烟排热设施，且该应急排烟排热设施应具有手动、联动或自动开启的功能。

十一、建筑外墙、建筑幕墙

建筑发生火灾，火势会通过建筑外墙上的开口蔓延，建筑外墙上下层开口之间应采取防止火灾沿外墙开口蔓延至建筑其他楼层内的措施。在建筑外墙上水平或竖向相邻开口之间用于防止火灾蔓延的墙体、隔板或防火挑檐等实体分隔结构，其耐火性能均不应低于该建筑外墙的耐火性能要求。住宅建筑外墙上相邻套房开口之间的水平距离或防火措施应满足防止火灾通过相邻开口蔓延的要求。

　　建筑幕墙是指由面板与支撑结构体系组成，具有规定的承载能力、变形能力和适应主体结构位移能力，不分担主体结构所受作用的建筑外围护墙体结构或装饰性结构。具有空腔结构的建筑外（幕）墙会导致外（幕）墙上下贯通，在火灾时不仅热烟和火焰局限在空腔内，而且易产生烟囱效应，甚至外（幕）墙自身燃烧并熔融滴落，使火势蔓延迅速扩大，扑救难度大。因此，要求建筑幕墙在每层楼板外沿处采取防止火灾通过幕墙空腔等构造竖向蔓延的措施。幕墙的防火分隔和封堵措施应根据不同幕墙构造和材料确定，可以按照《建筑防火封堵应用技术标准》（GB/T 51410—2020）的要求采取相应的防火封堵构造措施。

　　（1）建筑外（幕）墙上下开口之间应设置高度不小于 1.2m 的实体墙或挑出宽度不小于 1m、长度不小于开口宽度的防火挑檐（图 5-23、图 5-24）；当室内设置自动喷水灭火系统时，上下开口之间的实体墙高度不应小于 0.8m；当上下开口之间设置实体墙确有困难时，可设置防火玻璃墙，但高层建筑的防火玻璃墙的耐火完整性不应低于 1.00h，多层建筑防火玻璃墙的耐火完整性不应低于 0.50h，外窗的耐火完整性不应低于防火玻璃墙的耐火完整性要求。防火玻璃墙和外窗的耐火完整性都要符合要求，耐火完整性按照《镶玻璃构件耐火试验方法》（GB/T 12513—2006）进行测定。

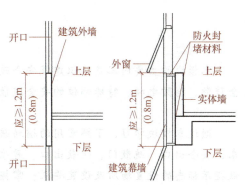

图 5-23　建筑外墙防火分隔示意（一）

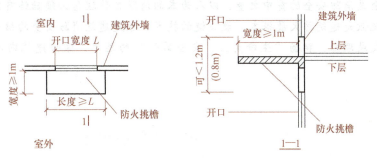

图 5-24　建筑外墙防火分隔示意（二）

　　（2）住宅内着火后，在窗户开启或窗户玻璃破碎的情况下，火焰将从窗户蔓延出并向上卷吸，因此着火房间的同层相邻房间受火的影响要小于着火房间的上一层房间。此外，当火焰在环境风的作用下偏向一侧时，住宅户与户之间凸出外墙的隔板可以起到很好的阻火隔热作用，效果要优于外窗之间设置的墙体。根据火灾模拟分析显示，当住宅户与户之间设置凸出外墙的隔板或在外窗之间设置不燃性墙体时，能够阻止火势向相邻住户蔓延。《建筑设计防火规范》（GB 50016—2014）要求住宅建筑外墙上相邻户开口之间的墙体宽度不应小于 1m；小于 1m 时，应在开口之间设置凸出外墙不小于 0.6m 的隔板。

　　（3）实体墙、防火挑檐和隔板的耐火极限和燃烧性能，均不应低于相应耐火等级建筑外墙的要求。幕墙与每层楼板、隔墙处的缝隙应采用防火封堵材料封堵。

模块六

建筑安全疏散与避难设施

> **模块概述：**
> 　　本模块的主要内容是认识建筑安全疏散与避难设施、工业建筑安全疏散、民用建筑安全疏散、消防电梯、特殊部位的安全疏散。
>
> **知识目标：**
> 　　通过本模块学习，了解常用的辅助疏散设施；熟悉工业与民用建筑安全疏散的距离要求，安全出口、疏散门、疏散出口、避难走道、避难层的概念及设置要求，应急照明、疏散指示标志的设置场所及设置要求；掌握不同场所疏散人数的确定方法，疏散楼梯间的形式及防火设计要求。
>
> **素养目标：**
> 　　人身安全是消防安全的重中之重，以人为本的消防工作理念必须始终贯穿于整个消防工作，安全疏散是建筑防火最根本、最关键的技术，也是建筑消防安全的核心内容。我们要树立安全发展理念，弘扬"生命至上、安全第一"的思想，保证建筑内人员在火灾情况下的安全。

单元一　建筑安全疏散概述

　　安全疏散是建筑消防安全的一项重要内容，对于确保火灾中人员的生命安全具有重要作用。进行安全疏散设计时应根据建筑物的高度、规模、使用性质、耐火等级和人们在火灾事故时的心理状态与行为特点，确定安全疏散基本参数，合理设置安全疏散和避难设施，如疏散走道、疏散楼梯及楼梯间、避难层（间）、疏散门、疏散指示标志等，为人员的安全疏散创造有利条件。安全疏散基本参数是建筑安全疏散设计的重要依据，它主要包括人员密度计算、疏散宽度指标、疏散距离指标等参数。其中，影响公共建筑疏散设计指标的主要因素是人员密度，它决定了安全疏散的宽度。

　　安全疏散是一个涉及建筑结构、火灾发展过程、建筑消防设施配置和人员行为等多种基本因素的复杂问题。安全疏散的目标就是要保证建筑内人员疏散完毕的时间小于火灾发展到危险状态的时间。

　　建筑安全疏散技术的重点是：建筑疏散出口的数量、位置和宽度，疏散楼梯（间）的形式和宽度，避难设施的位置和面积等，应与建筑的使用功能、火灾危险性、耐火等级、高度或层数、埋深、面积、人员密度，以及人员特性等相适应。疏散出口的数量、位置和宽度，疏散距离，疏散楼梯的形式，疏散走道、疏散楼梯间和避难区域的防火防烟性能等，对于保证人员安全疏散与避难至关重要，而这些与建筑的高度、层数或防火分区、房间的大小及内部布置，室内空间高度和火灾荷载等关系密切。建筑的疏散和避难设施应依据区域内使用人员的特性、平面布置、疏散规划，并结合上述因素合理确定，使之在火灾时能为人员疏散和避难提供安全保障，满足人员安全疏散和避难的要求。

一、安全疏散的概念

安全疏散是指建筑发生火灾时，确保建筑内所有人员及时撤离建筑物，到达安全地点的措施。

建筑物发生火灾时，为避免室内人员因火烧、缺氧窒息、烟雾中毒和房屋倒塌造成伤害，要尽快疏散人员、转移室内物资和财产，以减少火灾造成的损失；另外，消防人员必须迅速赶到火灾现场进行灭火救援行动。这些行动都必须借助于建筑物内的安全疏散设施来实施。

通过建筑火灾统计分析可知，凡造成重大人员伤亡的火灾，大部分是因为没有可靠的安全疏散设施或管理不善，人员不能及时疏散到安全区域造成的。有的疏散楼梯不封闭、不防烟；有的疏散出口数量少，疏散宽度不够；有的将安全出口上锁、堵塞疏散通道；有的缺少火灾事故照明和疏散指示标志。可见，根据不同使用性质、不同火灾危险性的建筑物，合理设置安全疏散设施，为建筑物内人员和物资的安全疏散提供条件，是建筑防火设计的重要内容，应当引起重视。

二、影响安全疏散的因素

影响安全疏散的因素包括人员因素和环境因素。

（一）人员因素

1. 火灾时人员的疏散阶段

（1）察觉。这一阶段包含从火灾发生一直到人员感受到外部刺激或信号的时间，那些刺激或者信号能告诉人们有异常情况发生。这种刺激或信号可能来自闻到烟味、听见或者看见火灾、自动报警系统或他人传来的信息等。在许多案例中，察觉的时间有时会很长，尤其是在没有安装自动报警系统的建筑中。在随后的疏散或者在选择行动的过程中，人员会接受新的信号和采取新的行动。

（2）反应。反应阶段就是从开始意识到火灾发生到采取一些行动所花费的时间。首先，人员感受到的刺激或信号必须被识别。然后，对这些刺激或信号产生采取某个行动的冲动，即人员决定做点什么。采取的行动可能是要去调查发生了什么事情，即寻找更进一步的信息，也可能去试图灭火、帮助他人、抢救财产、通知消防队、离开建筑物，或者是忽视危险。在反应阶段所花的时间通常要比察觉和移动阶段长，这意味着预测和控制这个阶段是非常重要的。

（3）移动。移动阶段就是人们离开起火建筑物进行疏散的阶段。这里所说的"移动"实际上叫作"疏散"，不过在此处，"疏散"的意思是指从火灾发生一直到人员安全离开建筑物的整个过程。不同人之间的行走速度有差异，并且某些人甚至会需要他人的帮助，例如

残疾人和老人，这可能会影响预测。

2. 火灾时人的心理与行为

建筑物发生火灾时，被困人员处于生命攸关的紧急时刻，往往因心理状态不够冷静而失去应有的判断力，常常会做出如下行动：

（1）冲向经常使用的出入口和楼梯，在逃生路上如遇烟火便本能地带着恐惧的心情寻求其他退路。

（2）习惯于冲向明亮的方向和开阔空间。人们具有朝着光明处运动的习性，以明亮的方向为行动目标。如从房间内出来后走廊里充满了烟雾，这时如果一个方向黑暗，另一个方向明亮，人们必然就向明亮的方向冲去。有时，也会因危险迫近而陷入极度慌乱之中，逃向狭小角落。在出现死亡事故的火灾中，常可以看到缩在房间、厕所或者头插进橱柜而死亡的例子。

（3）对烟火怀有恐惧心理，越慌乱越容易追随他人的行动。对红色火焰怀有恐惧心理是人们的习性，一旦被烟火包围则不知所措，因此即使在安全之处，发现他人有行动，便马上追随。

（4）紧急情况下能发挥出意想不到的力量。在紧急情况下，失去了正常的理智，求生欲望使其全部精力集中应付紧急情况，发挥平时预想不到的力量。如遇火灾时，可移动平时搬不动的重物，或从高处往下跳，这样往往会造成难以预料的结果。

（二）环境因素

1. 起火后火焰辐射热、烟气和烟尘颗粒对人的威胁

火灾时，受火焰辐射热及高温烟气作用，环境温度可高达数百摄氏度，对人员产生很大影响。研究表明，当人体摄入大量热量时，血压会急剧下降，毛细血管被破坏，从而导致血液循环系统发生破坏；另一方面，在高温作用下，人会心跳加速、大量出汗，严重时会因脱水而死亡。

火灾中产生的烟气，不仅会引起人员的中毒和窒息，而且大量的烟雾及烟尘颗粒的弥漫，会使疏散人员的行动和能见距离受到严重妨碍，导致人员辨认目标的能力大大降低，并使事故照明和疏散标志的作用减弱，使人员在疏散时往往看不清周围的环境，甚至辨认不清疏散方向，找不到安全出口。当能见距离降到 3m 以下时，逃离火场就十分困难了。

2. 建筑结构的倒塌破坏

在火灾中，由于受到燃烧、高温的作用，建筑结构会发生倒塌的现象。建筑结构的倒塌破坏，不仅会造成巨大的物质损失，还会造成人员的严重伤亡。例如，木结构建筑遇火后，表面被烧蚀，使构件承载强度降低，截面面积减少，从而不能承受荷载而倒塌。对建筑构件而言，耐火性能好，倒塌的可能性就小，允许人员全部、安全地离开建筑物的疏散时间就越长。例如影剧院观众厅，由于建筑材料的条件决定了顶棚的耐火极限只有 0.25h，它限定了允许疏散时间不能超过这个极限所规定的时间要求。

上述两个方面情况，在火灾发生时，都会影响人们的安全疏散。鉴于火灾发生的同时，也伴随产生有毒烟气、高热、缺氧现象，产生这些现象的时间一般比构件达到耐火极限的时间要短，所以在确定建筑物允许疏散时间时，首先考虑的是火场上烟气中毒的因素。另外，考虑到人们发现火灾时，往往不是火的开始燃烧阶段，而是火势已扩大到一定的燃烧程度，再综合考虑人们火灾时的心理状态与行动，以此来确定安全疏散的允许时间。

三、安全疏散的允许时间

安全疏散的允许时间是指建筑物发生火灾时，人员离开着火建筑物到达安全区域的时间。安全疏散的允许时间是确定安全疏散距离、安全通道宽度、安全出口数量的重要依据。在进行安全疏散设计时，实际疏散时间应小于或等于允许疏散时间。

建筑物内总疏散时间可用下式计算：

$$t = t_1 + L_1/v_1 + L_2/v_2 \leqslant 允许疏散时间$$

式中　t——建筑物内总疏散时间（min）；

t_1——从房间内最远点到房间门的疏散时间（min），假定房间内最远点距房间门为15m，那么像办公室一类人数较少的房间，疏散速度取自由行走时的速度60m/min，此时 $t_1 = (15/60) \text{min} = 0.25 \text{min}$；像教室一类人员较密集的场所，疏散速度取22m/min，此时 $t_1 = (15/22) \text{min} = 0.7 \text{min}$；

L_1——从房间门到出口或到楼梯间的最大允许距离（m）（位于两个楼梯间之间的走道距离，当其中一个楼梯附近的走道被火封住时，走道距离可近似取两个楼梯间之间的距离）；

v_1——人员在走道上行走的速度（m/min），密集人流的疏散速度为22m/min；

L_2——最高层的人从楼梯下来行走的距离（m）（包括两部分：一部分为各层楼梯水平长度的总和；另一部分为各层休息平台的转弯长度）；

v_2——人员下楼梯的速度（m/min），一般取值为15m/min。

建筑内的允许疏散时间，就是保证人们安全地完全离开建筑物的时间。建筑发生火灾时，人员疏散越快，造成的伤亡就会越少。因此，需要有一定的时间，使人员在建筑物顶棚塌落、烟气中毒等有害因素达到致命的程度以前疏散出去。

四、安全疏散线路及设施布置要求

人员的疏散线路一般是着火房间→房间门口→楼梯间入口→楼梯间出口→室外安全区域。安全疏散线路及设施的设计要满足人员在火灾状态下的疏散要求，在进行安全疏散线路及设施布置时应符合下列要求：

（1）双向疏散原则。疏散出口和疏散楼梯的设置位置，一般应能使人员在一个楼层、一个区域、一个房间、一个走道具有2个及以上的疏散方向和出口；尽量避免设置袋形走道。袋形走道是指只有一个出入口的走道，形如口袋，这种走道容易导致误入其中的人员在疏散过程中增加与袋形走道等长甚至更长的疏散距离。

（2）合理布置疏散线路。合理的疏散线路是指火灾时紧急疏散的线路越来越安全。就是说，应该做到人们从着火房间或部位跑到公共走道，再由公共走道到达疏散楼梯间，然后由疏散楼梯间到达室外或其他安全处，一步比一步安全。疏散出口、疏散走道的宽度沿疏散方向不应小于所经过的出口、走道的宽度。例如，当人员从房间的疏散门出来后，疏散走道的宽度应根据走道的长度和同时进入走道内的人数经计算确定，保证该走道具有足够的人员容量，且疏散走道的宽度不应小于连通该走道的任一疏散门的宽度。

（3）疏散线路设计要符合人们的习惯要求。人们在紧急情况下，习惯走平常熟悉的线路，因此在布置疏散楼梯的位置时，应将其靠近经常使用的电梯间布置，使经常使用的线路与火灾时紧急疏散的线路有机地结合起来，以利于迅速而安全地疏散人员。此外，要利用明显的标志引导人们走向安全的疏散线路。

（4）疏散路径的构成应简单明了、通畅，少曲折，尽量避免在疏散走道和出入口处设置台阶，不应设置影响人员安全疏散或减小疏散宽度的凸出物。疏散行动是在周围环境和人的心理都处于异常状态下进行的，疏散设施的设置必须以这种异常状态为基础，尽量使疏散线路顺直，避免多次出现弯曲的疏散走道、难以分辨位置的楼梯等。疏散线路及设施的设置应考虑如何有效地防止人员在拥挤和跟随情况下发生意外，尽可能通过设置疏散标志来改善疏散条件。在疏散走道、疏散楼梯间内要避免使柱体凸出墙面，不应放置固定或移动的大型物体或设备等。

（5）合理设置各种安全疏散设施，做好构造设计。例如疏散楼梯，要确定好数量、布置位置、形式等，其防火分隔、楼梯宽度以及其他构造都要满足规范的要求，确保其在建筑发生火灾时充分发挥作用，保证人员疏散安全。

五、疏散出口与安全出口

疏散出口是建筑内用于火灾时人员离开火场逃生并符合一定要求的出口，包括房间疏散门和安全出口。房间疏散门是建筑内的房间直接开向疏散走道的门，当房间疏散门直接通向室外时，可以按照安全出口考虑，并应符合安全出口的设置要求。对于设置套房的房间，内部套房的门不能计作该房间的疏散门。

安全出口是指供人员安全疏散用的楼梯间、室外楼梯的楼层出入口，或直通室内外疏散安全区的出口。安全出口是建筑室内人员疏散进入室内外疏散安全区的最后节点，合理设置的安全出口能够提高人员在火灾时疏散的安全性。

疏散出口不一定是安全出口，安全出口是通向防火性能更高区域的疏散出口，是疏散出口的一种，主要针对建筑中的一个楼层或一个独立的防火分区而言。例如，一座3层的办公楼，在首层设置了一间大会议室，在其他楼层设置了办公室，则首层大会议室直通室外的疏散出口既是会议室的安全出口，又是会议室的疏散出口，而各层办公室通向疏散走道的房间门就只是这些房间的疏散出口，而不是安全出口。2层和3层经疏散走道通向疏散楼梯间处的入口则是该楼层的安全出口。又如，一座3层的商店建筑，2层营业厅设置了4个出口，每个出口均直接通向封闭楼梯间，则这4个出口既是该营业厅的安全出口，又是其疏散出口。

疏散出口的位置、数量、宽度对于人员的安全疏散至关重要，与建筑的使用功能、火灾危险性、耐火等级、高度或层数、埋深、面积、人员密度，以及人员特性等有密切影响，设计时应区别对待。需充分考虑区域内使用人员的特性，合理确定相应的疏散设施，为人员疏散提供安全的条件。

（一）疏散出口的布置原则

1. 建筑中的疏散出口的宽度和数量

建筑中的疏散出口应分散布置，房间疏散门应直接通向安全出口，不应经过其他房间。疏散出口的宽度和数量应满足人员安全疏散的要求。各层疏散楼梯的净宽度应符合下列规定：

（1）对于建筑的地上楼层，各层疏散楼梯的净宽度均不应小于其上部各层中要求疏散净宽度的最大值。

（2）对于建筑的地下楼层或地下建筑、平时使用的人民防空工程，各层疏散楼梯的净宽度均不应小于其下部各层中要求疏散净宽度的最大值。

一个区域设置多个疏散出口时，要求分散布置，以保证火灾时人员具有多个不同方向的疏散路径。多个楼层的建筑，无论位于地上还是地下，建筑各层的用途和使用人数可能各不相同，各层所需的疏散宽度会有所差异。因此，沿人员疏散顺序使用的疏散楼梯，从楼层的安全出口开始到楼梯间再到下一层（或上一层）楼梯间，每一层疏散楼梯的宽度均应依次不小于前者，以确保人员疏散过程中不会发生拥堵而延误安全疏散时间。

2. 建筑中的最大疏散距离

疏散距离是保证人员疏散安全和疏散出口合理分布的基本要素，疏散距离越短，人员的疏散过程越安全。疏散距离是指建筑中某一区域或房间内任一点到最近房间疏散出口的距离，是用于控制建筑中特定区域疏散门合理设置的一个重要参数。疏散距离对人员疏散所需时间、人员的疏散安全性有很大影响，建筑中任一区域或房间的疏散距离均应满足人员安全疏散的需要。

建筑中的最大疏散距离应根据建筑的耐火等级、火灾危险性、空间高度、疏散楼梯（间）的形式和使用人员的特点等因素确定，并应符合下列规定：

（1）疏散距离应满足人员安全疏散的要求。

（2）房间内任一点至房间疏散门的疏散距离，不应大于建筑中位于袋形走道两侧或尽端房间的疏散门至最近安全出口的最大允许疏散距离。这里所说的房间不包括具有 2 个及以上安全出口的展览厅、营业厅、观众厅、开敞办公区、候车厅等类似场所，以及生产厂房中的生产车间和仓库建筑中的库房。

疏散距离的确定既要考虑人员疏散的安全，也要兼顾建筑功能、空间高度和平面布置的要求，不同火灾危险性场所、不同耐火等级建筑可以有所区别。建筑中的最大疏散距离的校核也是确定疏散出口数量的重要依据。

（二）疏散楼梯的布置原则

1. 平面布置

为了提高疏散楼梯的安全可靠程度，在进行疏散楼梯的平面布置时，应满足下列防火要求：

（1）疏散楼梯宜设置在标准层（或防火分区）的两端，以便于为人们提供两个不同方向的疏散线路。

（2）疏散楼梯宜靠近电梯设置。发生火灾时，人们习惯于利用经常走的疏散线路进行疏散，而电梯则是人们经常使用的垂直交通运输工具，靠近电梯设置疏散楼梯，可将常用疏散线路与紧急疏散线路相结合，有利于人们迅速进行疏散。如果电梯厅为开敞式，为避免因高温烟气进入电梯井而切断通往疏散楼梯的通道，两者之间应进行防火分隔。

（3）疏散楼梯宜靠外墙设置。这种布置方式有利于采用带开敞前室的疏散楼梯间，同时也便于自然采光、通风和进行火灾的扑救。

2. 竖向布置

（1）疏散楼梯应保持上下畅通。高层建筑的疏散楼梯宜通至平屋顶，以便向下疏散的道路发生堵塞或被烟气切断时，人员能上到屋顶暂时避难，等待消防部门利用登高车或直升机进行救援。

（2）应避免不同的人流线路相互交叉。高层主体建筑的疏散楼梯不宜和裙房合用，以免紧急疏散时人流发生冲突，引起堵塞和意外伤亡。

（三）疏散门的布置

疏散门是人员安全疏散的主要出口，规定疏散门的形式和基本性能要求非常重要，以避免疏散门设置不合理导致人员受阻或不能安全疏散。建筑中的人员在火灾时的疏散时间主要取决于所在场所的人员密度和人群通过疏散门的时间，并且大多数情况下受制于人群通过疏散门的时间。疏散门的基本功能和性能要求，应确保人员能够快速通过疏散门，并且不会因疏散门设置不合理导致人员疏散受阻、拥挤，甚至发生人身伤害事故。

1. 疏散门的形式与开启方向

除设置在丙、丁、戊类仓库首层靠墙外侧的推拉门或卷帘门可用于疏散门外，疏散出口门应为平开门或在火灾时具有平开功能的门，且下列场所或部位的疏散出口门应向疏散方向开启：

（1）甲、乙类生产场所。

（2）甲、乙类物质的储存场所。

（3）平时使用的人民防空工程中的公共场所。

（4）其他建筑中使用人数大于60人的房间或每樘门的平均疏散人数大于30人的房间。

（5）疏散楼梯间及其前室的门。

（6）室内通向室外疏散楼梯的门。

2. 疏散门的基本性能要求

疏散门应能在关闭后从任何一侧手动开启。开向疏散楼梯（间）或疏散走道的疏散门在完全开启时，不应减少楼梯平台或疏散走道的有效净宽度。除住宅的户门可不受限制外，建筑中控制人员出入的闸口和设置门禁系统的疏散门应具有在火灾时自动释放的功能，且人员不需使用任何工具即能容易地从内部打开，在门内一侧的显著位置应设置明显的标识。

六、疏散楼梯间

普通电梯没有采取有效的防火防烟措施，当建筑物发生火灾时，供电中断，一般会停止运行，上部楼层的人员只有通过楼梯才能疏散到建筑物的外边，此时楼梯成为最主要的垂直疏散设施，是安全疏散的重要通道。疏散楼梯间防火和疏散能力的大小，直接影响着人员的生命安全与消防队员的救灾工作。因此，进行建筑防火设计时，应根据建筑物的使用性质、高度、层数，选择符合防火要求的疏散楼梯，为安全疏散创造有利条件。疏散楼梯间根据其封闭情况和防烟性能可以分为敞开楼梯间、封闭楼梯间、防烟楼梯间；根据其设置位置可以分为室内疏散楼梯间和室外楼梯。疏散楼梯根据其构造可以分为多跑楼梯和单跑楼梯。

（一）室内疏散楼梯间

室内疏散楼梯间是建筑内人员疏散和消防救援的主要竖向通道，应防止在楼梯间内发生火灾或火灾通过楼梯间蔓延。凡可能引发火灾或影响人员安全疏散的设施均不应设置在楼梯间内。室内疏散楼梯间应符合下列规定：

（1）室内疏散楼梯间内不应设置烧水间、可燃材料储藏室、垃圾道及其他影响人员疏散的凸出物或障碍物。

（2）室内疏散楼梯间内不应设置或穿过甲、乙、丙类液体管道。

（3）在住宅建筑的室内疏散楼梯间内设置可燃气体管道和可燃气体计量表时，应采用敞开楼梯间，并应采取防止燃气泄漏的防护措施；其他建筑的室内疏散楼梯间及其前室内不应设置可燃或助燃气体管道。

（4）室内疏散楼梯间及其前室与其他部位的防火分隔不应使用卷帘。

（5）除室内疏散楼梯间及其前室的出入口、外窗和送风口，住宅建筑室内疏散楼梯间前室或合用前室内的管道井检查门外，室内疏散楼梯间及其前室或合用前室内的墙上不应设置其他门、窗等开口。

（6）自然通风条件不符合防烟要求的封闭楼梯间，应采取机械加压防烟措施或采用防烟楼梯间。

（7）防烟楼梯间前室的使用面积，公共建筑、高层厂房、高层仓库、平时使用的人民防空工程及其他地下工程，不应小于 $6m^2$；住宅建筑，不应小于 $4.5m^2$。与消防电梯前室合用的防烟楼梯间前室的使用面积，公共建筑、高层厂房、高层仓库、平时使用的人民防空工程及其他地下工程，不应小于 $10m^2$；住宅建筑，不应小于 $6m^2$。

（8）室内疏散楼梯间及其前室的开口与建筑外墙上的其他相邻开口最近边缘之间的水平距离不应小于1m。当距离不符合要求时，应采取防止火势通过相邻开口蔓延的措施。

（9）通向避难层的疏散楼梯应使人员在避难层处必须经过避难区上下。除通向避难层的疏散楼梯外，疏散楼梯（间）在各层的平面位置不应改变或应能使人员的疏散线路保持连续。

（二）敞开楼梯间

敞开楼梯间是指在楼梯周围具有三面封闭围护、一面开敞的楼梯间，开敞面与疏散走道等直接相通。这种楼梯间可以充分利用天然采光和自然通风，人员疏散直接，但也是火势和烟气在建筑内蔓延的竖向通道之一，主要用于火灾危险性较低的多层建筑。敞开楼梯间应注意与敞开楼梯区别。敞开楼梯是开口宽度较大，或楼梯周围两面及以上无分隔墙体，或围护结构不符合防火要求的楼梯。除室外楼梯外，敞开楼梯不能用作建筑的室内疏散楼梯。敞开楼梯间示意图如图6-1所示。

（三）封闭楼梯间

1. 封闭楼梯间的概念

封闭楼梯间是在楼梯间入口处设置门，以防止火灾的烟和热气进入的楼梯间（图6-2）。

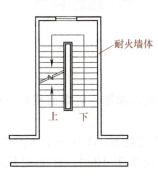

图6-1 敞开楼梯间示意

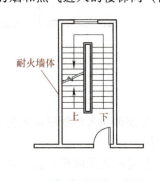

图6-2 封闭楼梯间示意

封闭楼梯间在楼层入口处应设置防烟门，故楼梯间具有一定的防烟性能。封闭楼梯间入口处的防烟门可以为防火门，也可以为双向弹簧门。对于高层建筑（包括工业建筑和民用建筑），人员密集的公共建筑，甲、乙类厂房，人员密集的丙类厂房，封闭楼梯间的防烟门应为乙级防火门。

2. 封闭楼梯间的设置要求

封闭楼梯间应符合疏散楼梯的一般条件，同时还应符合下列规定：

（1）当不能天然采光和自然通风时，应按防烟楼梯间的设置要求设置。

（2）封闭楼梯间的顶棚、墙面和地面的装修材料必须采用不燃烧材料。

（3）除楼梯间的门之外，封闭楼梯间的内墙上不应开设其他门窗洞口。

（4）高层民用建筑封闭楼梯间的首层，可将走道和门厅等包括在封闭楼梯间内，形成扩大的封闭楼梯间，但应采用乙级防火门等措施与其他走道和房间隔开。

（5）高层民用建筑、高层厂房（仓库）、人员密集的公共建筑、人员密集的多层丙类厂房设置封闭楼梯间时，通向楼梯间的门应采用乙级防火门，并应向疏散方向开启；其他建筑封闭楼梯间的门可采用双向弹簧门。

（6）高层民用建筑的封闭楼梯间应靠外墙，并应直接天然采光和自然通风，当不能直接天然采光和自然通风时，应按防烟楼梯间的规定设置。

（四）防烟楼梯间

1. 防烟楼梯间的概念

防烟楼梯间是指在入口处设置防烟前室、开敞式阳台或凹廊（统称前室）等设施，且通向前室和楼梯间的门均为防火门，以防止火灾的烟和热气进入的楼梯间。其形式一般为带封闭前室或合用前室的防烟楼梯间，用阳台作前室的防烟楼梯间，用凹廊作前室的防烟楼梯间等，如图6-3所示。其防烟形式有自然防烟、机械正压防烟。

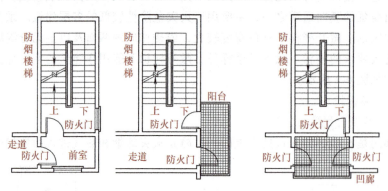

图 6-3 防烟楼梯间示意

2. 防烟楼梯间的设置要求

（1）在楼梯间入口处应设置防烟前室、开敞式阳台或凹廊等；防烟前室可与消防电梯间前室合用。

（2）前室的使用面积：公共建筑，不应小于 $6m^2$；住宅建筑，不应小于 $4.5m^2$。合用前室的使用面积：公共建筑、高层厂房和高层仓库，不应小于 $10m^2$；住宅建筑，不应小于 $6m^2$。

（3）通向前室和楼梯间的门应采用乙级防火门，并向疏散方向开启，以确保前室和楼梯间抵御火灾的能力，保障人员疏散的安全性和可靠性。

（4）防烟楼梯间前室的内墙上，除在同层开设通向公共走道的疏散门外，不应再开设其他门窗洞口。

（5）楼梯间的首层可将走道和门厅等包括在楼梯间前室内，形成扩大的防烟前室，但应采用乙级防火门等措施与其他走道和房间隔开。

（6）当不能天然采光和自然通风时，楼梯间应按规定设置防烟或排烟设施和消防应急照明设施。

（7）楼梯间和前室的顶棚、墙面和地面的装修材料必须采用不燃烧材料。

（8）楼梯间及前室内不应附设烧水间、可燃材料储藏室、非封闭的电梯井；严禁敷设可燃气体管道和甲、乙、丙类液体管道，并不应有影响疏散的凸出物。

（五）室外楼梯

室外楼梯是指用耐火结构与建筑物分隔，设在墙外的楼梯，如图6-4所示。室外楼梯设置应避免倾斜角度过大、楼梯过窄或栏杆扶手过低导致不安全，防止火焰从门内窜出而将楼梯烧坏或烟气直接作用于楼梯，影响人员疏散。室外楼梯主要用于辅助人员的应急逃生和消防员直接从室外进入建筑物，到达着火层开展消防救援。

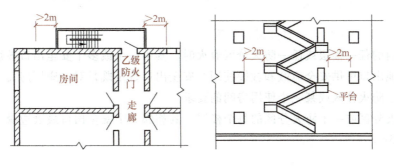

图6-4 室外楼梯

室外楼梯应符合下列规定：

（1）室外楼梯的栏杆扶手高度不应小于1.1m，倾斜角度不应大于45°。

（2）除3层及3层以下建筑的室外楼梯可采用难燃性材料或木结构外，室外楼梯的梯段和平台均应采用不燃材料。

（3）除疏散门外，楼梯周围2m内的墙面上不应设置其他开口，疏散门不应正对梯段。

（六）剪刀楼梯

剪刀楼梯，又名叠合楼梯或套梯，如图6-5所示，它是在同一个楼梯间内设置了两部相互重叠的疏散楼梯。剪刀楼梯一般有单跑式和双跑式两种。剪刀楼梯的主要特点是：同一楼梯间内设有两部疏散楼梯，并构成两个出口，有利于在较为狭窄的空间内组织双向疏散；但因为剪刀楼梯的两部疏散通道处在同一空间内，所以只要有一个出口进烟，就会使整个楼梯间充满烟气，影响人员的安全疏散。

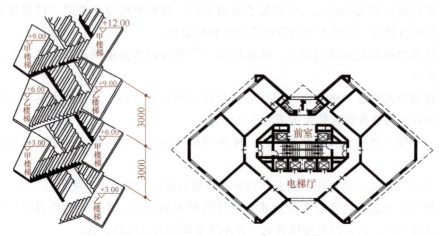

图 6-5　剪刀楼梯示意

单元二　工业建筑安全疏散

一、厂房的安全疏散

（一）厂房的安全出口设置位置和数量

建筑物内的任一楼层或任一防火分区着火时，其中一个或多个安全出口被烟火阻挡，仍要保证有其他出口可供安全疏散和救援使用。安全出口数量既是对一座厂房而言的，也是对厂房内任一个防火分区或某一个使用房间的要求。

每个防火分区或一个防火分区的每个楼层，其相邻 2 个安全出口最近边缘之间的水平距离不应小于 5m。

（二）厂房设置安全出口的要求

厂房内每个防火分区至少有 2 个安全出口，以确保人员在其中一个出口不可用时仍具有其他路径和出口可以疏散，这是保证人员疏散安全的基本要求。安全出口的数量和具体设置位置，还需要根据疏散距离和疏散宽度等经计算后合理确定。厂房中符合下列条件的每个防火分区或一个防火分区的每个楼层，安全出口不应少于 2 个：

（1）甲类地上生产场所，一个防火分区或楼层的建筑面积大于 100m^2 或同一时间的使用人数大于 5 人。

（2）乙类地上生产场所，一个防火分区或楼层的建筑面积大于 150m^2 或同一时间的使用人数大于 10 人。

（3）丙类地上生产场所，一个防火分区或楼层的建筑面积大于 250m^2 或同一时间的使用人数大于 20 人。

（4）丁、戊类地上生产场所，一个防火分区或楼层的建筑面积大于 400m^2 或同一时间的使用人数大于 30 人。

（5）丙类地下或半地下生产场所，一个防火分区或楼层的建筑面积大于 50m^2 或同一时间的使用人数大于 15 人。

（6）丁、戊类地下或半地下生产场所，一个防火分区或楼层的建筑面积大于 $200m^2$ 或同一时间的使用人数大于 15 人。

以上规定均针对不同类别火灾危险性的生产场所，确定了其中一个防火分区、只划分一个防火分区的一个楼层、多个楼层位于同一个防火分区的每个楼层安全出口的设置数量要求，而不是针对一座厂房建筑的规定，即一座具有多种不同类别火灾危险性的多层、高层生产建筑，尽管建筑的火灾危险性类别只有一种，但建筑内不同类别火灾危险性的防火分区或楼层，其安全出口仍可以根据该防火分区或楼层的实际火灾危险性类别确定。

（三）地下或半地下厂房

地下或半地下厂房（包括地下或半地下室），当有多个防火分区相邻布置，并采用防火墙分隔时，每个防火分区可利用防火墙上通向相邻防火分区的甲级防火门作为第二安全出口，但每个防火分区必须至少有 1 个直通室外的独立安全出口。

地下、半地下生产场所难以直接天然采光和自然通风，排烟困难，疏散只能通过楼梯间进行。为保证安全，避免出现出口被堵住就无法疏散的情况，要求至少设置 2 个安全出口。考虑到建筑面积较大的地下、半地下生产场所，如果要求每个防火分区均设置至少 2 个直通室外的出口可能有很大困难，所以规定至少要有 1 个直通室外的独立安全出口，另一个出口可通向相邻防火分区，但是该防火分区须采用防火墙与相邻防火分区分隔，以保证人员进入另一个防火分区后有足够安全的条件进行疏散。

（四）厂房内的最大安全疏散距离

厂房内的最大安全疏散距离见表 6-1。

表 6-1　厂房内的最大安全疏散距离　　　　　　　　　　（单位：m）

生产类别	耐火等级	单层厂房	多层厂房	高层厂房	地下、半地下厂房或厂房的地下室、半地下室
甲	一、二级	30	25	—	—
乙	一、二级	75	50	30	
丙	一、二级	80	60	40	30
	三级	60	40	—	
丁	一、二级	不限	不限	50	45
	三级	60	50	—	
	四级	50	—		
戊	一、二级	不限	不限	75	60
	三级	100	75		
	四级	60	—		

注：本表规定的疏散距离均为直线距离，即室内最远点至最近安全出口的直线距离，未考虑因布置设备而产生的阻挡，但有通道连接或墙体遮挡时，要按折线距离计算。

通常，在火灾条件下人员能安全走出安全出口，即可认为疏散成功。考虑单层、多层、高层厂房的疏散难易程度不同，不同火灾危险性类别厂房发生火灾的可能性及火灾后的蔓延和危害不同，规范分别作了不同的规定。将甲类厂房的最大疏散距离定为 30m（单层）、25m（多层），是以人的正常水平疏散速度为 1m/s 确定的。乙、丙类厂房较甲类厂房火灾危险性小，火灾蔓延速度也慢些，故乙类单层厂房的最大疏散距离定为 75m。丙类厂房中工作人员较多，人员密度一般为 2 人/m^2，疏散速度取办公室内的水平疏散速度（60m/min）和学校教学楼的水平疏散速度（22m/min）的平均速度，即（60m/min＋22m/min）÷2＝41m/min。当疏散距离为80m时（单层），疏散时间需要2min。丁、戊类厂房一般面积大、空间大，火灾危险性小，人员的可用安全疏散时间较长。因此，对一、二级耐火等级的丁、戊类单层、多层厂房的安全疏散距离未作规定；三级耐火等级的戊类单层厂房，因建筑耐火等级低，安全疏散距离限在100m。四级耐火等级的戊类单层厂房耐火等级更低，可和丙、丁类生产的三级耐火等级单层厂房相同，将其安全疏散距离定在60m。

实际火灾环境往往比较复杂，厂房内的物品和设备布置以及人在火灾条件下的心理与生理因素都对疏散有直接影响，设计师应根据不同的生产工艺和环境，充分考虑人员的疏散需要来确定疏散距离以及厂房的布置与选型，尽量均匀布置安全出口，缩短疏散距离，特别是实际步行距离。

（五）厂房疏散宽度指标

厂房疏散宽度指标见表6-2。

表6-2　厂房疏散宽度指标

厂房疏散楼梯、走道和门	层数及类别	指标
净宽度指标/（m/百人）	一、二层	0.6
	三层	0.8
	≥四层	1.0
	地下、半地下空间	1.0
最小净宽度/m	厂房内疏散门	≥0.9
	疏散走道	≥1.4
	疏散楼梯	≥1.1
	首层外门	≥1.2

注：1. 厂房内疏散楼梯、走道、门的各自总净宽度，应根据疏散人数按每100人的最小疏散净宽度不小于表中规定经计算确定。

2. 当每层疏散人数不相等时，疏散楼梯的总净宽度应分层计算，下层楼梯总净宽度应按该层及以上疏散人数最多一层的疏散人数计算。

（六）疏散楼梯类型的设置条件

高层厂房和甲、乙、丙类多层厂房的疏散楼梯应为封闭楼梯间或室外楼梯。建筑高度大于32m且任一层使用人数大于10人的厂房，疏散楼梯应为防烟楼梯间或室外楼梯。

高层厂房和甲、乙、丙类厂房火灾危险性较大，高层建筑发生火灾时，普通客（货）用电梯无防烟、防火等措施，火灾时不能用于人员疏散使用，而楼梯则成为人员的主要疏散通道。要保证疏散楼梯在火灾时的安全，不能被烟或火侵袭。对于高度较大的建筑，敞开式楼梯间具有烟囱效应，会使烟气很快通过楼梯间向上扩散蔓延，危及人员的疏散安全，同时高温烟气的流动也大大加快了火势蔓延，故在高度较大的建筑中不能使用敞开式楼梯间。

厂房与民用建筑相比，一般层高较高，四、五层的厂房，建筑高度即可达24m，而楼梯的习惯做法是敞开式。同时，考虑到有的厂房虽高，但人员不多，厂房建筑可燃装修少，故对设置防烟楼梯间的条件作了调整，即如果厂房的建筑高度低于32m，人数不足10人或只有10人时，可以采用封闭楼梯间。

（七）厂房内的疏散门

厂房内的疏散门，应采用向疏散方向开启的平开门，不应采用推拉门、卷帘门、吊门、转门和折叠门。除甲、乙类生产车间外，人数不超过 60 人且每樘门的平均疏散人数不超过 30 人的房间，其疏散门的开启方向不限；开向疏散楼梯或疏散楼梯间的门，当其完全开启时，不应减少楼梯平台的有效宽度。

（八）厂房内的疏散照明

厂房的下列场所应设置疏散照明：

（1）封闭楼梯间、防烟楼梯间及其前室、消防电梯间的前室或合用前室、避难走道、避难层（间）。

（2）人员密集厂房内的生产场所及疏散走道。

（九）灯光疏散指示标志

高层厂房和甲、乙、丙类单、多层厂房的疏散走道和安全出口，以及人员密集场所的疏散门的正上方应设置灯光疏散指示标志。

二、仓库的安全疏散

（一）仓库的安全出口设置位置和数量要求

1. 设置位置

仓库的安全出口应分散布置。每个防火分区或一个防火分区的每个楼层，其相邻 2 个安全出口最近边缘之间的水平距离不应小于 5m。

2. 设置数量要求

建筑面积大于 $300m^2$ 的地上仓库，安全出口不应少于 2 个；建筑面积大于 $100m^2$ 的地下或半地下仓库，安全出口不应少于 2 个。仓库内每个建筑面积大于 $100m^2$ 的房间的疏散出口不应少于 2 个。

（二）仓库疏散楼梯的设置形式

（1）高层仓库的疏散楼梯应为封闭楼梯间或室外楼梯。

（2）多层仓库的疏散楼梯间形式不限，但考虑到乙、丙类仓库的可燃物数量大，丁类仓库也存在一定可燃物的情况，开敞楼梯间不应直接设置在这些仓储建筑中的库房内。

（三）仓库内的疏散门

仓库内的疏散门应采用向疏散方向开启的平开门，但丙、丁、戊类仓库首层靠墙的外侧可采用推拉门或卷帘门。

单元三　民用建筑安全疏散

一、住宅建筑的安全疏散

（一）住宅建筑每个单元每层设置安全出口的数量要求

住宅建筑中符合下列条件之一的住宅单元，每层的安全出口不应少于 2 个：

（1）任一层建筑面积大于 $650m^2$ 的住宅单元。

（2）建筑高度大于 54m 的住宅单元。

（3）建筑高度不大于 27m，但任一户门至最近安全出口的疏散距离大于 15m 的住宅单元。

（4）建筑高度大于 27m、不大于 54m，但任一户门至最近安全出口的疏散距离大于 10m

的住宅单元。

（二）住宅建筑的室内疏散楼梯设置要求

住宅建筑的室内疏散楼梯应符合下列规定：

（1）建筑高度不大于 21m 的住宅建筑，当户门的耐火完整性低于 1.00h 时，与电梯井相邻布置的疏散楼梯应为封闭楼梯间。

（2）建筑高度大于 21m、不大于 33m 的住宅建筑，当户门的耐火完整性低于 1.00h 时，疏散楼梯应为封闭楼梯间。

（3）建筑高度大于 33m 的住宅建筑，疏散楼梯应为防烟楼梯间，开向防烟楼梯间前室或合用前室的户门应为耐火性能不低于乙级的防火门。

（4）建筑高度大于 27m、不大于 54m 且每层仅设置 1 部疏散楼梯的住宅单元，户门的耐火完整性不应低于 1.00h，疏散楼梯应通至屋面。

（5）多个单元的住宅建筑中通至屋面的疏散楼梯应能通过屋面连通。

（三）住宅单元剪刀楼梯间设置的条件及要求

住宅单元的疏散楼梯，当分散设置确有困难且任一户门至最近疏散楼梯间入口的距离不大于 10m 时，可采用剪刀楼梯间，但应符合下列规定：

（1）应采用防烟楼梯间。

（2）梯段之间应设置耐火极限不低于 1.00h 的防火隔墙。

（3）楼梯间的前室不宜共用；共用时，前室的使用面积不应小于 6m²。

（4）楼梯间的前室或共用前室不宜与消防电梯的前室合用；合用时，合用前室的使用面积不应小于 12m²，且短边不应小于 2.4m。

（5）当两部剪刀楼梯间共用前室时，进入剪刀楼梯间前室的入口应该位于不同方位，不能通过同一个入口进入共用前室，入口之间的距离仍要不小于 5m；在首层的对外出口，要尽量分开设置在不同方向。当首层的公共区无可燃物且首层的户门不直接开向前室时，剪刀楼梯间在首层的对外出口可以共用，但宽度需满足人员疏散的要求。

（四）住宅建筑的安全疏散距离

（1）直通疏散走道的户门至最近安全出口的直线距离不应大于表 6-3 的规定。

表 6-3　住宅建筑直通疏散走道的户门至最近安全出口的直线距离　（单位：m）

住宅建筑类别	位于两个安全出口之间的户门			位于袋形走道两侧或尽端的户门		
	一、二级	三级	四级	一、二级	三级	四级
单、多层	40	35	25	22	20	15
高层	40	—	—	20	—	—

注：1. 开向敞开式外廊的户门至最近安全出口的最大直线距离可按本表的规定增加 5m。
  2. 直通疏散走道的户门至最近敞开楼梯间的直线距离，当户门位于两个楼梯间之间时，应按本表的规定减少 5m；当户门位于袋形走道两侧或尽端时，应按本表的规定减少 2m。
  3. 住宅建筑内全部设置自动喷水灭火系统时，其安全疏散距离可按本表及注 1 的规定增加 25%。
  4. 跃廊式住宅的户门至最近安全出口的距离，应从户门算起，小楼梯的一段距离可按其水平投影长度的 1.5 倍计算。

（2）楼梯间应在首层直通室外，或在首层采用扩大的封闭楼梯间或防烟楼梯间前室。层数不超过 4 层时，可将直通室外的门设置在离楼梯间不大于 15m 处。

（3）户内任一点至直通疏散走道的户门的直线距离不应大于袋形走道两侧或尽端的疏散门至最近安全出口的最大直线距离。

跃层式住宅，户内楼梯的距离可按其梯段水平投影长度的 1.5 倍计算。

（五）住宅建筑户门、安全出口、疏散走道和疏散楼梯的净宽度

住宅建筑户门、安全出口、疏散走道和疏散楼梯的净宽度应经计算确定。一般情况下，住宅建筑中直通室外地面的住宅户门的净宽度不应小于 0.8m；当住宅建筑高度不大于 18m 且一边设置栏杆时，室内疏散楼梯的净宽度不应小于 1m，其他住宅建筑室内疏散楼梯的净宽度不应小于 1.1m；住宅疏散走道、首层疏散外门的净宽度均不应小于 1.1m。

（六）住宅建筑有关避难设施的防火设置要求

（1）建筑高度大于 100m 的住宅建筑应设置避难层，并应符合《建筑设计防火规范》（GB 50016—2014）的要求。

（2）建筑高度大于 54m 的住宅建筑，每户应有一间房间符合下列规定：

1）应靠外墙设置，并应设置可开启外窗。

2）内外墙体的耐火极限不应低于 1.00h，该房间的门宜采用乙级防火门，外窗宜采用耐火完整性不低于 1.00h 的防火窗。

（七）住宅建筑消防应急照明

1. 疏散照明

建筑高度大于 27m 的住宅建筑，其封闭楼梯间、防烟楼梯间及其前室、消防电梯间的前室或合用前室、避难走道、避难层（间），应设置疏散照明。

2. 备用照明

消防控制室、消防水泵房、自备发电机房、配电室、防排烟机房以及发生火灾时仍需正常工作的消防设备房应设置备用照明，其作业面的最低照度不应低于正常照明的照度。

（八）住宅建筑灯光疏散指示标志

建筑高度大于 54m 的住宅建筑应设置灯光疏散指示标志，并应符合下列规定：

（1）应设置在安全出口和人员密集场所的疏散门的正上方。

（2）应设置在疏散走道及其转角处距地面高度 1m 以下的墙面或地面上。灯光疏散指示标志的间距不应大于 20m；对于袋形走道，不应大于 10m；在走道转角区，不应大于 1m。

二、公共建筑的安全疏散

（一）公共建筑疏散人数与安全出口宽度的计算

（1）公共建筑疏散人数计算的指标见表 6-4。

表 6-4　公共建筑疏散人数计算的指标

公共建筑类型	楼层位置或场所中的厅、室	指标	备注
商店营业厅	地下二层	0.56	人员密度（单位：人/m²）
	地下一层	0.60	
	地上第一、二层	0.43~0.60	
	地上第三层	0.39~0.54	
	地上第四层及以上各层	0.30~0.42	
歌舞娱乐放映游艺场所	录像厅、放映厅的厅、室	1	
	其他歌舞娱乐放映游艺场所的厅、室	0.50	

（续）

公共建筑类型	楼层位置或场所中的厅、室	指标	备注
有固定座位的场所		1.10	其疏散人数可按实际座位数的1.10倍计算
展览厅		0.75	人员密度（单位：人/m²）

注：1. 公共建筑疏散人数，按以下方法确定：

（1）对于有固定座位的场所，其疏散人数可按实际座位数的1.10倍计算。

（2）对于无标定人数的录像厅、放映厅、展览厅和商店，可根据《建筑设计防火规范》（GB 50016—2014）第5.5.21条的第4、6、7款给出的该厅室的人员密度（人/m²）算出相应的疏散人数。

（3）对于其他无标定人数的厅、室，则按人均最小使用面积（m²/人、m²/座）反算得出疏散的人数。

2. 计算商店疏散人数时，其营业厅的建筑面积和人员密度，按下述方法确定：

（1）《建筑设计防火规范》（GB 50016—2014）第5.5.21条的条文说明规定，营业厅的建筑面积包括展示货架、柜台、走道等顾客参与购物的场所，以及营业厅内的卫生间、楼梯间、自动扶梯等的建筑面积。对于采用防火措施分隔且疏散时顾客无须进入营业厅内的仓储、设备房、工具间、办公室等可不计入。

（2）确定人员密度值时，应考虑商店的建筑规模，当建筑规模较小（例如营业厅的建筑面积小于3000m²）时宜取上限值，当建筑规模较大时可取下限值。

（3）商店营业厅内的人员密度（人/m²）详见本表，对于建材商店、家具灯饰展示建筑，可按商店营业厅的30%确定。

（2）一般公共建筑各部位疏散的最小净宽度见表6-5。

表6-5　一般公共建筑各部位疏散的最小净宽度　　（单位：m）

建筑类型		疏散楼梯	疏散走道		安全出口		疏散门
			单面布房	双面布房	首层疏散外门	首层楼梯间疏散门	
多层		1.1	1.1		1.1		0.9
高层	医疗	1.3	1.4	1.5	1.3		0.9
	其他	1.2	1.3	1.4	1.2		0.9

（3）其他民用建筑疏散出口、疏散走道和疏散楼梯每100人所需最小疏散净宽度见表6-6。

表6-6　其他民用建筑疏散出口、疏散走道和疏散楼梯每100人所需最小疏散净宽度

（单位：m/百人）

建筑层数或埋深		耐火等级		
		一、二级	三级	四级
地上楼层	1~2层	0.65	0.75	1.00
	3层	0.75	1.00	—
	不小于4层	1.00	1.25	—
地下、半地下楼层	埋深不大于10m	0.75	—	—
	埋深大于10m	1.00	—	—
	歌舞娱乐放映游艺场所及其他人员密集的房间	1.00	—	—

注：本表用于除剧场、电影院、礼堂、体育馆外的其他公共建筑。

除不用作其他楼层人员疏散并直通室外地面的外门总净宽度，可按本层的疏散人数经计

算确定外，首层外门的总净宽度应按该建筑疏散人数最大一层的人数经计算确定。

疏散人数是确定疏散宽度的关键参数，应根据建筑的用途和建设地点等因素合理估计和确定。计算歌舞娱乐放映游艺场所的疏散人数时，可以仅以该场所内具有娱乐功能的各厅、室的建筑面积为基础计算，可以不计算该场所内疏散走道、卫生间等辅助用房的建筑面积。

人员密集的公共场所、观众厅的疏散门不应设置门槛，其净宽度不应小于 1.4m，且紧靠门口内外各 1.4m 范围内不应设置踏步。人员密集公共场所的室外疏散通道的净宽度不应小于 3m，并应直接通向宽敞地带。

（二）公共建筑的安全疏散距离

（1）公共建筑直通疏散走道的房间疏散门至最近安全出口的直线距离见表 6-7。

表 6-7　公共建筑直通疏散走道的房间疏散门至最近安全出口的直线距离

（单位：m）

名称			位于两个安全出口之间的疏散门			位于袋形走道两侧或尽端的疏散门		
			一、二级	三级	四级	一、二级	三级	四级
托儿所、幼儿园、老年人照料设施			25	20	15	20	15	10
歌舞娱乐放映游艺场所			25	20	15	9	—	—
医疗建筑	单、多层		35	30	25	20	15	10
	高层	病房部分	24	—	—	12	—	—
		其他部分	30	—	—	15	—	—
教学建筑	单、多层		35	30	25	22	20	10
	高层		30	—	—	15	—	—
高层旅馆、展览建筑			30	—	—	15	—	—
其他建筑	单、多层		40	35	25	22	20	15
	高层		40	—	—	20	—	—

注：1. 建筑内开向敞开式外廊的房间疏散门至最近安全出口的直线距离可按本表的规定增加 5m。
　　2. 直通疏散走道的房间疏散门至最近敞开楼梯间的直线距离，当房间位于两个楼梯间之间时，应按本表的规定减少 5m；当房间位于袋形走道两侧或尽端时，应按本表的规定减少 2m。
　　3. 建筑物内全部设置自动喷水灭火系统时，其安全疏散距离可按本表及注 1 的规定增加 25%。

（2）楼梯间应在首层直通室外，确有困难时，可在首层采用扩大的封闭楼梯间或防烟楼梯间前室。当层数不超过 4 层且未采用扩大的封闭楼梯间或防烟楼梯间前室时，可将直通室外的门设置在离楼梯间不大于 15m 处。

（3）房间内任一点至房间直通疏散走道的疏散门的直线距离，不应大于表 6-7 规定的袋形走道两侧或尽端的疏散门至最近安全出口的直线距离。

（4）一、二级耐火等级建筑内疏散门或安全出口不少于 2 个的观众厅、展览厅、多功能厅、餐厅、营业厅等，其室内任一点至最近疏散门或安全出口的直线距离不应大于 30m；当疏散门不能直通室外地面或疏散楼梯间时，应采用长度不大于 10m 的疏散走道通至最近的安全出口。当该场所设置自动喷水灭火系统时，室内任一点至最近安全出口的安全疏散距离可分别增加 25%。

（三）公共建筑安全出口设置的基本要求

为了在发生火灾时能够迅速安全地疏散人员，在建筑防火设计时必须设置足够数量的安全出口。每座建筑或每个防火分区的安全出口数目不应少于2个，每个防火分区相邻2个安全出口或每个房间疏散出口最近边缘之间的水平距离不应小于5m。安全出口应分散布置，并应有明显标志。

一、二级耐火等级的建筑，当一个防火分区的安全出口全部直通室外确有困难时，符合下列规定的防火分区可利用设置在相邻防火分区之间向疏散方向开启的甲级防火门作为安全出口：

（1）该防火分区的建筑面积大于1000m²时，直通室外的安全出口数量不应少于2个；该防火分区的建筑面积小于或等于1000m²时，直通室外的安全出口数量不应少于1个。

（2）该防火分区直通室外或避难走道的安全出口总净宽度，不应小于计算所需总净宽度的70%。

（四）公共建筑安全出口设置要求

1. 公共建筑安全出口的数量

公共建筑内每个防火分区或一个防火分区的每个楼层的安全出口不应少于2个；仅设置1个安全出口或1部疏散楼梯的公共建筑应符合下列条件之一：

（1）除托儿所、幼儿园外，建筑面积不大于200m²且人数不大于50人的单层公共建筑或多层公共建筑的首层。

（2）除医疗建筑、老年人照料设施、儿童活动场所、歌舞娱乐放映游艺场所外，符合表6-8规定的公共建筑。

表6-8　仅设置1个安全出口或1部疏散楼梯的公共建筑

建筑的耐火等级或类型	最多层数	每层最大建筑面积/m²	人数
一、二级	3层	200	第二层和第三层的人数之和不超过50人
三级、木结构建筑	3层	200	第二层和第三层的人数之和不超过25人
四级	2层	200	第二层人数不超过15人

2. 公共建筑内每个房间的疏散门

公共建筑内每个房间的疏散门不应少于2个；儿童活动场所、老年人照料设施中的老年人活动场所、医疗建筑中的治疗室和病房、教学建筑中的教学用房，当位于走道尽端时，疏散门不应少于2个；公共建筑内仅设置1个疏散门的房间应符合下列条件之一：

（1）对于儿童活动场所、老年人照料设施中的老年人活动场所，房间位于两个安全出口之间或袋形走道两侧且建筑面积不大于50m²。

（2）对于医疗建筑中的治疗室和病房、教学建筑中的教学用房，房间位于两个安全出口之间或袋形走道两侧且建筑面积不大于75m²。

（3）对于歌舞娱乐放映游艺场所，房间的建筑面积不大于50m²且经常停留人数不大于15人。

（4）对于其他用途的场所，房间位于两个安全出口之间或袋形走道两侧且建筑面积不大于120m²。

（5）对于其他用途的场所，房间位于走道尽端且建筑面积不大于50m²。

（6）对于其他用途的场所，房间位于走道尽端且建筑面积不大于200m²、房间内任一点至疏散门的直线距离不大于15m、疏散门的净宽度不小于1.4m。

3. 剧场、电影院、礼堂和体育馆的观众厅或多功能厅的疏散门

剧场、电影院、礼堂和体育馆的观众厅或多功能厅的疏散门不应少于 2 个，且每个疏散门的平均疏散人数不应大于 250 人；当容纳人数大于 2000 人时，其超过 2000 人的部分，每个疏散门的平均疏散人数不应大于 400 人。

（五）公共建筑地上层疏散楼梯类型

（1）下列公共建筑的室内疏散楼梯应为防烟楼梯间：

1）一类高层公共建筑。

2）建筑高度大于 32m 的二类高层公共建筑。

（2）下列公共建筑中与敞开式外廊不直接连通的室内疏散楼梯均应为封闭楼梯间：

1）建筑高度不大于 32m 的二类高层公共建筑。

2）多层医疗建筑、旅馆建筑、老年人照料设施及类似使用功能的建筑。

3）设置歌舞娱乐放映游艺场所的多层建筑。

4）多层商店建筑、图书馆、展览建筑、会议中心及类似使用功能的建筑。

5）6 层及 6 层以上的其他多层公共建筑。

6）建筑高度大于 24m 的老年人照料设施，其室内疏散楼梯应采用防烟楼梯间。

（3）高层公共建筑的剪刀楼梯间设置条件及要求如下：

1）从任一疏散门至最近疏散楼梯间入口的距离小于 10m 时，可采用剪刀楼梯间。

2）楼梯间应为防烟楼梯间。

3）梯段之间应设置耐火极限不低于 1.00h 的防火隔墙。

4）楼梯间的前室应分别设置。

5）楼梯间内的加压送风系统不应合用。

（六）公共建筑的消防应急照明

1. 疏散照明

公共建筑的下列部位应设疏散照明：

（1）封闭楼梯间、防烟楼梯间及其前室、消防电梯间的前室或合用前室、避难走道、避难层（间）。

（2）观众厅、展览厅、多功能厅和建筑面积大于 $200m^2$ 的营业厅、餐厅、演播室等人员密集的场所。

（3）建筑面积大于 $100m^2$ 的地下或半地下公共活动场所。

（4）公共建筑内的疏散走道。

2. 备用照明

消防控制室、消防水泵房、自备发电机房、配电室、防排烟机房以及发生火灾时仍需正常工作的消防设备房应设置备用照明，其作业面的最低照度不应低于正常照明的照度。

3. 公共建筑的灯光疏散指示标志

公共建筑的以下部位应设置灯光疏散指示标志：

（1）安全出口和人员密集场所的疏散门的正上方。

（2）疏散走道及其转角处距地面高度 1m 以下的墙面或地面上。灯光疏散指示标志的间距不应大于 20m；对于袋形走道，不应大于 10m；在走道转角区，不应大于 1m。

单元四 消防电梯

消防电梯在高层建筑的人员疏散和火灾扑救过程中发挥着非常关键的作用。当高层建筑发生火灾时，普通电梯会因断电和不具备防烟功能等而停止使用，因此必须设置消防电梯供消防人员携带灭火器材进入高层灭火；抢救、疏散受伤或老弱病残人员；避免消防人员与疏散逃生人员在疏散楼梯上形成"对撞"，既耽误灭火时机，又影响人员疏散；防止消防人员通过楼梯登高时间长、体力消耗大。

一、消防电梯的概念

消防电梯是在火灾时供消防人员专用的电梯，一般包括耐火封闭结构、防烟前室和专用消防电源。消防电梯是高层建筑中特有的消防设施，可在火灾时运送消防人员，为扑救火灾、减少损失提供条件。

二、消防电梯的设置场所与设置数量

除城市综合管廊、交通隧道和室内无车道且无人员停留的机械式汽车库可不设置消防电梯外，下列建筑均应设置消防电梯，且每个防火分区可供使用的消防电梯不应少于1部：

（1）建筑高度大于33m的住宅建筑。

（2）5层及以上且建筑面积大于3000m^2（包括设置在其他建筑内的第五层及以上楼层）的老年人照料设施。

（3）一类高层公共建筑，建筑高度大于32m的二类高层公共建筑。

（4）建筑高度大于32m的丙类高层厂房。

（5）建筑高度大于32m的封闭或半封闭汽车库。

（6）除轨道交通工程外，埋深大于10m且总建筑面积大于3000m^{2}的地下或半地下建筑（室）。

三、消防电梯设置要求

（一）前室要求

除仓库连廊、冷库穿堂和筒仓工作塔内的消防电梯可不设置前室外，其他建筑内的消防电梯均应设置前室。消防电梯的前室应符合下列规定：

（1）前室在首层应直通室外或经专用通道通向室外，该通道与相邻区域之间应采取防火分隔措施。

（2）前室的使用面积不应小于6m^2。合用前室的使用面积，公共建筑、高层厂房、高层仓库、平时使用的人民防空工程及其他地下工程，不应小于10m^2；住宅建筑，不应小于6m^2。前室的短边不应小于2.4m。

（3）前室或合用前室应采用防火门和耐火极限不低于2.00h的防火隔墙与其他部位分隔。除兼作消防电梯的货梯的前室无法设置防火门的开口可采用防火卷帘分隔外，不应采用防火卷帘或防火玻璃墙等方式替代防火隔墙。

（二）性能要求

（1）应能在所服务区域每层停靠。

（2）电梯的载重量不应小于 800kg。

（3）电梯的动力和控制线缆与控制面板的连接处、控制面板外壳的防水性能等级不应低于 IPX5。

（4）在消防电梯的首层入口处，应设置明显的标识和供消防救援人员专用的操作按钮。

（5）电梯轿厢内部装修材料的燃烧性能应为 A 级。

（6）电梯轿厢内部应设置专用消防对讲电话和视频监控系统的终端设备。

（7）消防电梯井和机房应采用耐火极限不低于 2.00h 且无开口的防火隔墙与相邻井道、机房及其他房间分隔。消防电梯的井底应设置排水设施，排水井的容量不应小于 $2m^3$，排水泵的排水量不应小于 10L/s。

单元五　特殊部位的安全疏散

在建筑中有很多安全疏散的特殊部位，如避难层、避难间、屋顶直升机停机坪、避难走道等，这些部位由于其功能的特殊性，在防火要求上较为严格。

一、避难层

建筑高度超过 100m 的旅馆、办公楼和综合楼等，由于楼层很高，建筑内人员很多，尽管已经设有防烟楼梯间等安全疏散设施，火灾时建筑内人员仍很难迅速地疏散到地面，人员大量地拥塞在楼梯间内，如果楼梯间出现问题，其后果不堪设想。为此，在这些超高层建筑物的适当位置设置供疏散人员暂时躲避的安全区域——避难层，是极为重要的。

（一）避难层的概念

避难层是指火灾时用于建筑内人员临时躲避火灾及其烟气的楼层。封闭式避难层周围应设置耐火的围护结构，在避难层的避难区内设置独立的防烟设施，门、窗应为甲级防火门、窗，以便防止烟火侵入。

（二）避难层的设置条件及避难区净面积

1. 避难层的设置条件

建筑高度大于 100m 的工业与民用建筑应设置避难层，且第一个避难层的楼面至消防车登高操作场地地面的高度不应大于 50m。

2. 避难区的净面积

避难区的净面积应满足该避难层与上一避难层之间所有楼层的全部使用人员避难的要求。避难层要根据在火灾时需要避难的人数确定其中避难区的净面积，再按该建筑平面布置要求确定相应的尺寸。因此，避难层的前室、避难区均应采用其使用面积进行测量并判定是否符合要求，而不是根据建筑面积计算。避难层中避难区的使用面积，应满足设计避难人数的避难停留要求。正常情况下，每人平均占用面积不应小于 $0.25m^2$。

（三）避难层的设置要求

（1）通向避难层的疏散楼梯应使人员在避难层处必须经过避难区上下。

（2）除可布置设备用房外，避难层不应用于其他用途。设置在避难层内的可燃液体管道、可燃或助燃气体管道应集中布置，设备管道区应采用耐火极限不低于3.00h的防火隔墙与避难区及其他公共区分隔。管道井和设备间应采用耐火极限不低于2.00h的防火隔墙与避难区及其他公共区分隔。设备管道区、管道井和设备间与避难区或疏散走道连通时，应设置防火隔间，防火隔间的门应为甲级防火门。

（3）避难层应设置消防电梯出口、消火栓、消防软管卷盘、灭火器、消防专线电话和应急广播。

（4）在避难层进入楼梯间的入口处和疏散楼梯通向避难层的出口处，均应在明显位置设置标示避难层和楼层位置的灯光指示标识。

（5）避难区应采取防止火灾烟气进入或积聚的措施，并应设置可开启外窗。

（6）避难区应至少有一边水平投影位于同一侧的消防车登高操作场地范围内。

二、避难间

（一）避难间的概念

避难间是指火灾时用于建筑内的人员临时躲避火灾及其烟气的房间。避难间是各类建筑中供人员在火灾时临时避难使用的房间。避难间一般设置在建筑楼层上靠近疏散楼梯间等方便人员就近疏散至其他安全区域的位置，供无法在火灾或烟气危及人身安全前及时疏散至安全区的人员临时停留、等待救援使用。例如，医院手术部正在手术的人员、医院住院部的重症监护病人、老年人照料设施中无法自理的老年人等，在建筑发生火灾时往往难以自主快速疏散，需要等待他人帮助，或者疏散行动缓慢难以正常通过疏散楼梯等疏散，或者正处于手术中还不能立即疏散。上述人员使用的建筑或楼层，需要考虑设置可以满足这些人员安全避难要求的场所。

（二）避难间的设置要求

（1）避难区的净面积应满足避难间所在区域设计避难人数避难的要求。

（2）避难间兼作其他用途时，应采取保证人员安全避难的措施。

（3）避难间应靠近疏散楼梯间，不应在可燃物库房、锅炉房、发电机房、变配电站等火灾危险性大的场所的正下方、正上方或贴邻。

（4）避难间应采用耐火极限不低于2.00h的防火隔墙和甲级防火门与其他部位分隔。

（5）避难间应采取防止火灾烟气进入或积聚的措施，并应设置可开启外窗，除外窗和疏散门外，避难间不应设置其他开口。

（6）避难间内不应敷设或穿过输送可燃液体、可燃或助燃气体的管道。

（7）避难间内应设置消防软管卷盘、灭火器、消防专线电话和应急广播。

（8）在避难间入口处的明显位置应设置标示避难间的灯光指示标识。

（三）医疗建筑的避难间设置要求

（1）高层病房楼应在第二层及以上的病房楼层和洁净手术部设置避难间。

（2）楼地面距室外设计地面高度大于24m的洁净手术部及重症监护区，每个防火分区应至少设置1间避难间。

（3）每间避难间服务的护理单元不应大于2个，每个护理单元的避难区净面积不应小于25m^2。

（4）避难间的其他防火要求，应符合避难间的通用要求。

三、避难走道

（一）避难走道的概念

避难走道是指建筑中直接与室内的安全出口连接，在火灾时用于人员疏散至室外，并具有防火、防烟性能的走道。

（二）避难走道设置要求

（1）走道楼板的耐火极限不应低于 1.50h。

（2）走道直通地面的出口不应少于 2 个，并应设置在不同方向；当走道仅与一个防火分区相通时，该走道直通地面的出口可设置 1 个，但该防火分区至少应有 1 个直通室外的安全出口。

（3）走道的净宽度不应小于任一防火分区通向该走道的设计疏散总净宽度。

（4）走道内部应全部采用 A 级装修材料。

（5）防火分区至避难走道入口处应设置防烟前室，前室的使用面积不应小于 $6m^2$，开向前室的门应采用甲级防火门。

（6）走道内应设置消火栓、消防应急照明、应急广播和消防专线电话。

四、下沉式广场

总建筑面积大于 $20000m^2$ 的地下、半地下商店，应采用不开设门窗洞口的防火墙、耐火极限不低于 2.00h 的楼板分隔为多个建筑面积不大于 $20000m^2$ 的区域。相邻区域确需局部水平或竖向连通时，应选择符合规范规定的下沉式广场等室外开敞空间、防火隔间、避难走道、防烟楼梯间等进行连通。

（1）不同防火分区通向下沉式广场等室外开敞空间的安全出口，其最近边缘之间的水平距离不应小于 13m。该室外开敞空间内疏散区域的净面积不应小于 $169m^2$，除用于人员疏散外不得用于其他商业或可能导致火灾蔓延的用途。

（2）下沉式广场等室外开敞空间内应设置不少于 1 部直通地面的疏散楼梯。当连接下沉式广场的防火分区需利用该下沉式广场进行疏散时，疏散楼梯的总净宽度不应小于任一防火分区通向该室外开敞空间的设计疏散总净宽度。

（3）确需设置防风雨篷时，防风雨篷不应封闭，四周敞开部位应均匀布置，敞开的面积不应小于该室外开敞空间建筑面积的 25%，敞开的高度不应小于 1m；敞开部分采用百叶时，百叶的有效通风排烟面积可按百叶洞口面积的 60% 计算。

五、防火隔间

（一）防火隔间的适用条件

当地下或半地下商店的商业面积超过 $20000m^2$ 时，需要用防火墙（无门窗洞口）将大于 $20000m^2$ 的单个建筑区域进行分隔，形成防火隔间。如各个区域需要连通，可采用下沉式广场等室外开敞空间、防火隔间、避难走道、防烟楼梯间等。防火隔间只能用于相邻两个独立使用场所的人员相互通行，内部不应布置任何经营性商业设施。避难层中的设备管道区、管道井和设备间与避难区或疏散走道连通时，应设置防火隔间。

(二) 防火隔间的设置要求

（1）防火隔间的建筑面积不应小于 $6m^2$。

（2）防火隔间的门应采用甲级防火门。

（3）不同防火分区通向防火隔间的门不应计入安全出口，门的最小间距不应小于 4m。

（4）防火隔间内部装修材料的燃烧性能应为 A 级。

（5）不应用于除人员通行外的其他用途。

模块七

建筑防排烟

模块概述:

　　本模块的主要内容是认识自然通风与自然排烟、机械加压送风系统、机械排烟系统、防排烟系统联动控制。

知识目标:

　　了解建筑火灾烟气的危害;熟悉建筑火灾烟气的运动及扩散;掌握需要设置防排烟系统的场所及部位,自然通风、自然排烟的选择、类型、设置要求;熟练掌握机械加压送风系统和机械排烟系统的工作原理、设置要求及联动控制要求。

素养目标:

　　习近平总书记强调:"公共安全连着千家万户,确保公共安全事关人民群众生命财产安全,事关改革发展稳定大局。"消防安全作为公共安全的重要内容,事关人民群众生命财产安全。在近年来的火灾案例统计中发现,火灾烟气侵害是火灾人员伤亡的重要原因之一,火灾时需要将火灾烟气及时控制住或排除,防止和延缓烟气扩散,保证疏散通道不受烟气侵害,确保建筑物内人员顺利疏散、安全避难,最大限度地保障人民的生命安全。

单元一　建筑防排烟概述

　　火灾烟气是建筑火灾的重要危害源之一。建筑发生火灾时,需要将火灾产生的烟气及时控制住,防止和延缓烟气扩散,保证疏散通道不受烟气侵害,确保建筑物内人员顺利疏散、安全避难。控制烟气可减弱火势的蔓延,为火灾扑救创造有利条件。建筑火灾烟气控制分为防烟和排烟两个方面。防烟可采取自然通风和机械加压送风的形式,排烟可采取自然排烟和机械排烟的形式。防烟或排烟设施应结合建筑所处环境条件和建筑自身特点,按照有关规范要求,合理地选择和组合。

一、建筑火灾烟气及危害

(一)火灾烟气的生成

　　烟气是可燃物质在燃烧或热解时所产生的含有大量热量的气态、液态和固态物质与空气的混合物。烟气的组成成分和数量取决于可燃物的化学组成和燃烧时的温度、氧的供给等燃烧条件。在完全燃烧的条件下,烟气成分以 CO_2、CO、水蒸气等为主。在不完全燃烧条件下，烟气成分不仅有上述燃烧生成物，还会有醇、醚等有机化合物。碳含量多的物质，在氧气不足的条件下燃烧时，会有大量的碳粒子产生。通常在阴燃阶段，烟气以液滴粒子为主，呈白色或青白色；当温度上升至起火阶段时，因发生脱水反应，产生大量的游离碳粒子，烟气常呈黑色或灰黑色。

（二）火灾烟气的危害

烟气对人体的危害主要是因燃烧产生的有毒气体所引起的窒息、中毒和高温伤害。火灾中产生的烟气和热量是导致人员伤亡的重要原因，火灾死亡人员中，被烟气毒死或窒息而死的占多数。

1. 毒性

火灾烟气中，CO是主要的有毒成分之一。CO吸入人体后，与血液中的血红蛋白结合，从而阻碍血液中氧分子的输送。当CO和血液中50%以上的血红蛋白结合时，会造成脑部中枢神经严重缺氧，进而失去知觉，甚至导致死亡。即便不立即死亡，也会使人因缺氧而出现头痛、无力等症状，不能及时逃离火场而死亡。火灾烟气中还有其他有毒成分，如材料制品燃烧产生的醛类、聚氯乙烯燃烧产生的氢氟化合物，它们都是刺激性很强的气体，加上甲醛、乙醛、氢氧化物、氢化氰等，这类烟气对人的呼吸道黏膜等的刺激和危害相当大，吸入后会严重损害人体器官功能，致使人员的逃生能力大大减弱。火灾烟气中所存在的游离基一旦被吸入，肺部将发生游离基反应，肺表面迅速扩张，从而降低肺的吸氧功能，导致人体缺氧。烟气中的悬浮微粒同样也是有害的，它进入人体肺部后，黏附并聚集在肺泡壁上，会引起呼吸道疾病和增大心脏病死亡率。

2. 缺氧

建筑火灾中可燃物的燃烧过程会消耗大量氧气，着火区域充满各种在燃烧中形成的有毒和无毒气体，使空气中的氧气浓度大大降低，特别是在密闭性较好的房间，烟气中的氧含量往往低于人正常生理活动所需要的限值，缺氧会导致人体的呼吸、神经、运动等功能受影响。当空气中氧含量降低到15%时，人的肌肉活动能力将下降10%~14%，此时人就会四肢无力、神智混乱、辨不清方向；当氧含量降到6%~10%时，人就会昏倒。着火房间的氧含量低于6%时，人会在短时间内因缺氧而窒息死亡。

3. 高温

火灾烟气温度非常高，轰燃之后，室内温度甚至高达1000℃。高温烟气对人员的影响体现在对人体呼吸系统及皮肤的直接作用。一方面，高温火焰的强烈热辐射会使人员疲劳、脱水、心跳加快，超过一定强度后会导致死亡；另一方面，高温烟气被人体吸入肺部后，会使呼吸道和肺部被灼伤，血压急剧下降，毛细管被破坏，从而使整个血液循环系统被破坏。人体对高温烟气的忍耐性是有限度的，烟气温度为65℃时，可短时忍受；在120℃时，15min内就将产生不可恢复的损伤；140℃时约为5min；170℃约为1min。一般来说，吸入空气的温度达到149℃，即达到人体的生理极限。

4. 减光性

烟气弥漫时，可见光受到烟粒子的遮蔽而使光线强度大大减弱，能见度大大降低，这就是烟气的减光性。同时，大量烟气充斥着火区后，烟气中的某些成分如 HCl、SO_2 等对人的眼睛、鼻腔、咽喉产生强烈刺激，使人们视力下降或睁不开眼，加上火场的特殊紧张气氛，人的行为可能失控和异常，无法迅速找到疏散通道和安全出口，增加了中毒或烧死的可能性。对于扑救人员，由于烟气的遮挡，无法及时接近疏散人群和灭火点，也不易辨别火势发展的方向，易贻误救火时机。

二、建筑火灾烟气的运动及扩散

火灾时，可燃物不断燃烧，产生大量的烟和热，并形成高温的烟气。烟气流动的根本原因是密度差引起的浮力。在火场中，高温烟气与周围空气的温度不同，导致密度不同，形成浮力，使烟气处于流动状态。烟气温度越高，密度差越大，浮力越大，流动越快。

火灾烟气的流动扩散速度不仅与其温度和流动方向有关，还和周围温度、流动的阻碍、通风和空调系统气流的干扰及建筑物本身的烟囱效应等有关。烟气在水平方向的扩散流动速度，一般为 0.3~0.8m/s；在垂直方向的扩散流动速度较大，通常为 3~4m/s。在楼梯间或管道井中，由于烟囱效应，烟气的扩散流动速度可达 6~8m/s。

（一）烟气在着火房间内的流动

着火房间内产生的烟气，其密度比空气小，由于浮力作用向上升起，当遇到水平楼板或顶棚时，改为水平方向继续流动；当受到四周墙壁的阻挡和冷却时，将沿墙向下流动，如图 7-1 所示。随着烟气的不断产生，烟气层将不断加厚，当烟气层的厚度达到门窗的开口部位时，烟气会通过开启的门窗洞口向室外和走廊扩散。

当烟气从外墙上的窗口排向室外时，火焰和高温烟气从窗口喷出时的运动轨迹，取决于窗宽与 1/2 窗高的比值。当火焰和高温烟气从竖向长条形窗口喷出时，因被带走的附近的空气可从窗口两侧得到有效补充，故其轨迹呈向上弯曲状，火势通过窗口向上蔓延的危险相对减少；当火焰及高温烟气从横向带形窗口喷出时，因被带走的附近的空气不能从窗口两侧得到及时有效的补充，故其火焰及高温烟气将附着在墙面向上流动，并延伸较长的距离，此时将对上层构成很大的威胁。

起火房间

图 7-1　烟气在着火房间内的流动

（二）烟气在走廊内的流动

从房间内流向走廊的烟气，一开始即贴附在顶棚下流动，由于与顶棚和空气接触后被冷却，烟气层逐渐加厚下降，靠近顶棚和墙面的烟气易先冷却，故烟气先沿墙面下降。随着流动路线的增长和周围空气混合作用的加剧，烟气由于温度逐渐下降而失去浮力，最后形成在走廊中心偏下相对稀薄，顶部及墙面相对厚实的烟气分布状态，如图 7-2 所示。

（三）烟气在建筑中的流动

当建筑内发生火灾时，着火房间室内温度急剧上升，气体发生热膨胀而使门窗甚至门板破裂，高温烟气通过门、窗、孔洞向室外和走廊蔓延扩散（图 7-3）。烟气的流动扩散一般有三条路线：第一条，也是最主要的一条，着火房间→走廊→楼梯间→上部各楼层→室外；第二条，着火房间→室外；第三条，着火房间→相邻上层房间→室外。烟气流动扩散的路线与建筑各部位的耐火性能和密闭性能有关。

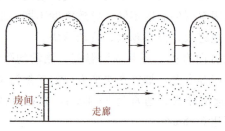

图 7-2 烟气在走廊内的流动

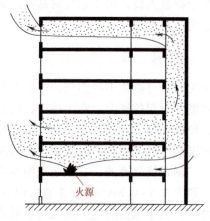

图 7-3 烟气在建筑中的流动

三、建筑火灾烟气控制方式

防排烟的目的是在火灾发生时利用有关设施，把着火区的烟气尽快地导引、排放到室外，并防止烟气侵入作为人员疏散通道的走廊、楼梯间前室、楼梯间、消防电梯间前室或合用前室，以保证室内人员从有害的烟气中安全撤离，保证消防人员尽快灭火。为实现此目的，应把烟气控制在着火区域内，保持合理的烟气层高度，从而有利于人员疏散、控制火势蔓延和减少火灾损失。为此，必须积极排烟，将着火区域控制为排烟区，进行排烟设计；将非着火区域，尤其是疏散通道控制为防烟区，防止烟气的侵入，进行防烟设计。因此，火灾烟气的控制主要体现为防烟和排烟两种方式。防烟是防止烟的进入，是被动措施；排烟是积极改变烟的流向，使之排出室外，是主动措施。两者互为补充，是紧密相关的一个体系，不可分割。

（一）防烟系统

防烟系统是指采用自然通风方式，防止火灾烟气在楼梯间、前室、避难层（间）等空间内积聚，或采用机械加压送风方式，阻止火灾烟气侵入楼梯间、前室、避难层（间）等空间的系统。防烟系统分为自然通风系统和机械加压送风系统。在火灾期间，进入楼梯间及前室、合用前室、避难层（间）等的空气，会将烟气排斥在楼梯间及前室、合用前室、避难层（间）等之外，保证疏散通道的安全。

（二）排烟系统

排烟系统是指采用自然排烟或机械排烟的方式，将房间、走道等空间的火灾烟气排至建筑物外的系统，分为自然排烟系统和机械排烟系统（图 7-4）。通过排烟可降低着火区域的气体压力，防止烟气向非着火区蔓延扩散，以利于人员疏散及灭火救援。

四、建筑防排烟技术的作用

火灾烟气是造成人员伤亡的主要因素，设置防烟、排烟系统旨在及时排出火灾产生的高温和有毒烟气，阻止烟气向发生火灾的防烟分区外扩散，使人员在疏散过程中不会受到烟气的直接作用，同时为消防救援人员进行灭火救援创造有利条件。由于火灾烟气造成的人员伤亡远大于因热辐射、火焰或建筑物倒塌所造成的人员伤亡，而且热烟气的扩散会引起火势的

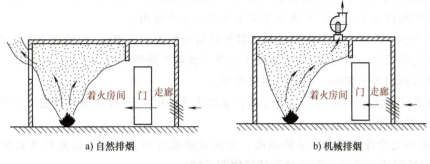

a) 自然排烟　　　　　　　　　　b) 机械排烟

图 7-4　排烟

迅速蔓延。因此，防排烟技术广泛地运用于各类建筑物，已成为建筑防火设计的一个重要组成部分。

1. 保障人员安全

人员安全疏散是发生火灾后的首要任务，但当建筑物发生火灾时，建筑内人员很难在很短的时间内逃到室外，也很难从充满浓烟的通道中逃出，而防排烟系统则为人员的安全疏散提供了前提条件。有效的防排烟系统能减小烟气的浓度，降低烟气温度，将烟气控制在火灾发源地，或将其迅速地、最大限度地排出建筑，防止烟气蔓延扩散到前室、楼梯间等疏散通道中，保证人们有足够的疏散时间及安全通道。

2. 保证消防人员能进入火灾现场

烟气控制为消防人员的扑救行动创造了条件。防排烟系统能够尽量减小烟气浓度，降低火场温度，维持一定的能见距离，使消防人员最大限度地接近火场，保证灭火救援的顺利进行。

五、建筑防排烟系统的选择

（一）防烟系统的选择

建筑物内的封闭楼梯间，防烟楼梯间及其前室，消防电梯的前室或合用前室，避难层、避难间，避难走道的前室，地铁工程中的避难走道，都是建筑物着火时的安全疏散、避难、救援的场所或通道，应采取防烟措施。火灾时，通过开启外窗等自然通风或采用机械加压送风的方式，防止烟气侵入该区域。

建筑高度小于等于 50m 的公共建筑、工业建筑和建筑高度小于或等于 100m 的住宅建筑，由于受风压作用影响较小，利用建筑本身的采光通风，能基本起到防止烟气进一步进入安全区域的作用。所以，当采用凹廊、阳台作为防烟楼梯间的前室或合用前室时，或者防烟楼梯间前室或合用前室具有两个不同朝向的可开启外窗，且可开启外窗面积满足规范要求时，可以认为该前室或合用前室的自然通风能及时排出漏入前室或合用前室的烟气，并可防止烟气进入防烟楼梯间，故楼梯间可以不再设置防烟系统。

（二）排烟系统的选择

（1）除不适合设置排烟系统的场所、火灾发展缓慢的场所可不设置排烟系统外，厂房或仓库的下列场所或部位应采取排烟等烟气控制系统：

1）建筑面积大于 $300m^2$，且经常有人停留或可燃物较多的地上丙类生产场所，丙类厂房内建筑面积大于300m²，且经常有人停留或可燃物较多的地上房间。

2）建筑面积大于100m²的地下或半地下丙类生产场所。

3）除高温生产工艺的丁类厂房外，其他建筑面积大于5000m²的地上丁类生产场所。

4）建筑面积大于1000m²的地下或半地下丁类生产场所。

5）建筑面积大于300m²的地上丙类库房。

6）建筑高度大于32m的厂房或仓库内长度大于20m的疏散走道，其他厂房或仓库内长度大于40m的疏散走道。

（2）除不适合设置排烟系统的场所、火灾发展缓慢的场所可不设置排烟系统外，民用建筑的下列场所或部位应采取排烟等烟气控制系统：

1）设置在地下或半地下、地上第四层及以上楼层的歌舞娱乐放映游艺场所，设置在其他楼层且房间总建筑面积大于100m²的歌舞娱乐放映游艺场所。

2）中庭。

3）公共建筑内建筑面积大于100m²且经常有人停留的房间。

4）公共建筑内建筑面积大于300m²且可燃物较多的房间。

5）民用建筑内长度大于20m的疏散走道。

（3）建筑中下列经常有人停留或可燃物较多且无可开启外窗的房间或区域应设置排烟系统：

1）建筑面积大于50m²的房间。

2）房间的建筑面积不大于50m²，总建筑面积大于200m²的区域。

（4）除敞开式汽车库、地下一层中建筑面积小于1000m²的汽车库、地下一层中建筑面积小于1000m²的修车库可不设置排烟系统外，其他汽车库、修车库应设置排烟系统。

单元二　自然通风与自然排烟

一、自然通风

（一）自然通风的原理

自然通风是利用热压和风压作用，不消耗机械动力的通风方式。如果室内外存在空气温度差，或者窗户开口之间存在高度差，就会产生热压作用下的自然通风。建筑内的楼梯间、前室是建筑着火时重要的疏散通道，消防电梯间前室或合用前室是消防队员进行火灾扑救的起始场所，也是人员疏散的必经通道，在火灾时无论采用何种防烟方法，都必须保证这些区域的安全。防烟就是控制烟气不进入上述区域。靠外墙的楼梯间、前室，可以通过设置便于开启的外窗，利用自然通风来达到防烟的效果。有阳台和凹廊的建筑，可以利用阳台和凹廊的自然通风防止烟气进入楼梯间。建筑的防烟楼梯间及其前室、消防电梯间前室或合用前室、封闭楼梯间、避难走道的前室、避难层（间）满足自然通风条件时宜优先采用自然通风。

（二）自然通风的选择

自然通风方式构造简单、经济，不用专门的防烟设施，火灾时不受电源中断的影响；但易受室外风向、风速和建筑本身的密封性或热压作用的影响，建筑高度不同，防烟的效果也不同。对于建筑高度小于或等于50m的公共建筑、工业建筑和建筑高度小于或等于100m的住宅建筑，由于受风压作用影响较小，利用建筑本身的采光通风，能起到防止烟气进一步进入安全区域的作用，因此应采用自然通风。建筑高度大于50m的公共建筑、工业建筑和建筑高度大于100m的住宅建筑不应采用自然通风。

建筑物的独立前室、合用前室及共用前室仅有一道门连通走道时，如果该建筑采用机械加压送风系统且机械加压送风口设置在前室顶部或正对前室入口的墙面，楼梯间可采用自然通风。

建筑物的封闭楼梯间应采用自然通风来防烟，不能满足自然通风条件时应当采用机械加压送风系统。地下、半地下建筑（室）的封闭楼梯间不与地上楼梯间共用且地下仅为一层时，可通过在首层设置面积不小于$1.2m^2$的可开启外窗或直通室外的疏散门来达到防烟的效果。

避难层的防烟系统可根据建筑构造、设备布置等因素选择自然通风或机械加压送风系统。

（三）自然通风的类型

1. 利用可开启外窗的自然通风

（1）靠外墙的楼梯间、前室可以通过设置便于开启的外窗，利用自然通风来达到防烟的效果，如图7-5所示。

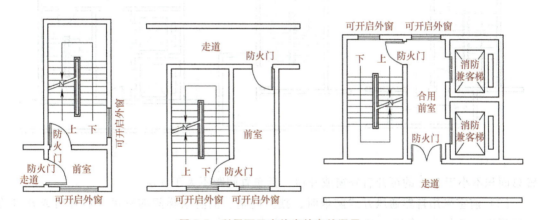

图7-5　利用可开启外窗的自然通风

（2）建筑物的独立前室或合用前室设有两个及以上不同朝向的可开启外窗，且独立前室两个外窗面积分别不小于$2m^2$，合用前室两个外窗面积分别不小于$3m^2$时，楼梯间可不设置防烟系统，如图7-6所示。

2. 利用敞开阳台或凹廊的自然通风

独立前室或合用前室采用敞开阳台或凹廊时，着火房间及走道的烟气可以通过敞开阳台或凹廊有效排至室外，防止烟气进入楼梯间，所以楼梯间可不设置防烟系统，如图7-7所示。

（四）自然通风的设置要求

（1）采用自然通风方式防烟时，封闭楼梯间、防烟楼梯间应在最高部位设置面积不小于$1m^2$的可开启外窗或开口；当建筑高度大于10m时，还应当在楼梯间的外墙上每5层设

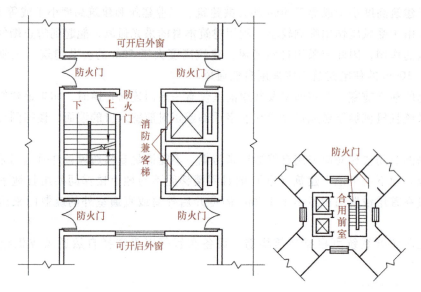

图 7-6　前室利用外窗的自然通风，楼梯间不设防烟系统

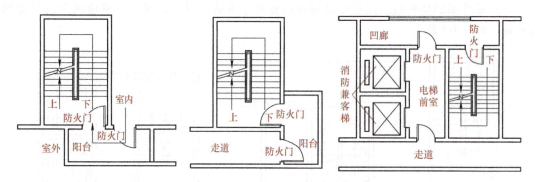

图 7-7　利用敞开阳台或凹廊自然通风，楼梯间不设防烟系统

置总面积不小于 $2m^2$ 的可开启外窗或开口，且布置间距不大于 3 层。

（2）前室采用自然通风方式防烟时，独立前室、消防电梯间前室可开启外窗或开口的面积不应小于 $2m^2$，合用前室、共用前室不应小于 $3m^2$。

（3）采用自然通风方式的避难层（间）应设有不同朝向的可开启外窗，其有效面积不应小于该避难层（间）地面面积的 2%，且每个朝向的面积不应小于 $2m^2$。

（4）可开启外窗应方便直接开启，设置在高处不便于直接开启的可开启外窗应在距地面高度为 1.3~1.5m 的位置设置手动开启装置。

二、自然排烟

（一）自然排烟的原理

自然排烟是指充分利用建筑物的构造，在自然力的作用下，利用火灾产生的热烟气流的浮力和外部风力作用，将房间或走道里的烟气通过直接开向室外的可开启外窗或开口排到室外，如图 7-8 所示。这种排烟方式的实质是利用室内外空气对流进行排烟。在自然排烟中，必须有冷空气的进口和热烟气的排出口。由于自然排烟的烟气是通过靠外墙的可开启外窗或开口直接排至室外，所以需要排烟的房间和走道必须靠外墙，而且进深不能太大，否则有火势向上层蔓延的危险。另外，当室外的风力很强，而排烟窗处于迎风面时，会引起烟气倒灌，反而使烟气在室内蔓延。采用自然排烟时应综合考虑这些不利因素。

（二）自然排烟的选择

建筑的排烟系统应根据建筑的使用性质、平面布局等因素，优先采用自然排烟。一般情况下，多层建筑优先采用自然排烟方式，高层建筑受自然条件（如室外风速、风压、风向等）的影响较大，采用机械排烟方式较多，但只要满足自然排烟所需的储烟仓、排烟窗（口）位置及面积等条件要求，建筑物的各场所、部位均可以采用自然排烟方式。

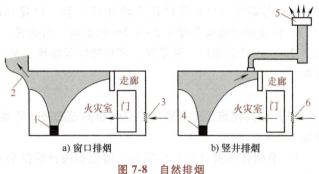

图 7-8　自然排烟

1、4—火源　2—排烟口　3、6—补风口　5—风帽

除洁净厂房外，设置自然排烟的任一层建筑面积大于 $2500m^2$ 的制鞋、制衣、玩具、塑料、木器加工储存等丙类工业建筑，除自然排烟所需排烟窗（口）外，尚宜在屋面上增设可熔性采光带（窗）。工业建筑中设置可熔性采光带（窗）时，为保证可熔性材料在平时环境中不会熔化和熔化后不会产生流淌火引燃下部可燃物，要求采光带、采光窗的可熔性材料必须是只在高温条件下（一般大于最高环境温度 $50℃$）自行熔化且不产生熔滴的可燃材料。

自然排烟口的总面积大于本防烟分区面积的 2% 的人民防空工程，宜采用自然排烟方式。敞开式汽车库、建筑面积小于 $1000m^2$ 的地下一层汽车库和修车库，可不设排烟系统；其他汽车库和修车库，自然排烟口的总面积不小于室内地面面积的 2% 时宜选用自然排烟方式。

（三）自然排烟的设置要求

采用自然排烟的场所应设置自然排烟窗（口）。防烟分区内自然排烟窗（口）的面积、数量、位置应能满足有利于排除烟气的要求。

1. 自然排烟窗（口）的设置要求

烟气具有上升流动的特性，排烟窗（口）的位置越高，排烟效果就越好，因此建筑内的自然排烟窗（口）应设置在外墙上方或屋顶上，并应设置方便开启的装置。自然排烟窗（口）距该防烟分区内任一点的水平距离不应超过 30m。当工业建筑采用自然排烟方式时，其水平距离不应大于建筑内空间净高的 2.8 倍；当公共建筑空间净高大于或等于 6m 且具有自然对流条件时，其水平距离不应大于 37.5m。

自然排烟窗（口）设置在外墙上时，排烟窗（口）应设置在储烟仓以内，但走道、室内空间净高不大于 3m 的区域的自然排烟窗（口）可设置在室内净高度的 1/2 以上区域。自然排烟窗（口）应沿火灾烟气的气流方向开启，但当房间面积不大于 $200m^2$ 时，自然排烟窗（口）的设置高度及开启方向可不限。自然排烟窗（口）宜分散均匀布置，且每组的长度不宜大于 3m；设置在防火墙两侧的自然排烟窗（口）之间最近边缘的水平距离不应小于 2m。

厂房、仓库的自然排烟窗（口）设置在外墙时，自然排烟窗（口）应沿建筑物的两条对边均匀设置；设置在屋顶时，自然排烟窗（口）应在屋面均匀设置且宜采用自动控制方式开启。当屋面坡度小于或等于12°时，每200m²的建筑面积应设置相应的自然排烟窗（口）；当屋面坡度大于12°时，每400m²的建筑面积应设置相应的自然排烟窗（口）。

自然排烟窗（口）应设置手动开启装置，设置在高位不便于直接开启的自然排烟窗（口），应设置距地面高度1.3~1.5m的手动开启装置。净空高度大于9m的中庭、建筑面积大于2000m²的营业厅、展览厅、多功能厅等场所，尚应设置集中手动开启装置和自动开启设施。

2. 自然排烟窗（口）的有效面积要求

（1）公共建筑、工业建筑中空间净高超过6m的场所，自然排烟窗（口）有效面积要求如下：

1）自然排烟窗（口）所需的有效面积按计算排烟量除以自然排烟窗（口）处的风速经计算确定。

2）采用顶开窗排烟时，上述风速按侧窗口部位风速的1.4倍计算。

（2）中庭自然排烟窗（口）有效面积要求如下：

1）中庭采用自然排烟时，自然排烟窗（口）有效面积=计算排烟量/自然排烟窗（口）处的风速。

2）中庭周围场所设排烟系统的，中庭自然排烟窗（口）的有效面积按风速不大于0.5m/s计算。

3）中庭周围场所不设置排烟系统，仅在回廊设置排烟系统的，中庭自然排烟窗（口）的有效面积按风速不大于0.4m/s计算。

（3）其他场所自然排烟窗（口）有效面积要求如下：

1）净高小于或等于6m的场所，自然排烟窗（口）有效面积不小于房间建筑面积的2%。

2）仅需要在走道或回廊设置排烟的公共建筑，在走道两侧均设置面积不小于2m²的排烟窗（口）且两侧自然排烟窗（口）的距离不应小于走道长度的2/3。

3）室内与走道或回廊均需设置排烟的公共建筑，走道或回廊上设置有效面积不小于走道或回廊建筑面积2%的自然排烟窗（口）。

4）人民防空工程中庭的自然排烟窗（口）净面积不应小于中庭地面面积的5%，其他场所的自然排烟窗（口）净面积不小于该防烟分区面积的2%。

5）汽车库、修车库自然排烟窗（口）有效面积不小于室内地面面积的2%。

3. 可熔性采光带（窗）的面积计算要求

可熔性采光带（窗）的面积计算应符合下列要求：

（1）未设置自动喷水灭火系统的或采用钢结构屋顶或预应力钢筋混凝土屋面板的建筑，不应小于楼地面面积的10%。

（2）其他建筑不应小于楼地面面积的5%。

4. 不同形式外窗的有效排烟面积计算

可开启外窗的形式有上悬窗、中悬窗、下悬窗、平推窗、平开窗和推拉窗等。其中，除了上悬窗外，其他窗都可以作为排烟使用，中悬窗的下开口部分不在储烟仓内时，这部分的面积不能计入有效排烟面积之内。采用推拉窗时，其面积应按开启的最大窗口面积计算。

（1）悬窗的有效排烟面积。当采用开窗角大于 70°的悬窗时，其面积按窗的面积计算；当开窗角小于 70°时，其面积应按窗最大开启时的水平投影面积计算，如图 7-9 所示，计算式为

$$F_p = F_c \cdot \sin\alpha \qquad (7-1)$$

式中　F_p——有效排烟面积（m^2）；

　　　F_c——窗的面积（m^2）；

　　　α——窗的开启角度，即开窗角（°）。

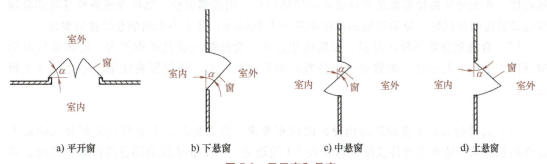

a) 平开窗　　　　b) 下悬窗　　　　c) 中悬窗　　　　d) 上悬窗

图 7-9　平开窗和悬窗

（2）平开窗的有效排烟面积。当采用开窗角大于 70°的平开窗时，其面积应按窗的面积计算；当开窗角小于 70°时，其面积应按窗最大开启时的竖向投影面积计算。

（3）平推窗的有效排烟面积。当平推窗设置在顶部时，其面积可按窗的 1/2 周长与平推距离的乘积计算，且不应大于窗面积（图 7-10a）；当平推窗设置在外墙时，其面积可按窗的 1/4 周长与平推距离的乘积计算，且不应大于窗面积（图 7-10b）。

（4）百叶窗的有效排烟面积。当采用百叶窗时，其有效排烟面积应按窗的有效开口面积计算，即

$$F_p = XS \qquad (7-2)$$

式中　S——窗的有效开口面积（m^2）；

　　　X——系数，一般百叶窗取 $X=0.8$，防雨百叶窗取 $X=0.6$。

图 7-10　平推窗

三、防烟分区

防烟分区是指设置排烟系统的场所或部位采用挡烟垂壁、结构梁或隔墙等进行分隔，用于火灾时蓄积热烟气，并能在一定时间内防止火灾烟气向同一防火分区的其余部分蔓延的局部空间。防烟分区的作用是通过控制烟气蔓延，并通过所设置的排烟设施对烟气加以排除，从而达到控制烟气扩散和火灾蔓延的目的。防烟分区及其分隔应满足有效蓄积烟气和阻止烟气向相邻防烟分区蔓延的要求。

（一）防烟分区的划分

1. 防烟分区的划分原则

（1）防烟分区不应跨越防火分区。划分防烟分区与防火分区的目的不同，前者的目的

在于防止烟气扩散，主要用具有挡烟功能的物体来实现；后者则采用防火墙、防火卷帘或其他防火分隔设施来划分。所有防火分隔物都能够起到防烟作用，而防烟分隔物则不能完全起到防止火势蔓延的作用，因此防烟分区不能跨越防火分区设置。

（2）合理设置储烟仓厚度。储烟仓是位于建筑空间顶部，由挡烟垂壁、结构梁或隔墙等形成的用于蓄积火灾烟气的空间。储烟仓的厚度即为设计烟层厚度。当采用自然排烟方式时，储烟仓的厚度不应小于空间净高的20%；当采用机械排烟方式时，不应小于空间净高的10%且不应小于500mm。同时，储烟仓底部距地面的高度应大于安全疏散所需的最小清晰高度。防烟分区的设置就是要形成有效的储烟仓。用挡烟垂壁、结构梁或隔墙等防烟分隔设施设置防烟分区时，分隔设施的深度不应小于500mm，且不小于储烟仓厚度的要求。

（3）合理划分防烟分区面积。如果面积过大，会使烟气波及面积扩大，增加烟气的影响范围，不利于人员安全疏散和火灾扑救；如果面积过小，不仅影响使用，还会提高工程造价。

2. 防烟分区的面积要求

（1）公共建筑、工业建筑防烟分区的面积要求。公共建筑、工业建筑防烟分区的最大允许面积及其长边最大允许长度应符合表7-1的规定。当工业建筑采用自然排烟方式时，其防烟分区的长边长度尚不应大于建筑内空间净高的8倍。

表7-1　公共建筑、工业建筑防烟分区的最大允许面积及其长边最大允许长度

空间净高 H/m	最大允许面积/m^2	长边最大允许长度/m
$H \leqslant 3$	500	24
$3 < H \leqslant 6$	1000	36
$H > 6$	2000	60；具有自然对流条件时，不应大于75

注：1. 公共建筑、工业建筑中的走道宽度不大于2.5m时，其防烟分区的长边长度不应大于60m。
　　2. 当空间净高大于9m时，防烟分区之间可不设置挡烟设施。

（2）汽车库、修车库防烟分区面积要求。除敞开式汽车库、地下一层中建筑面积小于1000m²的汽车库和修车库外，汽车库、修车库应设置排烟系统，并应划分防烟分区。防烟分区的建筑面积不宜大于2000m²，且防烟分区不应跨越防火分区。防烟分区可采用挡烟垂壁、隔墙或从顶棚下凸出不小于0.5m的结构梁划分。

（二）防烟分区的分隔设施

1. 挡烟垂壁

挡烟垂壁是用不燃材料制成，垂直安装在建筑顶棚、横梁下，能在火灾时形成一定的蓄烟空间的挡烟分隔设施。挡烟垂壁处于安装位置时，其底部与顶部之间的垂直高度一般应距顶棚面50cm以上，称为有效高度。

挡烟垂壁常设置在烟气扩散流动路线上烟气控制区域的分界处，和排烟设备配合进行有效排烟。当室内发生火灾时，所产生的烟气由于浮力作用而积聚在顶棚下，只要烟层的厚度小于挡烟垂壁的有效高度，烟气就不会向其他场所扩散。

挡烟垂壁按安装方式分为固定式和活动式两种，如图7-11所示。固定式挡烟垂壁是指固定安装的、能满足设定挡烟高度的挡烟垂壁。活动式挡烟垂壁是指可从初始位置自动运行至挡烟工作位置，并满足设定挡烟高度的挡烟垂壁。挡烟垂壁按材料的刚度可分为柔性挡烟垂壁和刚性挡烟垂壁。

挡烟垂壁安装时，活动式挡烟垂壁与建筑结构（柱或墙）面之间的缝隙不应大于 60mm，由两块或两块以上挡烟垂帘组成的连续性挡烟垂壁，各块之间不应有缝隙，搭接宽度不应小于 100mm。活动式挡烟垂壁的手动操作按钮应固定安装在距楼地面 1.3 ~ 1.5m 的便于操作、明显可见之处。

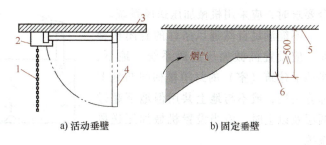

图 7-11 挡烟垂壁的设置

1—操作链 2—阻挡器 3、5—顶棚 4、6—挡烟垂壁

活动式挡烟垂壁应与相应的感烟火灾探测器联动，当探测器报警后，挡烟垂壁应能自动运行至挡烟工作位置。运行时，从初始安装位置自动运行至挡烟工作位置的运行速度不应小于 0.07m/s，运行时间不应大于 60s。活动式挡烟垂壁应设置限位装置，当运行至挡烟工作位置的上下限位时，应能自动停止。

2. 结构梁

当建筑结构梁的高度不小于 500mm，且不小于储烟仓厚度的要求时，该梁可作为挡烟设施使用。

单元三 机械加压送风系统

机械加压送风系统采用机械送风的方式对建筑物的楼梯间、前室、避难层（间）等空间送入足够的新鲜空气，使其维持高于建筑物其他部位一定的正压，从而阻止火灾烟气侵入楼梯间、前室、避难层（间）等空间。机械加压送风系统是建筑不能采用自然通风时的重要的防烟方式，系统由加压送风机、风道、送风口以及风机控制柜等组成。

一、机械加压送风系统工作原理

建筑发生火灾时，机械加压送风系统打开，向楼梯间、前室、避难层（间）等空间加注有压新鲜空气，使楼梯间、前室、避难层（间）等空间内形成正压。当非加压区和加压区的门关闭时，由于门两侧具有一定的压力差，正压区间保持一定的正压值以阻止烟气通过门缝渗漏；当门打开时，门洞处加压区向非加压区维持一定的风速值以阻挡烟气通过门洞注入加压区，如图 7-12 所示。

二、机械加压送风系统的选择

建筑高度大于 50m 的公共建筑、工业建筑和建筑高度超过 100m 的住宅建筑，防烟楼梯间及其前室、消防电梯的前室和合用前室应采用机械加压送风系统。其他建筑中不具备自然通风条件的防烟楼梯间、独立前室、合用前室、共用前室及消防电梯间前室，应采用机械加压送风系统。

当防烟楼梯间在裙房高度以上部分采用自然通风时，不具备自然通风条件的裙房的独立前室、合用前室及共用前室应采用机械加压送风系统。

建筑地下部分的防烟楼梯间前室及消防电梯间前室，当无自然通风条件或自然通风不符合要求时，应采用机械加压送风系统。

不能满足自然通风条件的封闭楼梯间，应设置机械加压送风系统。地下、半地下建筑（室）的封闭楼梯间与地上部分共用，或不与地上共用但地下超过两层及以上时，应当设置机械加压送风系统。

避难走道及前室应当分别设置机械加压送风系统。当避难走道仅一端设置安全出口且总长度小于 30m，或避难走道两端设置安全出口且总长度小于 60m 时，可以仅在前室设置机械加压送风系统。

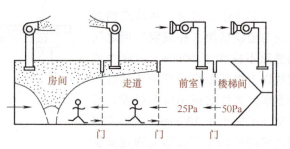

a) 房间、走道机械排烟，前室、楼梯间加压送风

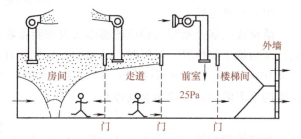

b) 房间、走道机械排烟，前室加压送风，楼梯间自然通风

图 7-12　机械加压送风原理

三、机械加压送风系统的设置要求

采用合用前室的防烟楼梯间，当楼梯间和前室均设置机械加压送风系统时，楼梯间、合用前室的机械加压送风系统应分别独立设置；在梯段之间采用防火隔墙隔开的剪刀楼梯间，当楼梯间和前室（包括共用前室和合用前室）均设置机械加压送风系统时，每个楼梯间、共用前室或合用前室的机械加压送风系统均应分别独立设置；建筑高度大于 100m 的建筑中的防烟楼梯间及其前室，其机械加压送风系统应竖向分段独立设置，且每段的系统服务高度不应大于 100m。

设置机械加压送风系统的楼梯间，其地上部分与地下部分应分别独立设置机械加压送风系统；当受建筑条件限制，且地下部分为汽车库或设备用房时，可共用机械加压送风系统，送风量按地上、地下两部分之和计算，并设置能分别满足地上、地下部分送风量的有效措施。

建筑高度小于或等于 50m 的建筑，当楼梯间设置加压送风井（管）道确有困难时，楼梯间可采用直灌式加压送风系统。

建筑的独立前室、合用前室及共用前室仅有一道门连通走道时，若其机械加压送风口设置在前室的顶部或正对前室入口的墙面，楼梯间可以采用自然通风系统；若机械加压送风口未设置在前室的顶部或正对前室入口的墙面，楼梯间应采用机械加压送风系统。

建筑的防烟楼梯间采用独立前室且仅有一个门与走道或房间相通时，可仅在楼梯间设置机械加压送风系统；当独立前室有多个门时，楼梯间、独立前室应分别独立设置机械加压送风系统。

采用机械加压送风系统的场所不应设置百叶窗，且不宜设置可开启外窗。设置机械加压送风系统的封闭楼梯间、防烟楼梯间，尚应在其顶部设置不小于 $1m^2$ 的固定窗，靠外墙的防烟楼梯间，尚应在其外墙上每 5 层内设置总面积不小于 $2m^2$ 的固定窗。设置机械加压送风系统的避难层（间），尚应在外墙设置可开启外窗，其有效面积不小于该避难层（间）地面面积的 1%。

四、机械加压送风系统的主要设计参数

（一）加压送风量

机械加压送风系统应在任何情况下都能保持良好的防烟功能，其送风量应能保证加压区间达到所要求的正压水平或门打开时维持一定的空气流。机械加压送风系统的加压送风量应经计算确定，当系统负担的建筑高度大于 24m 时，防烟楼梯间、独立前室、合用前室和消防电梯前室的加压送风量应按计算值与《建筑防烟排烟系统技术标准》（GB 51251—2017）的规定值中的较大值确定，其设计风量不应小于计算风量的 1.2 倍。

受条件限制且地下部分为汽车库或设备用房的建筑，楼梯间的地上部分与地下部分共用机械加压送风系统时，其送风量按地上、地下两部分之和计算。楼梯间设置送风井（管）道确有困难而采用直灌式加压送风系统的楼梯间，其送风量应按计算值或规定值增加 20% 计算。

封闭避难层（间）、避难走道的机械加压送风量应按避难层（间）、避难走道的净面积每平方米不小于 30m³/h 计算。避难走道前室的送风量应按直接开向前室的疏散门的总断面面积乘以 1m/s 的门洞断面风速计算。

人民防空工程中，当前室或合用前室不直接送风时，防烟楼梯间的送风量不应小于25000m³/h，并应在防烟楼梯间和前室或合用前室的墙上设置余压阀。当防烟楼梯间与前室或合用前室分别送风时，防烟楼梯间的送风量不应小于 16000m³/h。前室或合用前室的送风量不应小于12000m³/h。

（二）余压值

机械加压送风系统的余压值是机械加压送风系统设计中的一个重要指标，该数值的取值标准是：在加压部位相通的门窗关闭时，能够阻止着火层的烟气在热压、风压、浮力、膨胀力等联合作用下进入加压部位，同时又不致过高造成人员推不开通向疏散通道的门。机械加压送风量应满足走廊至前室至楼梯间的压力呈递增分布，不同部位的余压值应符合下列要求：

（1）前室、合用前室、封闭避难层（间）、封闭楼梯间与走道之间的压差应为25～30Pa。

（2）防烟楼梯间与疏散走道之间的压差应为 40～50Pa。

为了保证防烟楼梯间及其前室、消防电梯间前室和合用前室的正压值，并防止正压值过大而导致疏散门难以推开，应在防烟楼梯间与前室、前室与走道之间设置泄压措施。

五、机械加压送风系统组件

（一）加压送风机

加压送风机可用轴流风机或中低压离心风机，加压送风机宜设置在系统下部，且应采取保证各层送风量均匀的措施。加压送风机应设置在专用机房内，机房应采用耐火极限不低于2.00h 的隔墙和 1.50h 的楼板及甲级防火门与其他部位隔开。

加压送风机的进风口应直通室外，且宜设在机械加压送风系统的下部，并应采取防止烟气被吸入的措施。加压送风机的进风口不应与排烟风机的出风口设在同一层面。当确有困难须设在同一层面时，加压送风机的进风口与排烟风机的出风口应分开布置。竖向布置时，加

压送风机的进风口应设置在排烟风机出风口的下方，两者边缘的最小垂直距离不应小于6m；水平布置时，两者边缘的最小水平距离不应小于20m。加压送风机出风管或进风管上安装单向风阀或电动风阀时，应采取火灾时阀门自动开启的措施。

（二）加压送风口

设置机械加压送风系统的场所，楼梯间应设置常开风口，前室应设置常闭风口。火灾确认后，火灾自动报警系统应能在15s内联动打开常闭风口。楼梯间的加压送风口宜每隔2~3层设置1个常开式百叶送风口，前室应每层设置1个常闭式加压送风口且应设手动开启装置。机械加压送风系统中的加压送风口不宜设置在被门挡住的部位，加压送风口的风速不宜大于7m/s。

建筑高度大于32m，楼梯间采用直灌式加压送风系统的建筑，应采用两点送风方式，加压送风口之间的距离不宜小于建筑高度的1/2，加压送风口不宜设在影响人员疏散的部位。

（三）加压送风管道

机械加压送风系统应采用不燃烧材料制作的加压送风管道，不应采用土建风道，管道内壁应当光滑。当加压送风管道内壁为金属时，其设计风速不应大于20m/s；当加压送风管道内壁为非金属时，其设计风速不应大于15m/s。

竖向设置的加压送风管道应独立设置在管道井内。当确有困难未设置在管道井内或须与其他管道合用管道井时，加压送风管道的耐火极限不应低于1.00h。水平设置的加压送风管道，当设置在顶棚内时，其耐火极限不应低于0.50h；当未设置在顶棚内时，其耐火极限不应低于1.00h。管道井应采用耐火极限不小于1.00h的隔墙与相邻部位分隔，当墙上必须设置检修门时应采用乙级防火门。

（四）余压阀

余压阀是控制压力差的阀门。为了保证防烟楼梯间及其前室、消防电梯间前室和合用前室的正压值，并防止正压值过大而导致疏散门难以推开，在防烟楼梯间与前室、前室与走道之间应设置余压阀，用于控制余压阀两侧正压间的压力差不超过最大允许压力差。最大允许压力差应通过计算确定。

单元四　机械排烟系统

机械排烟系统是按照通风气流组织理论，当建筑物内发生火灾时，将房间、走道等空间的烟气通过排烟风机排至建筑物外的系统。它由挡烟设施（活动式或固定式挡烟垂壁、挡烟隔墙、挡烟梁）、排烟口、排烟防火阀、排烟管道、排烟风机和排烟风机控制柜等组成。目前，常见的机械排烟系统有机械排烟与自然补风组合、机械排烟与机械补风组合、机械排烟与机械排风合用、机械排烟与通风空调系统合用等形式。

一、机械排烟系统工作原理

当建筑物内发生火灾时，通常是由火场人员手动控制或由感烟探测器将火灾信号传递给机械排烟系统控制器，开启活动式挡烟垂壁将烟气控制在发生火灾的防烟分区内，并打开排烟口以及和排烟口联动的排烟防火阀，同时关闭通风空调系统和加压送风管道内的防火调节阀，以防止烟气从通风空调系统蔓延到其他非着火房间，最后由设置在屋顶的排烟风机将烟气通过排烟管道排至室外。

图 7-13 为机械排烟系统的示意图。该系统负担 3 个防烟分区的排烟，排烟防火阀 5 常开，排烟口（带阀）6 常闭。当防烟分区Ⅲ发生火灾时，Ⅲ区排烟口可由现场手动启动或由消防控制中心发出信号启动，并联动启动同一防烟分区内的所有排烟口和排烟风机 1 进行排烟，保证只在着火防烟分区内实施排烟。当管道内的温度达到 280℃ 时，排烟防火阀 5 自动关闭；当排烟风机入口总管处排烟防火阀 2 处温度达到 280℃ 时，排烟防火阀 2 关闭，并直接关闭排烟风机 1。系统中的每一个排烟口（阀）均应设现场手动开启装置，且应方便操作。

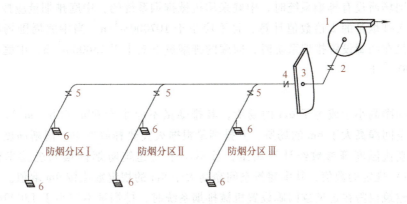

图 7-13　机械排烟系统示意

1—排烟风机　2，5—排烟防火阀（280℃）　3—排烟风机隔墙　4—排烟防火阀　6—排烟口（带阀）

二、机械排烟系统的选择及设置

（一）机械排烟系统的选择

（1）建筑内应设排烟设施，不具备自然排烟条件的房间、走道及中庭等，均应采用机械排烟方式。高层建筑受自然条件（如室外风速、风压、风向等）的影响较大，采用机械排烟方式较多。

（2）非敞开式汽车库，地下一层中建筑面积不小于 $1000m^2$ 的汽车库和修车库，地下二层及以下层的汽车库、修车库，不具备自然排烟条件时，应设置机械排烟系统。

（二）机械排烟系统的设置

在同一个防烟分区内应采用同一种排烟方式，以确保排烟系统的有效性。当同一个防烟分区内同时采用自然排烟方式和机械排烟方式时，自然排烟的排烟口可能会变为进风口而影响排烟效果。

当建筑的机械排烟系统沿水平方向布置时，为了防止火灾在不同防火分区蔓延，且有利于不同防火分区烟气的排出，每个防火分区的机械排烟系统应独立设置。建筑高度大于 50m 的公共建筑和工业建筑、建筑高度大于 100m 的住宅建筑，其机械排烟系统应竖向分段独立设置，且公共建筑和工业建筑中每段的系统服务高度应小于或等于 50m，住宅建筑中每段的系统服务高度应小于或等于 100m。

机械排烟系统和通风空调系统一般需要分别单独设置，确需合用时，系统各组件的性能要满足各排烟系统的要求；要采取合理的技术措施，保证在发生火灾时系统能顺利地从通风或空调模式转变为排烟模式。通风空调系统的风口一般是常开风口，为了确保排烟量，当按防烟分区进行排烟时，只有着火处防烟分区的排烟口才开启排烟，其他风口都要关闭，这就要求通风空调系统的每个风口上都要安装自动控制阀才能满足排烟要求，且当排烟口打开时，每个合用系统的管道上需联动关闭的通风空调系统的控制阀门不应超过10个。

三、机械排烟系统的主要设计参数

（一）排烟量

1. 中庭的排烟量

中庭周围场所设有排烟系统时，中庭采用机械排烟系统的，中庭排烟量应按周围场所防烟分区中最大排烟量的2倍数值计算，且不应小于107000m³/h；当中庭周围场所不需设置排烟系统，仅在回廊设置排烟系统时，回廊的排烟量不应小于13000m³/h，中庭的排烟量不应小于40000m³/h。

2. 中庭以外一个防烟分区的排烟量

建筑空间净高小于或等于6m的场所，其排烟量不应小于60m³/（h·m²）。公共建筑、工业建筑中空间净高大于6m的场所，其排烟量根据火灾热释放速率、清晰高度、烟羽流质量流量及烟羽流温度等参数经计算确定，且不小于《建筑防烟排烟系统技术标准》（GB 51251—2017）规定的数值，其中建筑空间净高大于9m的规定数值按9m取值。

当公共建筑仅需在走道或回廊设置机械排烟系统时，排烟量不应小于13000m³/h；当公共建筑室内与走道或回廊均需要设置机械排烟系统时，其走道或回廊的排烟量可按60m³/（h·m²）计算且不小于13000m³/h。

3. 一个机械排烟系统担负多个防烟分区时的排烟量

当系统负担具有相同净高的场所时，对于建筑空间净高大于6m的场所，应按排烟量最大的一个防烟分区的排烟量计算；对于建筑空间净高为6m及以下的场所，应按同一防火分区中任意两个相邻防烟分区的排烟量之和的最大值计算。当系统负担具有不同净高的场所时，应采用上述方法对系统中每个场所所需的排烟量进行计算，并取其中的最大值作为系统排烟量。

（二）风速

机械排烟系统的排烟管道，当排烟管道内壁为金属时，管道设计风速不应大于20m/s；当排烟管道内壁为非金属时，管道设计风速不应大于15m/s。排烟口风速不宜大于10m/s。机械补风口的风速不宜大于10m/s，人员密集场所补风口的风速不宜大于5m/s；自然补风口的风速不宜大于3m/s。

四、机械排烟系统组件

（一）排烟风机

排烟风机可采用离心式或轴流式排烟风机，风机应满足280℃时连续工作30min的要求。排烟风机入口处应设置280℃能自动关闭的排烟防火阀，该阀应与排烟风机联动，当该阀关闭时，排烟风机应能停止运转。

排烟风机宜设置在机械排烟系统的最高处，烟气出口宜朝上，并应高于加压送风机和补风机的进风口，两者垂直距离或水平距离的规定为：竖向布置时，加压送风机和补风机的进风口应设置在排烟风机出风口的下方，其两者边缘的最小垂直距离不应小于 6m；水平布置时，两者边缘的最小水平距离不应小于 20m。

排烟风机应设置在专用机房内，该房间应采用耐火极限不低于 2.00h 的隔墙和 1.50h 的楼板及甲级防火门与其他部位隔开。风机两侧应有 600mm 以上的空间。对于机械排烟系统与通风空调系统共用的系统，其排烟风机与排风机合用的机房应符合下列条件：

（1）机房内应设有自动喷水灭火系统。

（2）机房内不得设有用于机械加压送风的风机与管道。

（3）排烟风机与排烟管道的连接部件应能在 280℃ 时连续 30min 保证其结构完整性。

（二）排烟管道

机械排烟系统应采用管道排烟，且不应采用土建风道。排烟管道应采用不燃材料制作且内壁应光滑。排烟管道及其连接部件应能在 280℃ 时连续 30min 保证其结构完整性。

竖向设置的排烟管道应设置在独立的管道井内，排烟管道的耐火极限不应低于 0.50h。水平设置的排烟管道应设置在顶棚内，排烟管道的耐火极限不应低于 0.50h；当确有困难时，可直接设置在室内，但管道的耐火极限不应小于 1.00h。设置在走道部位顶棚内的排烟管道，以及穿越防火分区的排烟管道，其管道的耐火极限不应小于 1.00h，但设备用房和汽车库排烟管道的耐火极限可以不低于 0.50h。

当顶棚内有可燃物时，顶棚内的排烟管道应采用不燃烧材料进行隔热，并应与可燃物保持不小于 150mm 的距离。

设置排烟管道的管道井应采用耐火极限不小于 1.00h 的隔墙与相邻区域分隔；当墙上必须设置检修门时，应采用乙级防火门。

（三）排烟防火阀

排烟防火阀是安装在机械排烟系统管道上，平时呈开启状态，火灾时当排烟管道内烟气温度达到 280℃ 时关闭，并在一定时间内能满足漏烟量和耐火完整性要求，起隔烟阻火作用的阀门。排烟防火阀一般由阀体、叶片、执行机构和温感器等部件组成。下列部位应设置排烟防火阀：

（1）垂直主排烟管道与每层水平排烟管道连接处的水平管段上。

（2）一个机械排烟系统负担多个防烟分区的排烟支管上。

（3）排烟风机入口处。

（4）排烟管道穿越防火分区处。

（四）排烟阀（口）

排烟口是指机械排烟系统中烟气的入口。排烟阀是安装在机械排烟系统各支管端部（烟气吸入口）处，平时呈关闭状态并满足漏风量要求，火灾时可手动和电动启闭，起排烟作用的阀门，一般由阀体、叶片、执行机构等部件组成。

排烟阀（口）应根据其所在的防烟分区的排烟量经计算确定，且防烟分区内任一点与最近的排烟口之间的水平距离不应大于 30m。排烟口的设置宜使烟流方向与人员疏散方向相反，排烟口与附近安全出口相邻边缘之间的水平距离不应小于 1.5m。火灾时由火灾自动报警系统联动开启排烟区域的排烟阀或排烟口，并应在现场设置手动开启装置。

排烟口应设在储烟仓内且宜设置在顶棚或靠近顶棚的墙面上，但走道、室内空间净高不大于 3m 的区域，其排烟口可设置在净空高度的 1/2 以上；当设置在侧墙时，顶棚与其最近的边缘的跨度不应大于 0.5m。当需要机械排烟的房间面积小于 50m² 时，可以通过走道排烟，排烟口可以设置在疏散走道中。

当排烟口设在顶棚内且通过顶棚上部空间进行排烟时，顶棚应采用不燃材料，且顶棚内不应有可燃物。封闭式顶棚上设置的烟气流入口的颈部烟气速度不宜大于 1.5m/s；非封闭式顶棚的开孔率不应小于顶棚净面积的 25%，且排烟口应均匀布置。

（五）固定窗

固定窗是设置在设有机械防烟排烟系统的场所中，窗扇固定，平时不可开启，仅在火灾时便于破拆以排出火场中的烟和热的外窗。当设置机械排烟系统时，下列地上建筑或部位，应在外墙或屋顶设置固定窗：

（1）任一层建筑面积大于 2500m² 的丙类厂房（仓库）。

（2）任一层建筑面积大于 3000m² 的商店建筑、展览建筑及类似功能的公共建筑。

（3）总建筑面积大于 1000m² 的歌舞娱乐放映游艺场所。

（4）商店建筑、展览建筑及类似功能的公共建筑中长度大于 60m 的走道。

（5）靠外墙或贯通至建筑屋顶的中庭。

固定窗宜按每个防烟分区在屋顶或建筑外墙上均匀布置且不应跨越防火分区。非顶层区域的固定窗应布置在每层的外墙上；顶层区域的固定窗应布置在屋顶或顶层的外墙上，但未设置自动喷水灭火系统以及采用钢结构屋顶或预应力钢筋混凝土屋面板的建筑，固定窗应布置在屋顶。设置在顶层区域的固定窗，其总面积不应小于楼地面面积的 2%。设置在靠外墙且不位于顶层区域的固定窗，单个固定窗的面积不应小于 1m²，且间距不宜大于 20m，其下沿距室内地面的高度不宜小于层高的 1/2。供消防救援人员进入的窗口面积不计入固定窗面积，但可组合布置。设置在中庭区域的固定窗，其总面积不应小于中庭楼地面面积的 5%。固定玻璃窗应按可破拆的玻璃面积计算，带有温控功能的可开启设施应按开启时的水平投影面积计算。

除洁净厂房外，设置机械排烟系统的任一层建筑面积大于 2000m² 的制鞋、制衣、玩具、塑料、木器加工储存等丙类工业建筑，可采用可熔性采光带（窗）替代固定窗。未设置自动喷水灭火系统或采用钢结构屋顶或预应力钢筋混凝土屋面板的建筑，可熔性采光带（窗）的面积不应小于楼地面面积的 10%，其他建筑不应小于楼地面面积的 5%。可熔性采光带（窗）的有效面积应按其实际面积计算。

（六）挡烟垂壁

当建筑物净空较高时可采用固定式，将挡烟垂壁长期固定在顶棚上；当建筑物净空较低时，宜采用活动式。采用机械排烟方式时，挡烟垂壁的深度不应小于空间净高的 10%，且不应小于 500mm，同时其底部距地面的高度应大于安全疏散所需的最小清晰高度。

五、补风系统

（一）补风原理

根据空气流动的原理，在排出某一区域空气的同时，也需要另一部分的空气进行补充。排烟系统排烟时，补风的主要目的是为了形成理想的气流组织，迅速排除烟气，以利于人员的安全疏散和消防救援。

（二）补风系统的选择

除地上建筑的走道或地上建筑面积小于 $500m^2$ 的房间外，设置排烟系统的场所应能直接从室外引入空气补风，且补风量和补风口的风速应满足排烟系统有效排烟的要求。地上建筑的走道和小面积的场所因面积较小，排烟量也较小，可以利用建筑的各种缝隙满足排烟系统所需的补风，为了简便系统管理和减少工程投入，可以不用专门为这些场所设置补风系统。除这些场所以外的排烟系统均应设置补风系统。

（三）补风的方式

补风系统应直接从室外引入空气，可采用自然补风和机械补风两种方式。

1. 自然补风

自然补风系统可以采用疏散外门、手动或自动可开启外窗等设施进行排烟补风，并保证补风气流不受阻隔，但是不应将防火门、防火窗作为补风设施。

2. 机械补风

（1）机械排烟与机械补风组合方式。这种方式利用排烟风机通过排烟口将着火房间的烟气排到室外，同时对走廊、楼梯间前室和楼梯间等利用送风机进行机械补风，使着火房间、疏散通道、前室、楼梯间形成稳定的气流，有利于着火房间的排烟，同时能防止烟气从着火房间渗漏到走廊、前室及楼梯间，确保疏散通道的安全。

（2）自然排烟与机械补风组合方式。这种方式是将着火房间的烟气通过外窗或专用排烟口以自然排烟的方式排至室外，再由机械补风系统向走廊、前室和楼梯间补风，使这些区域的空气压力高于着火房间，以防止烟气侵入疏散通道。这种方式需要控制加压区域的空气压力，避免与着火房间的压力相差过大导致渗入着火房间的新鲜空气过多，助长火灾的发展。

机械补风系统也可由通风空调系统转换而成，但此时的通风空调系统设计应注意以下几点：通风空调系统的送风机应与排烟系统同步运行；通风量应满足排烟补风量的要求；如有回风，应立即断开系统；系统上的阀门（包括防火阀）应与之相适应。

（四）补风量

（1）补风系统应直接从室外引入空气，补风量不应小于排烟量的 50%。

（2）汽车库内无直接通向室外的汽车疏散出口的防火分区，当设置机械排烟系统时，应同时设置补风系统，且补风量不宜小于排烟量的 50%。

（五）补风系统组件

1. 补风口

当补风口与排烟口设置在同一空间内相邻的防烟分区时，补风口位置不限；当补风口与排烟口设置在同一防烟分区时，补风口应设在储烟仓下沿以下；补风口与排烟口的水平距离不应小于5m。机械补风口或自然补风口设于储烟仓以下，才能形成理想的气流组织。补风口如果设置位置不当的话，会造成对流动烟气的搅动，严重影响烟气导出的有效组织，或由于补风受阻，使排烟气流无法稳定导出，所以对补风口的设置有严格要求。

2. 补风机

补风机的设置与机械加压送风机的要求相同，风机应设置在专用机房内。排烟区域所需的补风系统应与排烟系统联动开启或关闭。

3. 补风管道

补风管道耐火极限不应低于 0.50h；当补风管道跨越防火分区时，管道的耐火极限不应小于 1.50h。

单元五　防排烟系统联动控制

一、防烟系统的联动控制

1. 机械加压送风系统联动控制

当火灾发生时，着火部位所在防火分区内的两只独立的火灾探测器或一只火灾探测器与一只手动火灾报警按钮的报警信号发送到火灾报警控制器，火灾报警控制器将这两个信号进行识别并确认火灾后，再以这两个信号的"与"逻辑作为开启送风口和启动加压送风机的联动触发信号，消防联动控制器在接收到满足逻辑关系的联动触发信号后，联动开启该防火分区内着火层及相邻上下两层前室及合用前室的常闭送风口和加压送风机，同时开启该防火分区楼梯间的全部加压送风机。当防火分区内火灾确认后，应能在 15s 内联动开启常闭送风口和加压送风机。

2. 加压送风机的启动

加压送风机的启动应有现场手动启动、火灾自动报警系统自动启动、消防控制室手动启动、任一常闭加压送风口开启后自动启动四种方式。现场手动启动由风机控制柜来实现，通过风机控制柜来手动启停加压送风机。消防控制室通过多线控制盘可直接手动启动加压送风机。任一常闭加压送风口开启时（包括手动和自动），相应的加压送风机应能自动启动。

二、排烟系统的联动控制

1. 机械排烟系统联动控制

机械排烟系统中的常闭排烟阀（口）应设置火灾自动报警系统联动开启功能和手动开启装置，并与排烟风机联动。当火灾发生时，着火部位所在防烟分区内的两只独立的火灾探测器或一只火灾探测器与一只手动火灾报警按钮的报警信号发送到火灾报警控制器，火灾报警控制器将这两个信号进行识别并确认火灾后，再以这两个信号的"与"逻辑作为排烟口、排烟窗或排烟阀开启的联动触发信号，消防联动控制器在接收到满足逻辑关系的联动触发信号后，联动控制排烟口、排烟窗或排烟阀的开启，同时停止该防烟分区的空气调节系统。当排烟口、排烟窗或排烟阀开启时，其开启动作信号作为排烟风机启动的联动触发信号，消防联动控制器在接收到排烟口、排烟窗或排烟阀的开启信号后，联动启动排烟风机。在排烟风机入口总管处的排烟防火阀在 280℃时应能自行关闭，其关闭信号能联动关闭排烟风机和补风机。消防控制设备应能显示排烟系统的排烟风机、补风机、排烟防火阀等设施的启闭状态。

2. 常闭排烟阀或排烟口联动控制

机械排烟系统中的常闭排烟阀或排烟口除具有火灾自动报警系统开启功能外，还应具有消防控制室手动开启和现场手动开启功能，其开启信号均能联动启动风机。当火灾确认后，火灾自动报警系统应在 15s 内联动开启相应防烟分区的全部排烟阀、排烟口、排烟风机和补风设施，并应能在30s内自动关闭与排烟无关的通风空调系统。当火灾确认后，担负两个及以上防烟分区的排烟系统，应仅打开着火防烟分区的排烟阀或排烟口，其他防烟分区的排烟阀或排烟口应呈关闭状态。排烟口、排烟窗或排烟阀开启和关闭的动作信号，风机启动和停止及电动防火阀关闭的动作信号，均应反馈至消防联动控制器。

3. 电动挡烟垂壁联动控制

电动挡烟垂壁应具有火灾自动报警系统自动启动和现场手动启动功能。发生火灾时，以起火部位所在防烟分区内且位于电动挡烟垂壁附近的两只独立的感烟火灾探测器的报警信号（"与"逻辑）作为电动挡烟垂壁降落的联动触发信号，消防联动控制器在接收到满足逻辑关系的联动触发信号后，联动控制电动挡烟垂壁的降落。火灾确认后，火灾自动报警系统应在15s内联动相应防烟分区全部电动挡烟垂壁，并在60s以内将挡烟垂壁开启到位。

4. 自动排烟窗的联动控制

自动排烟窗可采用与火灾自动报警系统联动或与温度释放装置联动的控制方式。当采用火灾自动报警系统自动启动时，自动排烟窗应在60s内或小于烟气充满储烟仓所需的时间内开启完毕。带有温控功能的自动排烟窗，其温控释放温度应大于环境温度30℃且小于100℃。

三、防排烟系统的手动控制设计

防排烟系统应能在消防控制室内的消防联动控制器上手动控制送风口、活动挡烟垂壁、排烟口、排烟窗、排烟阀的开启或关闭，以及防排烟风机等设备的启动或停止。防排烟风机的启动、停止按钮应采用专用线路直接连接至设置在消防控制室内的消防联动控制器的手动控制盘上，并应直接手动控制防排烟风机的启动与停止。常闭送风口、排烟阀或排烟口的手动驱动装置应固定安装在明显可见、距楼地面1.3~1.5m便于操作的位置，预埋套管不得有死弯及瘪陷，手动驱动装置操作应灵活。

建 筑 防 爆

> **模块概述：**
>
> 本模块的主要内容是认识爆炸危险性厂房、仓库的布置，爆炸危险性建筑的构造防爆，电气防爆与设施防爆。
>
> **知识目标：**
>
> 通过本模块学习，了解生产厂房的防火防爆原则及建筑防爆性能要求；熟悉建筑防爆基本技术措施，爆炸危险性厂房、仓库的总平面布局和平面布置，泄压面积的计算方法，泄压设施的设置和选择，抗爆结构形式的选择，采暖系统、通风空调系统的防火防爆措施；掌握电气防爆，锅炉房防爆的措施。
>
> **素养目标：**
>
> 随着社会经济的发展，统筹发展和安全，把安全发展贯穿国家发展各领域和全过程，防范和化解影响我国现代化进程的各种风险，筑牢国家安全屏障具有深刻的方法论意义和丰富的实践内涵。在化工技术提升、化工企业扩大的时代背景下，对于有爆炸危险的建筑，爆炸事故的发生不仅会直接造成附近人员的严重伤亡和财产的严重损失，而且结构发生局部或整体的连续倒塌会引发更为严重的人身伤亡。在建筑设计中采取防爆措施，防止或减少爆炸事故的发生，当发生爆炸事故时，最大限度地减轻其危害和造成的损失，对于保证人民生命财产安全和维护社会稳定具有重要的意义。

单元一　建筑防爆概述

爆炸是物质从一种状态转变成另一种状态，并在瞬间放出大量能量，同时发出声响的现象。爆炸由于破坏力强，危害性大，往往还伴随着火灾及其他灾害的发生，因而需要引起消防工作者的特别重视。了解爆炸及其特征，是理解和应用防火防爆技术的必要理论基础。熟悉建筑防爆基本技术措施对于防范爆炸的发生，处置爆炸对建筑的危害尤为重要。

一、爆炸及其特征

（一）爆炸的定义

由于物质急剧的氧化反应或分解反应而产生温度、压力增加或两者同时增加的现象，称为爆炸。爆炸是由物理变化和化学变化引起的。在发生爆炸时，势能（化学能或机械能）

突然转变为动能，有高压气体生成或释放出高压气体，这些高压气体随之做机械功，如移动、改变或抛射周围的物体。爆炸一旦发生，将会对邻近的物体产生极大的破坏作用，这是由于构成爆炸体系的高压气体作用到周围物体上，使物体受力不平衡，从而遭到破坏。

（二）爆炸的特征

一般来讲，爆炸具有以下特征：

（1）爆炸过程高速进行。

（2）爆炸点附近的介质压力急剧升高，多数伴随温度升高。

（3）周围介质发生振动或邻近物质遭到破坏。

（4）发出声响。

二、爆炸的类型

根据爆炸的原因与性质不同，爆炸可分为物理爆炸、化学爆炸和核爆炸。

（一）物理爆炸

物质因状态变化导致压力发生突变而形成的爆炸是物理爆炸。爆炸前后物质的化学成分均不改变，物理爆炸本身没有进行燃烧反应，但它产生的冲击力可直接或间接地造成火灾。蒸汽锅炉的爆炸就是典型的物理爆炸，其原因是过热的水迅速蒸发产生大量蒸汽，使锅炉内蒸汽压力不断提高，当压力超过锅炉的极限强度时就会发生爆炸。此外，高压气瓶的爆炸、轮胎爆炸等也是物理爆炸。

（二）化学爆炸

化学爆炸是指由于物质急剧氧化或分解产生温度、压力的增加或两者同时增加而形成的爆炸现象，爆炸前后物质的化学成分和性质都发生了根本变化。化学爆炸能直接造成火灾，具有很大的火灾危险性。各种炸药的爆炸，气体、液体蒸气及粉尘与空气混合后形成的爆炸都是化学爆炸。例如，2023 年 6 月 21 日，宁夏回族自治区银川市兴庆区一烧烤店操作间液化石油气（液化气罐）泄漏引发爆炸，事故造成 31 人死亡、7 人受伤。该事故是由于工作人员违反有关安全管理规定，擅自更换与液化气罐相连接的减压阀，导致液化气罐中的液化气快速泄漏，引发爆炸。

（三）核爆炸

核爆炸是由原子核裂变或聚变反应释放出核能形成的爆炸，如原子弹、氢弹的爆炸就是核爆炸。

三、爆炸的破坏作用

在爆炸过程中，空间内的物质以极快的速度把其内部所含有的能量释放出来，转变成机械功、光和热等能量形态，所以一旦发生爆炸事故，就会产生巨大的破坏作用。爆炸发生破坏作用的根本原因是构成爆炸的体系内存有高压气体或在爆炸瞬间生成的高温高压气体。构成爆炸的体系和它周围的介质之间发生急剧的压力突变是爆炸的最重要特征，这种压差的急剧变化是产生爆炸破坏作用的直接原因。

（一）爆炸的压力作用

爆炸压力是由爆炸产生的机械效应，是由爆炸引起的最大破坏作用。爆炸压力的大小与爆炸物质的种类、数量、周围环境等因素有关。爆炸压力是爆炸事故造成杀伤、破坏的主要因素。

（二）爆炸的冲击波作用

爆炸时所产生的高温高压气体以极高的速度膨胀，像活塞一样挤压着周围空气，并把爆炸反应释放出的部分能量传递给这些被压缩的空气，空气受冲击而发生扰动，其压力、密度等随之产生突变，这种扰动在空气中的传播就称为冲击波。冲击波的强度是以标准大气压（101.325kPa）来表示的。冲击波在传播过程中主要靠其波阵面上的超压来产生破坏作用。

在爆炸中心附近，空气冲击波波阵面上的超压可达几个大气压至十几个大气压，在这样高的超压作用下，建筑物会被摧毁，机械设备、管道等会受到严重破坏，也会发生人员伤亡。当冲击波大面积作用于建筑物时，波阵面超压在20~30kPa之间，就足以使大部分砖木结构建筑物的门窗受到强烈破坏，墙体出现裂缝；波阵面超压在100kPa以上时，除坚固的钢筋混凝土建筑外，其他建筑将全部被破坏。冲击波还可以在它的作用区域内产生震荡作用，使物体因震荡而松散，直至破坏。

（三）爆炸的高温作用

爆炸发生后，爆炸气体产物的扩散只发生在极其短促的瞬间，对一般可燃物来说，不足以造成起火燃烧，而且冲击波造成的爆炸风还有灭火作用。但是爆炸时产生的高温高压，建筑物内遗留的大量残热或残余火苗，会把受损设备内部不断流出的可燃气体、易燃或可燃液体的蒸气点燃，也可能把其他易燃物点燃，从而引起火灾。

（四）爆炸碎片的冲击作用

机械设备、装置、容器、建筑构件等在爆炸后会形成碎片飞散出去，在相当广的范围内造成危害，爆炸形成的碎片飞出范围为100~500m之间。

四、生产厂房的防火防爆原则及建筑防爆性能要求

根据物质燃烧爆炸原理，防止发生火灾爆炸事故的基本原则是：控制可燃物质和助燃物质的浓度、温度、压力及混触条件，避免物料处于燃爆的危险状态；消除一切足以引起爆炸的点火源；采取各种阻隔手段，阻止火灾爆炸事故的扩大。

（一）生产厂房的防火防爆原则

厂房内的生产工艺布置和生产过程控制，工艺装置、设备与仪器仪表、材料等的设计和设置，应根据生产部位的火灾危险性采取相应的防火防爆措施。

（二）建筑防爆性能要求

1. 爆炸危险性场所或部位防爆的基本方法及其性能要求

建筑中有可燃气体、蒸气、粉尘、纤维爆炸危险性的场所或部位，应采取防止形成爆炸条件的措施；当采用泄压、减压、结构抗爆或防爆措施时，应保证建筑的主要承重结构在燃烧爆炸产生的压强作用下仍能发挥其承载功能。

2. 爆炸危险性场所内的设备和管道的基本防爆性能要求

在有可燃气体、蒸气、粉尘、纤维爆炸危险性的环境内，可能产生静电的设备和管道均应具有防止发生静电或静电积累的性能。

3. 爆炸危险性场所避免形成爆炸危险性条件的性能要求

建筑中散发较空气轻的可燃气体、蒸气的场所或部位，应采取防止可燃气体、蒸气在室内积聚的措施；散发较空气重的可燃气体、蒸气或有粉尘、纤维爆炸危险性的场所或部位，

应符合下列规定：

（1）楼地面应具有不产生火花的性能，使用绝缘材料铺设的整体楼地面面层应具有防止产生静电的性能。

（2）散发可燃粉尘、纤维场所的内表面应平整、光滑，易于清扫。

（3）场所内设置地沟时，应采取措施防止可燃气体、蒸气、粉尘、纤维在地沟内积聚，并防止火灾通过地沟与相邻场所的连通处蔓延。

五、建筑防爆基本技术措施

建筑防爆的基本技术措施分为预防性技术措施和减轻性技术措施。预防性技术措施的目标主要是为了实现安全生产、预防第一，采取措施防止或减小产生爆炸的可能性。减轻性技术措施主要是为了在爆炸发生时尽可能减小爆炸对建筑结构、人员与相关设备造成的损失。

（一）预防性技术措施

（1）控制爆炸混合物的浓度，防止可燃物质泄漏，防止可燃气体、蒸气、粉尘、纤维等物质形成爆炸性混合物。

1）通过改进工艺，用爆炸危险性小的物质代替爆炸危险性大的物质，或在生产过程中尽量不用或少用具有爆炸危险的各类可燃物质。

2）生产设备应尽可能保持密闭状态，防止跑、冒、滴、漏。

3）加强通风除尘，在能够散发可燃气体、蒸气和粉尘的场所采取有效的通风措施，以防止爆炸性混合物的形成。

4）预防燃气泄漏，设置可燃气体浓度报警装置。

5）利用惰性介质进行保护。

（2）控制氧化剂浓度，如对设备进行密闭、隔绝空气、采取惰化技术等。

（3）控制点火源，如对明火、化学反应热、热辐射、高温表面、摩擦和撞击等进行控制。

1）防止撞击、摩擦产生火花。

2）防止高温表面成为点火源。

3）防止日光照射。

4）防止明火。

5）消除静电火花。

6）防雷电火花。

（二）减轻性技术措施

减轻性技术措施主要是提高建筑结构的抗爆性能，并在有爆炸危险的建筑中设置泄压构件，尽量减小爆炸对建筑的破坏。

1. 采取泄压措施

在建筑围护结构设计中设置一些泄压口或泄压面，当爆炸发生时，这些泄压口或泄压面首先被破坏，使高温高压气体得以泄放，从而降低爆炸压力，使主要承重或受力结构不发生破坏。

2. 采用抗爆性能良好的建筑结构

加强建筑结构主体的强度和刚度，使其在爆炸中足以抵抗爆炸冲击而不倒塌。

3. 采取合理的建筑布置

在进行建筑设计时，根据建筑生产、储存的爆炸危险性，在总平面布局和平面布置上合理设计，尽量减小爆炸的作用范围。

单元二 爆炸危险性厂房、仓库的布置

对具有爆炸危险的厂房、仓库，在进行总平面布局和平面布置时，都要为防止爆炸事故的发生和减少这些爆炸事故造成的损失创造有利的条件。

一、总平面布局

对具有爆炸危险性的厂房、仓库，根据其生产、储存物质的性质划分其危险性。除了生产、储存工艺上的防火防爆要求之外，对厂房、仓库进行合理的总平面布局，是杜绝"先天性"安全隐患、防止爆炸范围扩大的重要措施。

（1）有爆炸危险的甲、乙类厂房、仓库宜独立设置，并宜采用敞开式或半敞开式，其承重结构宜采用钢筋混凝土或钢框架、排架结构。

（2）有爆炸危险的厂房、仓库与周围建筑物、构筑物应保持一定的防火间距，如甲类厂房与人员密集场所的防火间距不应小于50m，与明火或散发火花地点的防火间距不应小于30m。甲类仓库与高层民用建筑和设置人员密集场所的民用建筑的防火间距不应小于50m，甲类仓库之间的防火间距不应小于20m。除储存助燃气体或常温下与空气接触能缓慢氧化，积热不散引起自燃的物品的仓库外，乙类仓库与高层民用建筑和设置人员密集场所的其他民用建筑的防火间距不应小于50m。

（3）有爆炸危险的厂房平面布局最好采用矩形，与主导风向应垂直或夹角不小于45°，以有效利用穿堂风吹散爆炸性气体，在山区宜布置在迎风山坡一面且通风良好的地方。

（4）有爆炸危险的厂房必须与无爆炸危险的厂房贴邻时，只能一面贴邻，并在两者之间用防火墙或防爆墙隔开，相邻两个厂房之间不应直接有门相通，以避免爆炸冲击波的影响。

二、平面布置

（1）有爆炸危险的甲、乙类生产部位，宜布置在单层厂房靠外墙的泄压设施或多层厂房顶层靠外墙的泄压设施附近，如图8-1所示。

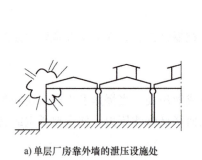

a) 单层厂房靠外墙的泄压设施处　　　b) 多层厂房顶层靠外墙的泄压设施处

图8-1 有爆炸危险的甲、乙类生产部位在厂房中的合理布置

（2）有爆炸危险的设备宜避开厂房的梁、柱等主要承重构件布置。

（3）有爆炸危险区域内的楼梯间、室外楼梯或有爆炸危险的区域与相邻区域的连通处，应设置门斗等防护措施。门斗的隔墙应为耐火极限不低于 2.00h 的防火隔墙，门应采用甲级防火门并应与楼梯间的门错位设置，如图 8-2 所示。

（4）有爆炸危险的厂房或厂房内有爆炸危险的部位应设置泄压设施，例如散发较空气轻的可燃气体、可燃蒸气的甲类厂房，宜采用轻质屋面板作为泄压面积。顶棚应尽量平整、无死角，厂房上部空间应通风良好。

（5）甲、乙类厂房及仓库，有粉尘爆炸危险的生产场所、滤尘设备间、邮袋库、丝麻棉毛类物质库，不应设置在地下或半地下空间。

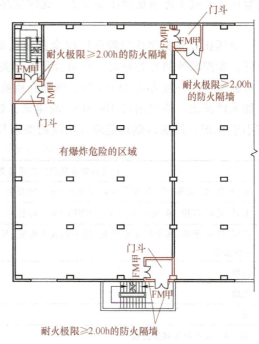

图 8-2　门斗的设置

（6）有爆炸危险的甲、乙类厂房的总控制室应独立设置。有爆炸危险的甲、乙类厂房的分控制室宜独立设置，当贴邻外墙设置时，应采用耐火极限不低于 3.00h 的防火隔墙与其他部位分隔。

（7）厂房内不应设置宿舍。

（8）仓库内不应设置员工宿舍及与仓库运行、管理无直接关系的其他用房。

（9）与甲、乙类厂房贴邻并供该甲、乙类厂房专用的 10kV 及以下的变（配）电站，应采用无开口的防火墙或抗爆墙一面贴邻，与乙类厂房贴邻的防火墙上的开口应为甲级防火窗。其他变（配）电站应设置在甲、乙类厂房以及爆炸危险性区域外，不应与甲、乙类厂房贴邻。

单元三　爆炸危险性建筑的构造防爆

有爆炸危险的厂房、仓库不但应有较高的耐火等级，而且为了防止爆炸时建筑构造受到破坏导致建筑物承载能力降低乃至坍塌，必须加强建筑构造的抗爆能力，并采取有效的泄压措施降低爆炸的危害程度。

一、泄压

泄压就是使爆炸瞬间产生的巨大压力通过泄压设施由建筑物内部向外排出，以保证建筑主体结构不遭受破坏的措施。泄压是在发生爆炸时避免建筑主体遭受破坏的最有效措施。在有爆炸危险的甲、乙类厂房内，应设置必要的泄压设施。试验表明，在 $1m^3$ 容积内爆炸，产生燃烧产物所形成的最大压力小于 30kPa 时，设置 $0.05m^2$ 的泄压面积就能够满足泄压要求；随着爆炸性混合物浓度的增加，爆炸压力也相应增加，当超过 30kPa 时，设置 $0.05m^2$

的泄压面积就不能满足泄压要求了，此时应尽量加大泄压面积以满足泄压的需要。

（一）泄压比

泄压比 C 是指爆炸危险性厂房全部泄压面积与厂房体积之比。泄压比越大，泄压效果越好。参照国外的有关规定，并结合我国有关科研单位的研究成果，我国规定有爆炸危险的厂房的泄压比一般为 $0.05 \sim 0.22$。爆炸介质威力较强或爆炸压力上升速度较快的厂房，应尽量加大泄压比。体积超过 10000m^3 的建筑，如采用上述比值有困难时，可适当降低，但不宜小于 0.03。厂房内爆炸危险性物质的类别与泄压比规定值见表8-1。

表8-1 厂房内爆炸危险性物质的类别与泄压比规定值

厂房内爆炸危险性物质的类别	$C/(\text{m}^2/\text{m}^3)$
氨、粮食、纸、皮革、铅、铬、铜等 $K_{尘}<10\text{MPa}\cdot\text{m/s}$ 的粉尘	$\geqslant 0.030$
木屑、炭屑、煤粉、锑、锡等 $K_{尘}=10\sim30\text{MPa}\cdot\text{m/s}$ 的粉尘	$\geqslant 0.055$
丙酮、汽油、甲醇、液化石油气、甲烷、喷漆间或干燥室、苯酚树脂、铝、镁、锆等 $K_{尘}>30\text{MPa}\cdot\text{m/s}$ 的粉尘	$\geqslant 0.110$
乙烯	$\geqslant 0.160$
乙炔	$\geqslant 0.200$
氢	$\geqslant 0.250$

注：$K_{尘}$ 是指粉尘爆炸指数。

（二）泄压面积

为确保建筑结构的安全，应该首先确定建筑应有的泄压面积，以保证建筑内产生的爆炸压力不超过允许限值，而此限值便可作为设计承重结构的依据。《建筑设计防火规范》（GB 50016—2014）规定有爆炸危险的甲、乙类厂房，其泄压面积按式（8-1）计算，但当厂房的长径比大于3时，宜将该建筑物划分为长径比小于或等于3的多个计算段，各计算段中的公共截面不得作为泄压面积。

$$A = 10CV^{2/3} \tag{8-1}$$

式中 A——泄压面积（m^2）；

V——厂房的容积（m^3）；

C——泄压比（m^2/m^3），按表8-1选取。

长径比=（建筑物平面几何外形尺寸中的最长尺寸×其横截面周长）/（4×该建筑物横截面面积）

长径比过大的空间，在泄压过程中会产生较高的压力。以粉尘为例，如空间过长，则在爆炸后期，未燃烧的粉尘-空气混合物受到压缩，初始压力上升，燃气泄放流动会产生湍流，使燃速增大，产生较高的爆炸压力。因此，有可燃气体或可燃粉尘爆炸危险的建筑物要避免建造得长径比过大，以防止爆炸时产生较大超压，保证所设计的泄压面积能有效作用。

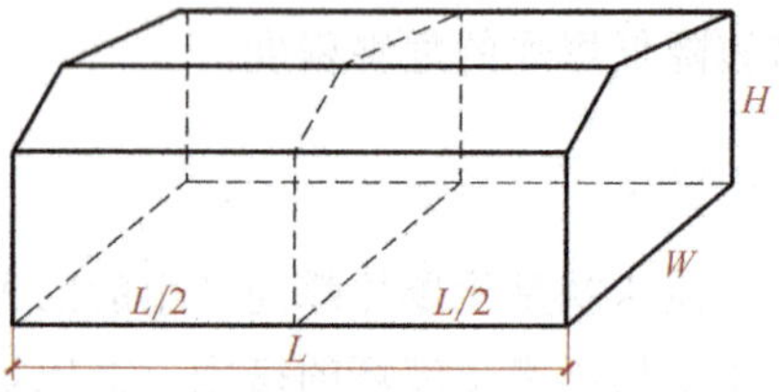

图8-3 泄压面积计算示例

如图8-3所示，已知某生产乙类物品的厂房，宽度 $W=12\text{m}$，长度 $L=36\text{m}$，平均高度 $H=6.5\text{m}$，泄压比 $C=0.11\text{m}^2/\text{m}^3$，计算该厂房的泄压面积。

计算步骤：

（1）计算长径比：$L×[(W+H)×2]/(4×W×H)=36×[(12+6.5)×2]/(4×12×6.5)=1332/312=4.3>3$。

（2）分段进行长径比计算：$18×[(12+6.5)×2]/(4×12×6.5)=666/312=2.1<3$。

（3）计算每段厂房的容积：$V=18×12×6.5m^3=1404m^3$。

（4）代入式（8-1）计算每段厂房的泄压面积：$A=10CV^{2/3}=10×0.11×1404^{2/3}m^2=137.9m^2$。

（5）整个厂房的泄压面积：$137.9m^2×2=275.8m^2$。

（三）泄压设施

1. 泄压设施的设置

当厂房、仓库存在点火源且爆炸性混合物的浓度合适时，就可能发生爆炸。为尽量减轻爆炸事故的破坏程度，必须在建筑物或装置上预先开设面积足够大的、用低强度材料做成的泄压口。在爆炸事故发生时，及时开启泄压口，使建筑物或装置内由于可燃气体、蒸气或粉尘在密闭空间中燃烧而产生的压力泄放出去，以保持建筑物或装置完好。

一般情况下，等量的爆炸介质在密闭的小空间里和在开敞的空地上爆炸，其爆炸威力不一样，破坏强度也不一样。在密闭的空间里爆炸破坏力大得多，因此易发生爆炸的建筑物应设置必要的泄压设施。有爆炸危险的建筑物，如果设有足够的泄压面积，一旦发生爆炸，就可大幅减轻爆炸时的破坏强度，不致因主体结构遭受破坏而造成重大人员伤亡。

2. 泄压设施的选择

当发生爆炸时，作为泄压面的建筑构（配）件首先遭到破坏，将爆炸气体及时泄出，使室内的爆炸压力骤然下降，从而保护建筑物的主体结构，并减轻人员伤亡和财产损失。泄压是减轻爆炸事故危害的一项主要技术措施，属于抗爆的一种。泄压设施可为轻质屋面板、轻质墙体和易于泄压的门、窗等，但宜优先采用轻质屋面板，不应采用非安全玻璃。易于泄压的门、窗，轻质墙体，轻质屋面板是指门、窗的单位质量较小，玻璃易于破碎，墙体屋盖材料密度较小，门、窗选用的小五金断面较小，构造节点的处理要求易摧毁和易脱落等。用于泄压的门、窗可采用楔形木块固定，门、窗上用的金属百叶、插销等可选用断面较小的型号，门、窗的开启方向选择向外开。这样，一旦发生爆炸，因室内压力大，原先关着的门、窗上的小五金件可能被冲击波破坏，门、窗则可自动打开或自行脱落以达到泄压的目的。这些泄压构件就建筑整体而言是人为设置的薄弱部位。当发生爆炸时，它们最先遭到破坏或开启，向外释放大量的气体和热量，使室内爆炸产生的压力迅速下降，从而达到主要承重结构不破坏，整座厂房、仓库不倒塌的目的。对泄压设施的要求如下：

（1）泄压窗可以有多种形式，如轴心偏上的中悬泄压窗，抛物线形塑料板泄压窗等。窗户上应采用安全玻璃。要求泄压窗能在爆炸压力递增稍大于室外风压时，能自动向外开启泄压。

（2）泄压设施的泄压面积应经计算确定。

（3）作为泄压设施的轻质屋面板和轻质墙体，其质量每平方米不宜大于60kg。

（4）散发较空气轻的可燃气体、可燃蒸气的甲类厂房、仓库，宜采用全部或局部轻质屋面板作为泄压设施。顶棚应尽量平整、避免死角，厂房上部空间应通风良好。

（5）泄压面的设置应避开人员集中的场所和主要交通道路或贵重设备的正面或附近，并宜靠近容易发生爆炸的部位。

（6）当采用活动板、窗户、门或其他铰链装置作为泄压设施时，必须注意防止打开的泄压孔由于在爆炸正压冲击波之后出现负压而关闭。

（7）爆炸泄压孔不能受到其他物体的阻碍，也不允许冰、雪妨碍泄压孔和泄压窗的开启，需要经常检查和维护。当能确定起爆点时，泄压孔应设在距起爆点尽可能近的地方。当采用管道把爆炸产物引导到安全地点时，管道必须尽可能短而直，且应朝向陈放物品少的方向设置。因为任何管道泄压的有效性都随着管道长度的增加而按比例减小。

（8）泄压面在材料的选择上除了要求质量小以外，最好具有在爆炸时易破碎成碎块的特点，以便于泄压和减少对人的危害。

（9）对于北方和西北寒冷地区，由于冰冻期长、积雪易增加屋面上泄压面的单位面积荷载，使其产生较大重力，从而使泄压受到影响，所以应采取适当措施防止积雪和冰冻。

总之，应在设计中采取措施尽量减少泄压面的单位质量和连接强度。

二、抗爆

（一）抗爆结构形式的选择

对于有爆炸危险的厂房和仓库，选择正确的结构形式，再选用耐火性能好、抗爆能力强的防爆结构，可以在发生火灾爆炸事故时有效地防止建筑结构发生倒塌破坏，减轻甚至避免危害和损失。防爆结构的形式如下：

1. 现浇钢筋混凝土框架结构

这种防爆结构的厂房整体性能好、抗爆能力强，但工程造价高，通常用于抗爆能力要求高的抗爆厂房。

2. 装配式钢筋混凝土框架结构

这种防爆结构由于梁、柱与楼板等接点处的刚性较差，抗爆能力不如现浇钢筋混凝土框架结构。若采用装配式钢筋混凝土框架结构，则应在梁、柱与楼板等接点处预留钢筋焊接头并用高强度等级混凝土现浇成刚性接头，以提高整体强度。

3. 钢框架结构

这种防爆结构虽然抗爆强度较高，但耐火极限低，能承受的极限温度仅为400℃，超过该温度便会在高温作用下变形倒塌。如果在钢构件外面加装耐火被覆层或喷涂钢结构防火涂料，可以提高耐火极限，但这样做并非十分可靠，只要有部分被覆层或防火涂料开裂或剥落，就会导致耐高温能力失效，故较少采用。

（二）建筑结构抗爆设计要求

（1）爆炸冲击波峰值入射超压≤6.9kPa时，可采用钢筋混凝土框架-加劲砌体抗爆墙结构、钢框架-支撑结构。

（2）爆炸冲击波峰值入射超压大于6.9kPa且小于21kPa时，可采用钢筋混凝土框架-加劲砌体抗爆墙结构、钢筋混凝土框架-抗爆墙结构、钢框架-支撑结构。

（3）爆炸冲击波峰值入射超压≥21kPa时，应采用钢筋混凝土框架-抗爆墙结构。

（三）隔爆设施的设置

在容易发生爆炸事故的场所，应设置隔爆设施，如防爆墙、防爆门和防爆窗等，以局限爆炸事故波及的范围，减轻爆炸事故所造成的损失。

1. 防爆墙

防爆墙是指具有抗爆炸能力、能将爆炸的破坏作用限制在一定范围内的墙。当爆炸发生时，强度较高的防爆墙可抵抗爆炸压力而不倒塌破坏，从而保护墙后的人员和设备。防爆墙除了强度较高外，耐火性能也应较好。防爆墙上不得设置通风孔，不宜开门窗洞口，必须开设时，应加装防爆门窗。目前，常用的防爆墙有防爆砖墙、防爆钢筋混凝土墙、防爆钢板墙等。

（1）防爆砖墙。防爆砖墙强度有限，只能用于爆炸压力较小的爆炸危险性厂房、仓库。其构造要求包括柱间距不宜大于6m，大于6m需增加构造柱；砖墙高度不大于6m，大于6m需增加构造梁；砖墙厚度不小于240mm；砖强度等级不应低于MU10，砂浆强度等级不应低于M5；每0.5m垂直高度应增设构造筋；砖墙两端与钢筋混凝土柱预埋焊接或用24号镀锌钢丝绑扎。

（2）防爆钢筋混凝土墙。其厚度一般不应小于200mm，多为500mm、800mm，甚至1m，混凝土强度等级不低于C20。

（3）防爆钢板墙。防爆钢板墙以槽钢为骨架，将钢板和骨架铆接或焊接在一起。防爆钢板墙按材料划分有防爆单层钢板墙和防爆双层钢板墙、防爆双层钢板中间填混凝土墙等。

如图8-4所示为某厂房二层平面布置示例，显示了隔爆设施的设置情况。

2. 防爆门

防爆门的骨架一般采用角钢和槽钢拼装焊接，门板选用抗爆强度高的锅炉钢板或装甲钢板，故防爆门又称装甲门。防爆门的铰链上应衬有青铜套轴和垫圈，门扇四周边衬贴橡胶软垫，以防止防爆门启闭时因摩擦撞击而产生火花。

3. 防爆窗

防爆窗的窗框应用角钢制作，窗玻璃应选用抗爆强度高、爆炸时不易破碎

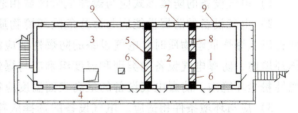

图8-4　某厂房二层平面布置示例

1—仪表控制室　2—有爆炸危险的生产工序　3—无爆炸危险的生产工序　4—外走廊　5—钢筋混凝土框架结构　6—防爆墙　7—泄压窗　8—防爆观察窗　9—承重结构

的安全玻璃。例如，夹层内有两层或多层窗用平板玻璃，以聚乙烯醇缩丁醛塑料作衬片，在高温下加压黏合而成的安全玻璃，抗爆强度高，一旦被爆炸波击破能借助塑料的黏合作用，不会导致因玻璃碎片抛出而引起人员伤害。按照选用的玻璃不同，防爆窗可分为安全玻璃防爆窗和防弹玻璃防爆窗。前者用于防爆厂房的防爆墙，后者多用于高压容器试压、高压化学反应、爆炸试验等特殊用途的耐爆小室。

单元四　电气防爆与设施防爆

为了营造舒适的工作、生活环境，建筑内部有大量的用电设备，部分建筑还安装、使用采暖系统、通风空调系统。这些设施设备自身具有一定的火灾危险性，如果设计、使用不当，还可能造成火势的蔓延扩大。为建筑提供消防电源的柴油发电机、变压器等设施设备以及厨房设备等燃油燃气设施，同样具有较大的火灾危险性。因此，必须采取相应的防火防爆措施来预防和减少火灾与爆炸的危害。

一、电气防爆

（一）电气防爆原理

电气设备引燃爆炸混合物有两方面原因：一方面是电气设备产生的火花、电弧；另一方

面是电气设备表面（即与爆炸混合物相接触的表面）发热。电气防爆就是将设备在正常运行时产生电弧、火花的部件放在隔爆外壳内，或采取浇封型、充砂型、正压型等其他防爆形式来达到防爆目的。对在正常运行时不会产生电弧、火花和危险高温的设备，如果在其结构上再采取一些保护措施（增安型电气设备），使设备在正常运行或认可的过载条件下不产生电弧、火花和危险高温，这种设备在正常运行时就没有引燃源，设备的安全性和可靠性就可进一步提高，同样可用于爆炸危险环境。

（二）电气防爆基本措施

（1）宜将正常运行时产生火花、电弧和危险高温的电气设备与线路，布置在爆炸危险性较小或没有爆炸危险的环境内。电气线路的设计、施工应根据爆炸危险环境的物质特性，选择相应的敷设方式、导线材质、配线技术、连接方式和密封隔断措施等。

（2）采用防爆的电气设备并遵循一定的选用原则。在满足工艺生产及安全的前提下，应减少防爆电气设备的数量。如无特殊需要，不宜采用携带式电气设备。

1）电气设备的防爆形式应与爆炸危险区域相适应。

2）电气设备的防爆性能应与爆炸危险环境物质的危险性相适应。当爆炸危险区域存在两种以上爆炸危险物质时，电气设备的防爆性能应满足危险程度较高的物质要求。爆炸性气体环境内，防爆电气设备的类别和温度组别应与爆炸性气体的分类、分级和分组相对应；可燃性粉尘环境内，防爆电气设备的最高表面温度应符合规范规定。

3）应与环境条件相适应。电气设备的选择应符合周围环境内化学、机械、热、霉菌以及风沙等不同环境条件对电气设备的要求，电气设备结构应满足电气设备在规定的运行条件下不降低防爆性能的要求。

4）应符合整体防爆的原则，电气设备应安全可靠、经济合理、使用维修方便。

（3）按有关电力设备接地设计技术规程规定的一般情况不需要接地的部分，在爆炸危险区域内仍应接地。电气设备的金属外壳应可靠接地。

（4）设置漏电火灾报警和紧急断电装置。在电气设备可能出现故障之前，采取相应补救措施或自动切断爆炸危险区域的电源。

（5）安全使用防爆电气设备。应正确地划分爆炸危险环境类别，正确地选择、安装防爆电气设备，正确地维护、检修防爆电气设备。

二、采暖系统防爆

（一）采暖系统防爆原则

（1）甲、乙类火灾危险性场所内不应采用明火、燃气红外线辐射供暖。存在粉尘爆炸危险的场所内不应采用电热散热器供暖。在储存或产生可燃气体或蒸气的场所内使用的电热散热器及其连接器，应具备相应的防爆性能。

（2）下列厂房应采用不循环使用的热风供暖：

1）生产过程中散发的可燃气体、蒸气、粉尘或纤维与供暖管道、散热器表面接触能引起燃烧的厂房。如生产过程中会产生二硫化碳气体、黄磷蒸气及其粉尘的厂房。

2）生产过程中散发的粉尘受到水或水蒸气作用能引起自燃、爆炸或产生爆炸性气体的厂房。如生产和加工钾、钠、钙等物质的厂房。

（3）采用燃气红外线辐射供暖的场所，应采取防火和通风换气等安全措施。在散发可燃粉尘、纤维的厂房内，散热器表面平均温度不应超过 82.5℃。输煤廊的散热器表面平均温度不应超过 130℃。

（二）采暖设备的防爆措施

1. 采暖管道与建筑物的可燃构件保持一定的距离

采暖管道穿过可燃构件时，要用不燃烧材料隔开绝热，或根据管道外壁的温度，使管道与可燃构件之间保持适当的距离。当管道温度大于 100℃ 时，距离不小于 100mm 或采用不燃材料隔热；当温度小于或等于 100℃ 时，距离不小于 50mm 或采用不燃材料隔热。

2. 加热送风采暖设备的防火设计

（1）电加热设备与送风设备的电气开关应有联锁装置，以防风机停转时，电加热设备仍单独继续加热，温度过高而引起火灾。

（2）在重要部位，应设置感温自动报警器，必要时加设自动防火阀，以控制取暖温度，防止过热起火。

（3）装有电加热设备的送风管道应用不燃材料制成。

3. 采暖管道和设备的绝热材料选择

采用不达标材料的甲、乙类厂房、仓库的火灾发展十分迅速，产生的热量大。因此，采暖管道和设备的绝热材料应采用不燃材料，以防火灾沿着管道的绝热材料迅速蔓延到相邻房间或整个房间。对于其他建筑，宜采用不燃材料，不得使用可燃材料。存在与采暖管道接触能引起燃烧爆炸的气体、蒸气或粉尘的房间内不应穿过采暖管道；当必须穿过时，应采用不燃材料隔热。

三、通风空调系统防爆

（一）通风空调系统防爆原则

（1）除有特殊功能或性能要求的场所外，下列场所的空气不应循环使用：

1）甲、乙类生产场所和储存场所。

2）产生燃烧或爆炸危险性粉尘、纤维且所排除空气的含尘浓度不小于其爆炸下限 25% 的丙类生产或储存场所。

3）产生易燃易爆气体或蒸气且所排除空气的含气体浓度不小于其爆炸下限值 10% 的其他场所。

4）其他具有甲、乙类火灾危险的房间。

（2）甲、乙类生产场所的送风设备，不应与排风设备设置在同一通风机房内。用于排除甲、乙类物质的排风设备，不应与其他房间的非防爆送、排风设备设置在同一通风机房内。

（3）下列场所应设置通风换气设施：

1）甲、乙类生产场所。

2）甲、乙类物质储存场所。

3）空气中含有燃烧或爆炸危险性粉尘、纤维的丙类生产或储存场所。

4）空气中含有易燃易爆气体或蒸气的其他场所。

5）其他具有甲、乙类火灾危险的房间。

（4）下列通风系统应单独设置：

1）甲、乙类生产场所中不同防火分区的通风系统。

2）甲、乙类物质储存场所中不同防火分区的通风系统。

3）排除的不同有害物质混合后能引起燃烧或爆炸的通风系统。

4）除上述1）、2）项规定外，其他建筑中排除有燃烧或爆炸危险的气体、蒸气、粉尘、纤维的通风系统。

（5）通风空调系统横向宜按防火分区设置，竖向不宜超过5层，以构成一个完整的建筑防火体系，防止和控制火灾的横向、竖向蔓延。当管道在防火分隔处设置防止回流设施或防火阀，且建筑的各层设有自动喷水灭火系统，能有效地控制火灾蔓延时，其管道布置可不受此限制。穿过楼板的垂直风管应设在管井内，且应采取下述防止回流的措施：

1）增加各层垂直排风支管的高度，使各层排风支管穿越两层楼板。

2）排风总竖管直通屋面，小的排风支管分层与总竖管连通。

3）将排风支管顺气流方向插入竖向风道，且支管到支管出口的高度不小于600mm。

4）在支管上安装止回阀。

（6）排风管道排除比空气轻的可燃气体与空气的混合物时，其排风管道应顺气流方向向上坡度敷设，以防在管道内局部积聚而形成有爆炸危险的高浓度气体。

（7）排风口和进风口设置的位置应根据可燃气体、蒸气密度的不同而有所区别。比空气轻者，应设在房间的顶部；比空气重者，则应设在房间的下部，以利于及时排出易燃易爆气体。进风口的位置应布置在上风方向，并尽可能远离排气口，保证吸入的新鲜空气中不再含有从房间排出的易燃易爆气体或物质。

（8）通风管道不宜穿过防火墙、防火隔墙和不燃性楼板等防火分隔物，如必须穿过时，应在穿过处设防火阀。在防火墙两侧各2m范围内的风管保温材料应采用不燃材料，并将穿过处的空隙用不燃材料填塞，以防火灾蔓延。有爆炸危险的厂房，其排风管道不应穿过防火墙和车间隔墙。

（9）含有燃烧和爆炸危险粉尘的空气，在进入排风机前应先采用不产生火花的除尘器进行净化处理，以防浓度较高的爆炸危险粉尘直接进入排风机，遇到火花发生爆炸事故，或者在排风管道内逐渐沉积下来自燃起火和助长火势蔓延。

（10）处理有爆炸危险粉尘的排风机、除尘器应与其他一般风机、除尘器分开设置，且应按单一粉尘分组布置，这是因为不同性质的粉尘在一个系统中，容易发生火灾爆炸事故。例如，硫黄与过氧化铅、氯酸盐的混合物能发生爆炸；炭黑混入氧化剂后自燃点会降低。

（二）通风空调系统防爆设计

（1）风机选型要求如下：

1）空气中含有容易起火或爆炸的物质的房间，其送、排风系统应采用防爆型的通风设备和不会产生火花的材料（如采用有色金属制造的风机叶片和防爆电动机）。

2）当送风机设在单独分隔的通风机房内且送风干管上设置防止回流设施（止回阀）时，可采用普通型的通风设备，排风机应选用防爆型。

（2）排除有燃烧或爆炸危险气体、蒸气和粉尘的排风系统，其防火防爆设计要求如下：

1）应采取静电导除等静电防护措施。

2）排风设备不应设置在地下或半地下空间。

3）排风管道应具有不易积聚静电的性能，所排除的空气应直接通向室外安全地点。

（3）除尘器的设置。含有易燃易爆粉尘（碎屑）的空气，在进入排风机前应采用不产生火花的除尘器进行清理，以防止除尘器工作过程中产生火花引起粉尘、碎屑燃烧或爆炸。对于遇湿可能爆炸的粉尘（如碳化钙、锌粉、铝镁合金粉等），严禁采用湿式除尘器。

（三）通风空调系统风管、风机等设备的材料选择

（1）通风空调系统的风管应采用不燃材料，接触腐蚀性介质的风管和柔性接头可采用难燃材料；体育馆、展览馆、候机（车、船）建筑（厅）等大空间建筑，单、多层办公建筑和丙、丁、戊类厂房内通风空调系统的风管，当不跨越防火分区且在穿越房间隔墙处设置防火阀时，可采用难燃材料。

（2）风管设备和风管的绝热材料、用于加湿器的加湿材料、消声材料及其黏结剂，宜采用不燃材料；确有困难时，可采用难燃材料。

（3）风管内设置电加热器时，电加热器的开关应与风机的启停联锁控制。电加热器前后 0.8m 范围内的风管和穿过容易着火房间的风管，均应采用不燃材料。

四、锅炉房防爆

燃油或燃气锅炉房应尽量独立建造且不与其他建筑贴邻。当受条件限制需与其他建筑贴邻时，应采用防火墙分隔，且不应贴邻建筑中人员密集场所。当附设在建筑内时，应符合下列规定：

（1）当位于人员密集场所的上一层、下一层或贴邻时，应采取防止设备用房的爆炸危及上一层、下一层或相邻场所的措施。

（2）疏散门应直通室外或安全出口。

（3）应采用耐火极限不低于 2.00h 的防火隔墙和耐火极限不低于 1.50h 的不燃性楼板与其他部位分隔，防火隔墙上的门窗应为甲级防火门窗。

（4）常（负）压燃油或燃气锅炉房不应位于地下二层及以下，位于屋顶的常（负）压燃气锅炉房与通向屋面的安全出口的最小水平距离不应小于 6m；其他燃油或燃气锅炉房应位于建筑首层的靠外墙部位或地下一层的靠外侧部位，不应贴邻消防救援专用出入口、疏散楼梯间或人员的主要疏散通道。

（5）建筑内单间储油间的燃油储存量不应大于 $1m^3$。油箱的通气管设置应满足防火要求，油箱的下部应设置防止油品流散的设施。储油间应采用耐火极限不低于 3.00h 的防火隔墙与发电机间、锅炉间分隔。

（6）柴油机的排烟管、柴油机房的通风管、与储油间无关的电气线路等，不应穿过储油间。

（7）燃油或燃气管道在设备间内及进入建筑物前，应分别设置具有自动和手动关闭功能的切断阀。

（8）应设置火灾报警装置。

（9）应设置与锅炉、变压器、电容器和多油开关等的容量及建筑规模相适应的灭火设施，当建筑内其他部位设置自动喷水灭火系统时，应设置自动喷水灭火系统。

建筑装修及保温系统防火

模块概述：

本模块的主要内容是认识建筑装修防火设计通用技术要求、工业建筑内部装修防火设计、民用建筑内部装修防火设计、建筑保温防火。

知识目标：

通过本模块学习，了解建筑内部装修材料选用原则；熟悉建筑内部装修材料的分类和燃烧性能分级，建筑内部装修火灾危险性；掌握民用与工业建筑内部装修防火设计；熟悉建筑外墙保温系统的类别；掌握建筑外墙保温系统的构造与材料的燃烧性能要求。

素养目标：

近年来，火灾防控难度不断加大，随着新能源、新工艺、新材料的广泛应用，新产业、新业态、新模式大量涌现，引发了新问题，形成了新隐患，一些"想不到、管得少"的领域风险逐渐凸显，因建筑内部使用易燃可燃装修材料引发的火灾越来越多。《"十四五"国家应急体系规划》要求坚持预防为主，健全风险防范化解机制，做到关口前移、重心下移，加强源头管控，夯实安全基础，强化灾害事故风险评估、隐患排查、监测预警，综合运用人防物防技防等手段，真正把问题解决在萌芽之时、成灾之前。因此，合理选用防火性能好的材料对降低火灾荷载，减少火灾的发生或延缓火势的蔓延具有重要意义。

单元一　建筑内部装修防火概述

建筑内部装修能给人们提供优美的个性化的建筑内部环境。随着科技的发展，建筑内部装修已不再是在房屋内粉刷和安装门窗、水电等的简单工程，而是包括了对地面、墙面、顶棚、隔断等部位的再装修，对家具、窗帘、帷幕等物品的再装饰，建筑内部装修的这种改变促使人们更灵活地应用多种多样的建筑内部装修材料，并对设计与施工提出了更高的要求。

一、建筑内部装修材料分类和燃烧性能分级

建筑物的用途及部位不同，对装修材料燃烧性能的要求也不同。为了安全合理地根据建筑的规模、用途、场所、部位等选用内部装修材料，《建筑内部装修设计防火规范》（GB 50222—2017）对建筑内部装修材料进行了分类和分级。

（一）建筑内部装修材料的分类

建筑内部装修材料按使用部位和功能分为七类：

（1）顶棚装修材料。顶棚装修材料包括不燃材料、难燃材料和可燃材料，如玻璃、石膏板、硅酸钙板、PVC 吊顶板、木质吊顶板等。

（2）墙面装修材料。墙面装修材料主要是指通过各种方式覆盖在墙体表面、起装饰作用的材料。柱面装修的规定应与墙面装修的规定相同。

（3）地面装修材料。地面装修材料主要是指用于室内空间地板结构表面并对地板进行装修的材料。

（4）隔断装修材料。这里的"隔断"是指不到顶的隔断，到顶的固定隔断应与墙面规定相同。

（5）固定家具。兼有分隔功能的到顶橱柜应认定为固定家具。

（6）装饰织物。装饰织物是指窗帘、帷幕、床罩、家具包布等。

（7）其他装饰材料。其他装饰材料是指楼梯扶手、挂镜线、踢脚板、窗帘盒（架）、散热器罩等。

（二）建筑内部装修材料的分级

《建筑内部装修设计防火规范》（GB 50222—2017）将建筑内部装修材料按燃烧性能划分为四级，见表 9-1。

表 9-1　建筑内部装修材料按燃烧性能分级

等　级	装修材料燃烧性能	等　级	装修材料燃烧性能
A	不燃性	B_2	可燃性
B_1	难燃性	B_3	易燃性

1. 材料举例

建筑内部装修材料举例见表 9-2。

表 9-2　建筑内部装修材料举例

材料性质	级别	材料举例
各部位材料	A	花岗石、大理石、水磨石、水泥制品、混凝土制品、石膏板、石灰制品、黏土制品、玻璃、瓷砖、马赛克、钢铁、铝、铜合金、天然石材、金属复合板、玻镁板、硅酸钙板等
顶棚材料	B_1	纸面石膏板、纤维石膏板、水泥刨花板、矿棉板、玻璃棉装饰吸声板、珍珠岩装饰吸声板、难燃胶合板、难燃中密度纤维板、岩棉装饰板、难燃木材、铝箔复合材料、难燃酚醛胶合板、铝箔玻璃钢复合材料、复合铝箔玻璃棉板等
墙面材料	B_1	纸面石膏板、纤维石膏板、水泥刨花板、矿棉板、玻璃棉板、珍珠岩板、难燃胶合板、难燃中密度纤维板、防火塑料装饰板、难燃双面刨花板、多彩涂料、难燃墙纸、难燃墙布、难燃仿花岗岩装饰板、氯氧镁水泥装配式墙板、难燃玻璃钢平板、难燃 PVC 塑料护墙板、阻燃模压木质复合板材、彩色难燃人造板、难燃玻璃钢、复合铝箔玻璃棉板等
	B_2	各类天然木材、木制人造板、竹材、纸制装饰板、装饰微薄木贴面板、印刷木纹人造板、塑料贴面装饰板、聚酯装饰板、复塑装饰板、塑纤板、胶合板、塑料壁纸、无纺贴墙布、墙布、复合壁纸、天然材料壁纸、人造革、实木饰面装饰板、胶合竹夹板等
地面材料	B_1	硬 PVC 塑料地板、水泥刨花板、水泥木丝板、氯丁橡胶地板、难燃羊毛地毯等
	B_2	半硬质 PVC 塑料地板、PVC 卷材地板等

（续）

材料性质	级别	材料举例
装饰织物	B₁	经阻燃处理的各类难燃织物等
	B₂	纯毛装饰布、经阻燃处理的其他织物等
其他装饰材料	B₁	难燃聚氯乙烯塑料、难燃酚醛塑料、聚四氟乙烯塑料、难燃脲醛塑料、硅树脂塑料装饰型材、经阻燃处理的各类织物等
	B₂	经阻燃处理的聚乙烯、聚丙烯、聚氨酯、聚苯乙烯、玻璃钢、化纤织物、木制品等

2. 常用建筑内部装修材料等级规定

装修材料的燃烧性能等级应按《建筑材料及制品燃烧性能分级》（GB 8624—2012）的有关规定，经检测确定。

安装在金属龙骨上燃烧性能达到 B₁ 级的纸面石膏板、矿棉吸声板，可作为 A 级装修材料使用。

单位面积质量小于 $300g/m^2$ 的纸质、布质壁纸，当直接粘贴在 A 级基材上时，可作为 B₁ 级装修材料使用。

施涂于 A 级基材上的无机装修涂料，可作为 A 级装修材料使用；施涂于 A 级基材上，湿涂覆比小于 $1.5kg/m^2$，且涂层干膜厚度不大于 1mm 的有机装修涂料，可作为 B₁ 级装修材料使用。

当使用多层装修材料时，各层装修材料的燃烧性能等级均应符合《建筑内部装修设计防火规范》（GB 50222—2017）的规定。复合型装修材料的燃烧性能等级应经整体检测确定。

二、建筑内部装修材料选用原则

建筑内部装修设计应妥善处理装修效果和使用安全的矛盾，积极采用不燃材料和难燃材料，尽量避免采用在燃烧时产生大量浓烟或有毒气体的材料，做到安全适用、技术先进、经济合理。

（一）积极采用不燃性和难燃性的材料

（1）严格控制人员密集场所、高层建筑、地下建筑内可燃材料的使用。

（2）受条件限制或装修有特殊要求必须使用可燃材料的，应对可燃材料进行阻燃和降烟处理。

（3）与电气线路或发热物体接触的材料必须采用不燃材料或经过阻燃处理的难燃材料。

（4）楼梯间、管道井等竖向通道和供人员疏散的走道内应采用不燃材料或经过处理的难燃材料。

（二）减少火灾时烟气毒性大的材料的选用

有研究表明，在火灾事故中死亡的人员中，约有 80% 的人是因吸入火灾烟气中的毒性气体而丧生的。在装修材料中，很多材料是有机高分子材料，其火灾危险性详见本模块单元五，在选择建筑内部装修材料时应尽可能从安全的角度出发，选用一些在燃烧时不会产生大量烟气或有毒气体的装修材料。

三、建筑内部装修火灾危险性

国内外火灾统计分析表明，许多火灾的蔓延扩大是由于采用了大量可燃、易燃装修材料。

2017 年 2 月 5 日，浙江省天台县一足浴城因为汗蒸房西北角墙面的电热膜故障引发火灾，由于足浴城大量采用易燃可燃装修材料，因此火势发展蔓延很快，现场火焰冲天，浓烟滚滚，火灾造成 18 人死亡，18 人受伤。

2018 年 8 月 25 日，哈尔滨市松北区北龙汤泉酒店因二期温泉区二层平台悬挂的风机盘管机组电气线路短路，形成高温电弧引燃周围塑料绿植装饰材料发生火灾，造成 20 人死亡，23 人受伤。

2021 年 7 月 24 日，吉林省长春市净月高新技术产业开发区李氏婚纱影楼拍摄基地，因摄影棚上部照明线路漏电击穿其穿线金属管，引燃周围可燃仿真植物装饰材料发生火灾，造成 15 人死亡，25 人受伤。

建筑内部采用可燃、易燃材料的火灾危险性表现在以下几方面：

（一）增大了建筑内的火灾荷载

建筑物内火灾荷载越大，火灾持续时间越长，燃烧就越猛烈，且会出现持续性高温，因此造成的危害更大。

（二）使建筑失火的概率增大

建筑内部装修采用可燃、易燃材料越多，范围越大，接触火源的机会就越多，因此引发火灾的可能性增大，大量的火灾实例都充分说明了这一点。

（三）使火势迅速蔓延扩大

建筑一旦发生火灾，可燃、易燃材料在被引燃、发生燃烧的同时，热辐射和火焰容易造成火势迅速蔓延扩大。

（四）严重影响人员安全疏散和扑救

可燃材料燃烧时能产生大量烟雾和有毒气体，不仅降低了火场的能见度，而且还会使人中毒，严重影响人员疏散和火灾扑救。据统计，火灾中的伤亡，多数是因烟雾中毒和缺氧窒息导致的。

（五）造成室内轰燃提前发生

建筑物发生轰燃的时间长短除了与建筑物内可燃物品的性质、数量有关外，还与建筑物内是否进行装修及装修的材料关系极大。装修后建筑物内更加封闭，热量不易散发，加之可燃材料导热性能差，热容小，易积蓄热量，因而会促使建筑内温度上升，导致室内轰燃提前发生。

单元二　建筑装修防火设计通用技术要求

建筑内部装修材料的燃烧性能是决定火灾危险性大小的根本因素，如果建筑内部装修忽略防火安全，那么其火灾危险性就大，失火后火势蔓延快，不利于火灾扑救和人员安全疏散。

一、建筑内部装修防火设计基本原则

安全的建筑内部装修防火设计能有效地防止火灾时火势迅速蔓延扩大，最大限度减少火灾损失。建筑内部装修防火设计应遵循以下三个原则：

（一）坚持安全与美观并重的原则

装修的第一目的是为人们提供一个美观舒适的工作、生活环境，但装修中采用的木质、棉质甚至有机高分子材料会使火灾荷载增加，建筑失火的概率增大，火势蔓延扩大，同时产生烟雾和有毒气体，使人们的疏散行动、火灾扑救工作难以进行。为确保人民生命财产安全，装修时应在满足规范要求的基础上兼顾美观的需求。

（二）坚持从严要求的原则

从严要求体现在：重要建筑物比一般建筑物严；地下建筑比地上建筑严；超高层建筑比一般高层建筑严；楼梯间、走道等公共部位比一般部位严；顶棚比墙面严；墙面比地面严；悬挂物比贴在基材上的物件严。

（三）遵守国家规范标准之间互相协调的原则

建筑内部装修防火是建筑防火设计工程的一部分，一般来讲，建筑室内装修工作是主体结构工程完成后开展的后续工程，装修不当会妨碍各种设施的正常使用。因此，建筑内部装修应与现行的消防技术规范相协调，严禁因装修影响安全疏散通道、出口、消防设施的正常使用。

二、建筑内部装修防火设计通用技术要求

为了规范建筑内部装修材料的选用，《建筑防火通用规范》（GB 55037—2022）对某些特殊部位及设施的装修材料的防火性能提出了具体的规定，建筑内部装修不应擅自减少、改动、拆除、遮挡消防设施或器材及其标识、疏散指示标志、疏散出口、疏散走道或疏散横通道，不应擅自改变防火分区或防火分隔、防烟分区及其分隔，不应影响消防设施或器材的使用功能和正常操作。这些部位的内部和外部装修、装饰应方便疏散人员、消防救援人员辨识出入口、消防救援口等设施，便于人员安全出入，避免影响人员安全疏散和消防救援。

（一）不应使用镜面反光材料

镜面玻璃、镜面不锈钢、镜面铝合金、镜面铜、反光釉面瓷砖、反光釉面玻璃等镜面反光材料，容易导致人视线产生混淆或视觉错误，使人误以为走错路或者还有很长的路要走，进而导致行动迟疑，甚至可能与门、墙体发生碰撞而受伤。在建筑室内装修中，下列部位不允许使用镜面反光材料：

（1）疏散出口的门。

（2）疏散走道及其尽端、疏散楼梯间及其前室的顶棚、墙面和地面。

（3）供消防救援人员进出建筑的出入口的门、窗。

（4）消防专用通道、消防电梯前室或合用前室的顶棚、墙面和地面。

（二）特殊部位与设备用房内部装修材料的燃烧性能

在建筑发生火灾时，有的特殊部位和房间是供人员疏散、避难，消防救援人员进出火场，以及在灭火过程中供人员休整与避险的室内安全区域，需要在火灾时保障消防设施正常运行。在建筑中，应确保这些部位和房间具有较低的火灾荷载和火灾危险性，要严格限制在这些部位和房间内布置可能增大火灾危险性的物体，或者穿过可能引入烟气、火灾的管线；这些部位和房间的内部装修要严格限制装修材料的燃烧性能和热解毒性，尽量减小火灾荷载，降低可能的火灾蔓延危险，减小火灾烟气的毒性作用。

（1）下列部位的顶棚、墙面和地面内部装修材料的燃烧性能均应为 A 级：

1）避难走道、避难层、避难间。

2）疏散楼梯间及其前室。

3）消防电梯前室或合用前室。

（2）消防控制室地面装修材料的燃烧性能不应低于 B_1 级，顶棚和墙面内部装修材料的燃烧性能均应为 A 级。下列设备用房的顶棚、墙面和地面内部装修材料的燃烧性能均应为 A 级：

1）消防水泵房、机械加压送风机房、排烟机房、固定灭火系统钢瓶间等消防设备间。

2）配电室、油浸变压器室、发电机房、储油间。

3）通风空调机房。

4）锅炉房。

（三）歌舞娱乐放映游艺场所内部装修材料的燃烧性能要求

歌舞娱乐放映游艺场所多年来一直是高火灾危险性场所和消防安全监管的重点场所，需要严格控制其内部装修材料的燃烧性能。歌舞娱乐放映游艺场所内部装修材料的燃烧性能应符合下列规定：

（1）顶棚装修材料的燃烧性能应为 A 级。

（2）其他部位装修材料的燃烧性能均不应低于 B_1 级。

（3）设置在地下或半地下空间的歌舞娱乐放映游艺场所，墙面装修材料的燃烧性能应为 A 级。

（四）各类交通建筑中位于地下、半地下空间的公共区内部装修材料的燃烧性能

在各类交通方式的客运服务建筑中，旅客候乘区、旅客进出站区、进出站通道、换乘厅、换乘通道等公共区是人员聚集的场所。在节假日和遇车辆、航班延误等情况下，在候乘区内的人员密度可能较高，不利于人员快速疏散。特别是当这些区域位于地下、半地下空间时，由于供氧条件受限，一旦发生火灾，可能使火灾的燃烧过程不充分而产生大量不完全燃烧气体，烟气的毒性更高。此外，建筑内部装修如果采用可燃、难燃性材料，还会增大室内火灾发生轰燃，导致火灾影响范围扩大的危险性。因此，不仅要严格控制地下、半地下空间内可燃物的数量和类别，而且要限制内部各类装修材料的燃烧性能，不应使用易燃材料、石棉制品、玻璃纤维、塑料类制品等容易燃烧的材料，燃烧时可能产生大量有毒烟气的材料，以及对人体健康有害的材料。

下列场所设置在地下或半地下空间时，室内装修材料不应使用易燃材料、石棉制品、玻璃纤维、塑料类制品，顶棚、墙面、地面的内部装修材料的燃烧性能均应为 A 级：

（1）汽车客运站、港口客运站、铁路车站的进出站通道、进出站厅、候乘厅。

（2）地铁车站、民用机场航站楼、城市民航值机厅的公共区。

（3）交通换乘厅、换乘通道。

（五）火灾危险性大的工业建筑内部装修材料的燃烧性能

除有特殊要求的场所外，下列生产场所和仓库的顶棚、墙面、地面和隔断内部装修材料的燃烧性能均应为 A 级：

（1）有明火或高温作业的生产场所。

（2）甲、乙类生产场所。

（3）甲、乙类仓库。

（4）丙类高架仓库、丙类高层仓库。

（5）地下或半地下丙类仓库。

三、建筑外部装修防火设计通用技术要求

建筑的外部装修包括在建筑外立面、屋面上的装修和装饰等。例如，在屋面和外墙外设置各类建筑幕墙、在外墙上涂刷涂料或粘贴装饰板、在屋面或外墙上增加装饰性造型构造等。这些装修不仅在施工过程中应注意防火，而且在确定相关装修方案时以及装修完成后，均需要充分考虑装修材料、装修构造可能带来的火灾危险性，且不应影响在建筑外墙、屋顶上与建筑消防扑救面对应范围内设置的消防救援设施的正常使用。例如，使用可燃材料导致火灾沿建筑立面、屋面蔓延扩大；使用铝塑板等材料因受热熔化而导致火势蔓延至建筑的下部，影响消防救援人员安全；采用具有较大空腔的幕墙导致从建筑外窗等蔓延出来的火势加剧；采用封闭式幕墙导致建筑立面、屋面的排烟排热受阻，影响消防救援人员的救援行动；建筑外立面装饰在火灾时受高温作用脱落，危及消防救援人员、消防车和消防供水水带等的安全。

在建筑外墙外、屋顶外檐设置的广告牌和灯光亮化设施，有不少使用可燃易燃材料，并且用电时间长，且长时间受外部环境作用，容易引发火灾。此外，大型广告牌还存在遮挡建筑外墙上的排烟排热口、消防救援口等现象。这些情况都会影响在建筑外墙外、屋顶上设置的建筑排烟排热设施在火灾时的正常开启和排烟，影响消防救援人员经消防救援口快速组织救援。

为降低火灾沿建筑屋面、立面蔓延的危险性，充分利用从建筑外部开展消防救援的设施，保障消防救援人员的安全，规范规定建筑的外部装修和户外广告牌的设置，应满足防止火灾通过建筑外立面蔓延的要求，不应妨碍建筑的消防救援或火灾时建筑的排烟与排热，不应遮挡或减小消防救援口。

单元三　工业建筑内部装修防火设计

一、工业建筑内部特别场所装修防火设计

（1）建筑内部装修不应擅自减少、改动、拆除、遮挡消防设施、疏散指示标志、安全出口、疏散出口、疏散走道和防火分区、防烟分区等。

（2）建筑内部消火栓箱门不应被装饰物遮掩，消火栓箱门四周装修材料的颜色应与消火栓箱门的颜色有明显区别或在消火栓箱门表面设置发光标志。

（3）疏散走道和安全出口的顶棚、墙面不应采用影响人员安全疏散的镜面反光材料。

（4）地上建筑的水平疏散走道和安全出口的门厅，其顶棚应采用A级装修材料，其他部位应采用不低于B_1级的装修材料；地下民用建筑的疏散走道和安全出口的门厅，其顶棚、墙面和地面均应采用A级装修材料。

（5）疏散楼梯间和前室的顶棚、墙面和地面均应采用A级装修材料。

（6）建筑物内设有上下层相连通的中庭、走马廊、开敞楼梯、自动扶梯时，其连通部位的顶棚、墙面应采用A级装修材料，其他部位应采用不低于B_1级的装修材料。

（7）建筑内部变形缝（包括沉降缝、伸缩缝、抗震缝等）两侧基层的表面装修应采用不低于 B_1 级的装修材料。

（8）无窗房间内部装修材料的燃烧性能等级除 A 级外，应在《建筑内部装修设计防火规范》（GB 50222—2017）的基础上提高一级。

（9）消防水泵房、机械加压送风排烟机房、固定灭火系统钢瓶间、配电室、变压器室、发电机房、储油间、通风空调机房等，其内部所有装修均应采用 A 级装修材料。

（10）消防控制室等重要房间，其顶棚和墙面应采用 A 级装修材料，地面及其他装修应采用不低于 B_1 级的装修材料。

（11）建筑物内的厨房，其顶棚、墙面、地面均应采用 A 级装修材料。

（12）经常使用明火器具的餐厅、科研实验室，其装修材料的燃烧性能等级除 A 级外，应在规定的基础上提高一级。

（13）照明灯具及电气设备、线路的高温部位，当靠近非 A 级装修材料或构件时，应采取隔热、散热等防火保护措施，与窗帘、帷幕、幕布、软包等装修材料的距离不应小于500mm；灯饰应采用不低于 B_1 级的材料。

（14）建筑内部的配电箱、控制面板、接线盒、开关、插座等不应直接安装在低于 B_1 级的装修材料上；用于顶棚和墙面装修的木质类板材，当内部含有电器、电线等物体时，应采用不低于 B_1 级的材料。

（15）当室内顶棚、墙面、地面和隔断装修材料内部安装电加热供暖系统时，室内采用的装修材料和绝热材料的燃烧性能等级应为 A 级。当室内顶棚、墙面、地面和隔断装修材料内部安装水暖或蒸汽供暖系统时，其顶棚采用的装修材料和绝热材料的燃烧性能应为 A 级，其他部位的装修材料和绝热材料的燃烧性能不应低于 B_1 级，且应符合有关公共场所的规定。

（16）建筑内部不宜设置采用 B_3 级装饰材料制成的壁挂、布艺等；当需要设置时，不应靠近电气线路、火源或热源，或采取隔离措施。

二、厂房内部各部位装修材料的燃烧性能等级

厂房内部各部位装修材料的燃烧性能等级见表 9-3。

表 9-3　厂房内部各部位装修材料的燃烧性能等级

序号	厂房及车间的火灾危险性和性质	建筑规模	装修材料燃烧性能等级						
			顶棚	墙面	地面	隔断	固定家具	装饰织物	其他装修材料
1	甲、乙类厂房 丙类厂房中的甲、乙类生产车间 有明火的丁类厂房、高温车间	—	A	A	A	A	A	B_1	B_1
2	劳动密集型丙类生产车间或厂房 火灾荷载较高的丙类生产车间或厂房 洁净车间	单层、多层	A	A	B_1	B_1	B_1	B_2	B_2
		高层	A	A	B_1	B_1	B_1	B_1	B_1
3	其他丙类生产车间或厂房	单层、多层	A	B_1	B_2	B_2	B_2	B_2	B_2
		高层	A	B_1	B_1	B_1	B_1	B_1	B_1
4	丙类厂房	地下	A	A	A	B_1	B_1	B_1	B_1

（续）

序号	厂房及车间的火灾危险性和性质	建筑规模	装修材料燃烧性能等级						
			顶棚	墙面	地面	隔断	固定家具	装饰织物	其他装修材料
5	无明火的丁类厂房、戊类厂房	单层、多层	B_1	B_2	B_2	B_2	B_2	B_2	B_2
		高层	B_1	B_1	B_2	B_1	B_1	B_1	B_1
		地下	A	A	B_1	B_1	B_1	B_1	B_1

注：1. 除特殊场所和部位外，当单层、多层丙、丁、戊类厂房内同时设有火灾自动报警和自动灭火系统时，除顶棚外，其装修材料的燃烧性能等级可在本表规定的基础上降低一级。

2. 当厂房的地面为架空地板时，其地面应采用不低于 B_1 级的装修材料。

3. 附设在工业建筑内的办公、研发、餐厅等辅助用房，当采用《建筑设计防火规范》（GB 50016—2014）规定的防火分隔和疏散设施时，其内部装修材料的燃烧性能等级可按民用建筑的规定执行。

4. 劳动密集型的生产车间主要是指生产车间员工总数超过 1000 人或者同一工作时段员工人数超过 200 人的服装、鞋帽、玩具、木制品、家具、塑料、食品加工和纺织、印染、印刷等劳动密集型企业。

三、仓库内部各部位装修材料的燃烧性能等级

仓库装修一般较为简单，装修部位为顶棚、墙面、地面和隔断。仓库虽非人员聚集场所，但由于其储存物品、可燃物较多，火灾荷载大，物资昂贵，一旦发生火灾，燃烧时间较长，造成的物质损失较大，因而对其装修材料应严格控制。仓库内部各部位装修材料的燃烧性能等级见表9-4。

表 9-4　仓库内部各部位装修材料的燃烧性能等级

序号	厂房及车间的火灾危险性和性质	建筑规模	装修材料燃烧性能等级			
			顶棚	墙面	地面	隔断
1	甲、乙类仓库	—	A	A	A	A
2	丙类仓库	单层及多层仓库	A	B_1	B_1	B_1
		高层及地下仓库	A	A	A	A
		高架仓库	A	A	A	A
3	丁、戊类仓库	单层及多层仓库	A	B_1	B_1	B_1
		高层及地下仓库	A	A	A	B_1

高架仓库是指货架高度大于7m且采用机械化操作或自动化控制的货架仓库。高架仓库的货架高度超过7m，仓库内排架之间距离近，内部通道窄，火灾荷载大，并且使用现代化计算机技术控制搬运、装卸操作，线路复杂，火灾因素通常较多，极易引起电气火灾，着火后容易迅速蔓延扩大，排烟、疏散、扑救非常困难，因而对其装修材料应严格控制。

单元四　民用建筑内部装修防火设计

一、民用建筑内部特别场所装修要求

（1）建筑内部装修不应擅自减少、改动、拆除、遮挡消防设施、疏散指示标志、安全

出口、疏散出口、疏散走道和防火分区、防烟分区等。

（2）建筑内部消火栓箱门不应被装饰物遮掩，消火栓箱门四周的装修材料颜色应与消火栓箱门的颜色有明显区别或在消火栓箱门表面设置发光标志。

（3）疏散走道和安全出口的顶棚、墙面不应采用影响人员安全疏散的镜面反光材料。

（4）地上建筑的水平疏散走道和安全出口的门厅，其顶棚应采用 A 级装修材料，其他部位应采用不低于 B$_1$ 级的装修材料；地下民用建筑的疏散走道和安全出口的门厅，其顶棚、墙面和地面均应采用 A 级装修材料。

（5）疏散楼梯间和前室的顶棚、墙面和地面均应采用 A 级装修材料。

（6）建筑物内设有上下层相连通的中庭、走马廊、开敞楼梯、自动扶梯时，其连通部位的顶棚、墙面应采用 A 级装修材料，其他部位应采用不低于 B$_1$ 级的装修材料。

（7）建筑内部变形缝（包括沉降缝、伸缩缝、抗震缝等）两侧基层的表面装修应采用不低于 B$_1$ 级的装修材料。

（8）无窗房间内部装修材料的燃烧性能等级除 A 级外，应在规定的基础上提高一级。

（9）消防水泵房、机械加压送风、机房、排烟机房、固定灭火系统钢瓶间、配电室、变压器室、发电机房、储油间、通风空调机房等，其内部所有装修均应采用 A 级装修材料。

（10）消防控制室等重要房间，其顶棚和墙面应采用 A 级装修材料，地面及其他装修应采用不低于 B$_1$ 级的装修材料。

（11）建筑物内的厨房，其顶棚、墙面、地面均应采用 A 级装修材料。

（12）经常使用明火器具的餐厅、科研实验室，其装修材料的燃烧性能等级除 A 级外，应在规定的基础上提高一级。

（13）民用建筑内的库房或储藏间，其内部所有装修除应符合相应场所规定外，还应采用不低于 B$_1$ 级的装修材料。

（14）展览性场所装修设计应符合下列规定：

1）展台材料应采用不低于 B$_1$ 级的装修材料。

2）在展厅设置电加热设备的餐饮操作区内，与电加热设备贴邻的墙面、操作台均应采用 A 级装修材料。

3）展台与卤钨灯等高温照明灯具贴邻部位的材料应采用 A 级装修材料。

（15）住宅建筑装修设计应符合下列规定：

1）不应改动住宅内部的烟道、风道。

2）厨房内的固定橱柜宜采用不低于 B$_1$ 级的装修材料。

3）卫生间顶棚宜采用 A 级装修材料。

4）阳台装修宜采用不低于 B$_1$ 级的装修材料。

（16）照明灯具及电气设备、线路的高温部位，当靠近非 A 级装修材料或构件时，应采取隔热、散热等防火保护措施，与窗帘、帷幕、幕布、软包等装修材料的距离不应小于 500mm；灯饰应采用不低于 B$_1$ 级的材料。

（17）建筑内部的配电箱、控制面板、接线盒、开关、插座等不应直接安装在低于 B$_1$ 级的装修材料上；用于顶棚和墙面装修的木质类板材，当内部含有电器、电线等物体时，应采用不低于 B$_1$ 级的材料。

（18）当室内顶棚、墙面、地面和隔断装修材料内部安装电加热供暖系统时，室内采用的装修材料和绝热材料的燃烧性能等级应为 A 级。当室内顶棚、墙面、地面和隔断装修材料内部安装水暖或蒸汽供暖系统时，其顶棚采用的装修材料和绝热材料的燃烧性能应为 A 级，其他部位的装修材料和绝热材料的燃烧性能不应低于 B_1 级，且应符合有关公共场所的规定。

（19）建筑内部不宜设置采用 B_3 级装饰材料制成的壁挂、布艺等；当需要设置时，不应靠近电气线路、火源或热源，或采取隔离措施。

二、单层、多层民用建筑内部各部位装修材料的燃烧性能等级

单层、多层民用建筑内部各部位装修材料的燃烧性能等级见表 9-5。

表 9-5　单层、多层民用建筑内部各部位装修材料的燃烧性能等级

序号	建筑物及场所	建筑规模、性质	装修材料燃烧性能等级							
			顶棚	墙面	地面	隔断	固定家具	装饰织物		其他装饰材料
								窗帘	帷幕	
1	候机楼的候机大厅、贵宾候机室、售票厅、商店、餐饮场所等	—	A	A	B_1	B_1	B_1	B_1		B_1
2	汽车站、火车站、轮船客运站的候车（船）室、商店、餐饮场所等	建筑面积>10000m²	A	A	B_1	B_1	B_1	B_1		B_2
		建筑面积≤10000m²	A	B_1	B_1	B_1	B_1	B_1		B_2
3	观众厅、会议厅、多功能厅、等候厅等	每个厅建筑面积>400m²	A	A	B_1	B_1	B_1	B_1	B_1	B_1
		每个厅建筑面积≤400m²	A	B_1	B_1	B_1	B_2	B_1	B_1	B_2
4	体育馆	>3000 座位	A	A	B_1	B_1	B_1	B_1	B_1	B_2
		≤3000 座位	A	B_1	B_1	B_1	B_2	B_2	B_1	B_2
5	商店的营业厅（除汽车站、火车站、轮船客运站以外的商店）	每层建筑面积>1500m²或总建筑面积>3000m²	A	B_1	B_1	B_1	B_1	B_1	—	B_2
		每层建筑面积≤1500m²或总建筑面积≤3000m²	A	B_1	B_1	B_1	B_2	B_1		—
6	宾馆、饭店的客房及公共活动用房等	设置送回风管道的集中空调系统	A	B_1	B_1	B_1	B_2	B_2		B_2
		其他	B_1	B_1	B_2	B_2	B_2	B_2		B_2
7	养老院、托儿所、幼儿园的居住及活动场所	—	A	A	B_1	B_1	B_2	B_1		B_2
8	医院的病房区、诊疗区、手术区	—	A	A	B_1	B_1	B_2	B_1		B_2
9	教学场所、教学试验场所	—	A	B_1	B_2	B_2	B_2	B_2	B_2	B_2
10	纪念馆、展览馆、博物馆、图书馆、档案馆、资料馆等的公众活动场所	—	A	B_1	B_1	B_1	B_2	B_1		B_2
11	存放文物、纪念展览物品、重要图书、档案、资料的场所	—	A	A	B_1	B_1	B_2	B_1		B_2
12	歌舞娱乐游艺场所	—	A	B_1	B_1	B_1	B_1	B_1		B_1
13	A、B 级电子信息系统机房及装有重要机器、仪器的房间	—	A	A	B_1	B_1	B_2	B_1		B_1

（续）

序号	建筑物及场所	建筑规模、性质	装修材料燃烧性能等级							
			顶棚	墙面	地面	隔断	固定家具	装饰织物		其他装饰材料
								窗帘	帷幕	
14	餐饮场所（除汽车站、火车站、轮船客运站以外的餐饮场所）	营业面积>100m²	A	B₁	B₁	B₁	B₂	B₁	—	B₂
		营业面积≤100m²	B₁	B₁	B₁	B₂	B₂	B₂	—	B₂
15	办公场所	设置送回风管道的集中空调系统	A	B₁	B₁	B₁	B₂	B₂	—	B₂
		其他	B₁	B₁	B₂	B₂	B₂	—	—	—
16	其他公共场所	—	B₁	B₁	B₁	B₂	B₂	—	—	—
17	住宅	—	B₁	B₁	B₁	B₂	B₂	B₂	—	B₂

注：1. 除《建筑内部装修设计防火规范》（GB 50222—2017）第4章规定的场所和本表中序号11~13规定的部位外，单层、多层民用建筑内面积小于100m²的房间，当采用耐火极限不低于2.00h的防火隔墙和甲级防火门、窗与其他部位分隔时，其装修材料的燃烧性能等级可在本表的基础上降低一级。

2. 除《建筑内部装修设计防火规范》（GB 50222—2017）第4章规定的场所和本表中序号11~13规定的部位外，当单层、多层民用建筑需做内部装修的空间内装有自动灭火系统时，除顶棚外，其内部装修材料的燃烧性能等级可在本表规定的基础上降低一级；当同时装有火灾自动报警装置和自动灭火系统时，其装修材料的燃烧性能等级可在本表规定的基础上降低一级。

三、高层民用建筑内部各部位装修材料的燃烧性能等级

高层民用建筑内部各部位装修材料的燃烧性能等级见表9-6。

表9-6　高层民用建筑内部各部位装修材料的燃烧性能等级

序号	建筑物及场所	建筑规模、性质	装修材料燃烧性能等级									
			顶棚	墙面	地面	隔断	固定家具	装饰织物				其他装饰材料
								窗帘	帷幕	床罩	家具包布	
1	候机楼的候机大厅、商店、餐厅、贵宾候机室、售票厅等	—	A	A	B₁	B₁	B₁	—	—	—	—	B₁
2	汽车站、火车站、轮船客运站的候车（船）室、商店、餐饮场所等	建筑面积>10000m²	A	A	B₁	B₁	B₁	—	—	—	—	B₂
		建筑面积≤10000m²	A	B₁	B₁	B₁	B₁	—	—	—	—	B₂
3	观众厅、会议厅、多功能厅、等候厅等	每个厅建筑面积>400m²	A	A	B₁	B₁	B₁	B₁	B₁	—	—	B₁
		每个厅建筑面积≤400m²	A	B₁	B₁	B₁	B₁	B₁	B₁	—	—	B₁
4	商店的营业厅（除汽车站、火车站、轮船客运站以外的商店）	每层建筑面积>1500m²或总建筑面积>3000m²的营业厅	A	B₁	B₁	B₁	B₁	B₁	—	B₂	—	B₁
		每层建筑面积≤1500m²或总建筑面积≤3000m²的营业厅	A	B₁	B₁	B₁	B₁	B₁	—	B₂	—	B₂
5	宾馆、饭店的客房及公共活动用房等	一类建筑	A	B₁	B₁	B₂	B₂	—	—	B₁	B₂	B₂
		二类建筑	B₁	B₁	B₂	B₂	B₂	—	—	B₂	B₂	B₂

（续）

序号	建筑物及场所	建筑规模、性质	顶棚	墙面	地面	隔断	固定家具	窗帘	帷幕	床罩	家具包布	其他装饰材料
6	养老院、托儿所、幼儿园的居住及活动场所	—	A	A	B₁	B₁	B₂	B₁	—	B₂	B₂	B₁
7	医院的病房区、诊疗区、手术区	—	A	A	B₁	B₁	B₂	B₁	B₁	—	B₂	B₁
8	教学场所、教学实验场所	—	A	B₁	B₁	B₂	B₂	B₁	B₁	—	B₁	B₂
9	纪念馆、展览馆、博物馆、图书馆、档案馆、资料馆等的公众活动场所	一类建筑										
		二类建筑										
10	存放文物、纪念展览物品、重要图书、档案、资料的场所	—	A	A	B₁	B₁	B₁	B₁	—	—	B₁	B₂
11	歌舞娱乐游艺场所	—	A	B₁	B₁	B₁	B₁	B₁	B₁	B₁	B₁	B₁
12	A、B级电子信息系统机房及装有重要机器、仪器的房间	—	A	A	B₁	B₁	B₁	B₁	—	—	B₁	B₁
13	餐饮场所（除汽车站、火车站、轮船客运站以外的餐饮场所）	—	B₁	B₁	B₁	B₂	B₁	B₁	—	—	—	B₂
14	办公场所	一类建筑	A	B₁	B₁	B₁	B₂	B₁	—	—	B₁	B₁
		二类建筑	B₁	B₁	B₂	B₂	B₂	B₂	—	—	B₁	B₂
15	电信楼、财贸金融楼、邮政楼、广播电视楼、电力调度楼、防灾指挥调度楼	一类建筑	A	A	B₁	B₁	B₁	B₁	—	—	B₂	B₂
		二类建筑	A	B₁	B₁	B₂	B₂	B₁	—	—	B₂	B₂
16	其他公共建筑	—	A	B₁	B₁	B₂	B₂	B₂	—	—	B₂	B₂
17	住宅	—	A	B₁	B₁	B₁	B₂	B₁	—	B₁	B₂	B₁

注：1. 除《建筑内部装修设计防火规范》（GB 50222—2017）第4章规定的场所和本表中序号10~12规定的部位外，高层民用建筑的裙房内面积小于 $500m^2$ 的房间，当设有自动灭火系统，并且采用耐火极限不低于 2.00h 的防火隔墙和甲级防火门、窗与其他部位分隔时，顶棚、墙面、地面装修材料的燃烧性能等级可在本表规定的基础上降低一级。

2. 除《建筑内部装修设计防火规范》（GB 50222—2017）第4章规定的场所和本表中序号10~12规定的部位，以及大于 $400m^2$ 的观众厅、会议厅和100m 以上的高层民用建筑外，当设有火灾自动报警装置和自动灭火系统时，除顶棚外，其内部装修材料的燃烧性能等级可在本表规定的基础上降低一级。

3. 电视塔等特殊高层建筑的内部装修，装饰织物应采用不低于 B₁ 级的材料，其他均应采用 A 级装修材料。

四、地下民用建筑内部各部位装修材料的燃烧性能等级

地下民用建筑内部各部位装修材料的燃烧性能等级见表9-7。

表 9-7　地下民用建筑内部各部位装修材料的燃烧性能等级

序号	建筑物及场所	装修材料燃烧性能等级						
		顶棚	墙面	地面	隔断	固定家具	装饰织物	其他装饰材料
1	观众厅、会议厅、多功能厅、等候厅等,商店的营业厅	A	A	A	B_1	B_1	B_1	B_2
2	宾馆、饭店的客房及公共活动用房等	A	B_1	B_1	B_1	B_1	B_1	B_2
3	医院的诊疗区、手术区	A	B_1	B_1	B_1	B_1	B_1	B_2
4	教学场所、教学实验场所	A	A	B_1	B_2	B_2	B_1	B_2
5	纪念馆、展览馆、博物馆、图书馆、档案馆、资料馆等的公众活动场所	A	A	B_1	B_1	B_1	B_1	B_1
6	存放文物、纪念展览物品、重要图书、档案、资料的场所	A	A	A	A	A	B_1	B_1
7	歌舞娱乐游艺场所	A	A	B_1	B_1	B_1	B_1	B_1
8	A、B 级电子信息系统机房及装有重要机器、仪器的房间	A	A	B_1	B_1	B_1	B_1	B_1
9	餐饮场所	A	A	B_1	B_1	B_1	B_1	B_2
10	办公场所	A	B_1	B_1	B_1	B_1	B_1	B_1
11	其他公共建筑	A	B_1	B_1	B_2	B_2	B_2	B_2
12	汽车库、修车库	A	A	B_1	A	A	—	—

注：1. 地下民用建筑是指单层、多层、高层民用建筑的地下部分、单独建造在地下的民用建筑以及平战结合的地下人防工程。

2. 除《建筑内部装修设计防火规范》（GB 50222—2017）第 4 章规定的场所和本表中序号 6~8 规定的部位外，单独建造的地下民用建筑的地上部分，其门厅、休息室、办公室等内部装修材料的燃烧性能等级可在本表的基础上降低一级。

单元五　建筑保温防火

一、有机高分子保温材料的火灾危险性

有机高分子保温材料主要包括聚苯乙烯、挤塑板和硬质聚氨酯，其优点是质量小、保温隔热性能好，价格较低；缺点是火灾危险性大，主要表现在以下方面：

（一）着火燃烧容易

目前，建筑外墙采用的保温材料绝大多数是聚苯乙烯和硬质聚氨酯，其燃烧性能等级为 B_3 级，属易燃材料，一个小火源即能引起保温材料着火燃烧。例如，2021 年 8 月 27 日，大连市凯旋国际大厦 19 层一住户家中着火，起火原因是电动平衡车充电器电源插头与插座接触不良，发热高温后引燃周围木质衣柜等可燃物，室内火灾蔓延至外墙，致使大厦保温材料起火，消防部门调派 24 个消防站，68 辆消防车，366 名消防救援人员赶赴现场进行救援，但大火仍持续燃烧 7h。

（二）火势蔓延快

没有经过阻燃处理的有机高分子保温材料燃烧速度很快，蔓延极为迅速，从初期燃烧到

猛烈燃烧，在时间上基本没有明显的划分。同时，燃烧热值高，热辐射强。例如，2022 年 9 月 16 日，长沙市中国电信大楼发生火灾，仅仅十几分钟时间内，大楼外墙就有数十层楼体开始剧烈燃烧，整栋楼被火焰包围。

（三）产生毒害性气体

有机高分子保温材料在燃烧时会产生浓重的烟雾，烟雾中含有大量毒害性气体。聚苯乙烯、挤塑板和硬质聚氨酯等保温材料燃烧时，能产生一氧化碳、二氧化碳、氧化氮等有毒气体和氰化氢、氯化氢等剧毒气体，根据对火灾事故中人员伤亡的分析，90%以上的人员伤亡是因为吸入了毒害性气体。例如，2010 年 11 月 15 日，上海市静安区某高层住宅因电焊施工引燃聚氨酯泡沫等易燃保温材料，有毒浓烟迅速进入建筑内部，导致 58 人死亡，70 余人受伤。2011 年 4 月 19 日，上海电信大楼因装修工人进行切割施工作业时引燃可燃的风管保温材料，导致 4 人死亡。

（四）燃烧产生熔滴

多数有机高分子保温材料在燃烧时能产生熔滴，特别是聚苯乙烯泡沫、挤塑聚苯乙烯泡沫，耐火性能极差，在 80℃就产生熔融并滴落。熔滴温度较高，由起火部位向下滴落时不但能伤人，还会使火灾迅速地向下蔓延，形成整个建筑外立面的立体火灾。例如，2009 年 2 月 9 日，中央电视台新大楼北配楼由于燃放烟花爆竹引燃屋顶和墙体的挤塑板保温材料，挤塑板遇火熔化后产生的滴落物迅速引发了更严重的燃烧。

二、建筑外墙保温系统的类别

建筑保温是建筑节能的重大措施，建筑内外保温系统的保温材料的燃烧性能要达到基本要求。A 级保温材料属于不燃材料，火灾危险性很低，不会导致火焰蔓延。因此，在建筑的内、外保温系统中，要尽量选用 A 级保温材料。B_2 级保温材料属于普通可燃材料，在点火源功率较大或有较强热辐射时，容易燃烧且火焰传播速度较快，有较大的火灾危险。如果必须要采用 B_2 级保温材料，需采取严格的构造措施进行保护。同时，在施工过程中也要注意采取相应的防火措施，如分别堆放、远离焊接区域、上墙后立即做构造保护等。B_3 级保温材料属于易燃材料，很容易被低能量的火源或电焊渣等点燃，而且火焰传播速度极为迅速，无论是在施工，还是在使用过程中，其火灾危险性都非常高。因此，在建筑的内外保温系统中严禁采用 B_3 级保温材料。建筑的内外保温系统，宜采用燃烧性能为 A 级的保温材料，不宜采用 B_2 级保温材料，严禁采用 B_3 级保温材料。

建筑的外保温系统不应采用燃烧性能低于 B_2 级的保温材料或制品。当采用 B_1 级或 B_2 级燃烧性能的保温材料或制品时，应采取防止火灾通过保温系统在建筑的立面或屋面蔓延的措施或构造。

建筑外墙保温系统分为建筑外墙内保温系统、复合保温、建筑外墙外保温系统。

（1）建筑外墙内保温系统，是指保温材料设置在建筑外墙室内一侧的保温系统（图 9-1）。

（2）建筑外墙采用保温材料与两侧墙体构成无空腔的复合保温系统，一般是指夹芯保温系统，保温层处于结构构件内部，保温层与两侧的墙体和结构受力体系共同作为建筑外墙使用，保温层与两侧的墙体和结构受力体系之间不存在空隙或空腔，该类保温体系的墙体，兼有墙体保温和建筑外墙体的功能（图 9-2）。

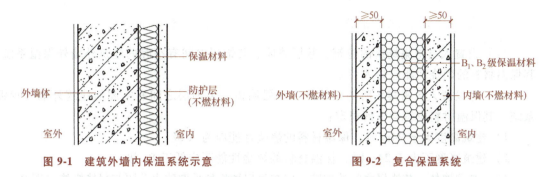

图 9-1　建筑外墙内保温系统示意　　　　图 9-2　复合保温系统

（3）建筑外墙外保温系统，又分为基层墙体、装饰层之间有空腔的建筑外墙外保温系统和基层墙体、装饰层之间无空腔的建筑外墙外保温系统。

1）基层墙体、装饰层之间无空腔的建筑外墙外保温系统类似薄抹灰的外保温系统，即保温材料与基层墙体及保护层、装饰层之间均无空腔（不包括采用粘贴方式施工时，保温材料与墙体找平层之间形成的空隙）。

2）基层墙体、装饰层之间有空腔的建筑外墙外保温系统是指在类似建筑幕墙与建筑基层墙体之间存在空腔的保温系统。

三、建筑外墙内保温系统防火要求

（1）对于人员密集场所，用火、燃油、燃气等具有火灾危险性的场所，以及各类建筑内的疏散楼梯间、避难走道、避难间、避难层、消防电梯前室或合用前室等场所或部位，应采用燃烧性能为 A 级的保温材料。

（2）对于其他场所，应采用低烟、低毒且燃烧性能不低于 B_1 级的保温材料。

（3）保温系统应采用不燃材料做防护层。采用燃烧性能为 B_1 级的保温材料时，防护层的厚度不应小于 10mm。

四、复合保温系统防火要求

建筑的外围护结构采用保温材料与两侧不燃性结构构成无空腔复合保温结构体时，该复合保温结构体的耐火极限不应低于所在外围护结构的耐火性能要求。当保温材料的燃烧性能为 B_1 级或 B_2 级时，保温材料两侧不燃性结构的厚度均不应小于 50mm。

五、基层墙体、装饰层之间无空腔的建筑外墙外保温系统防火要求

（1）住宅建筑采用基层墙体、装饰层之间无空腔的建筑外墙外保温系统时，保温材料或制品的燃烧性能应符合下列规定：

1）建筑高度大于 100m 时，应为 A 级。

2）建筑高度大于 27m、不大于 100m 时，不应低于 B_1 级。

（2）其他建筑采用基层墙体、装饰层之间无空腔的建筑外墙外保温系统时，保温材料或制品的燃烧性能应符合下列规定：

1）建筑高度大于 50m 时，应为 A 级。

2）建筑高度大于 24m、不大于 50m 时，不应低于 B_1 级。

六、基层墙体、装饰层之间有空腔的建筑外墙外保温系统防火要求

（1）设置人员密集场所的建筑，基层墙体、装饰层之间有空腔的建筑外墙外保温系统，其保温材料的燃烧性能应为 A 级。

（2）除设置人员密集场所的建筑外，基层墙体、装饰层之间有空腔的建筑外墙外保温系统，其保温材料应符合下列规定：

1）建筑高度大于 24m 时，保温材料的燃烧性能应为 A 级。

2）建筑高度不大于 24m 时，保温材料的燃烧性能不应低于 B_1 级。

（3）基层墙体、装饰层之间的空腔，应在每层楼板处采取防火分隔与封堵措施（图 9-3）。

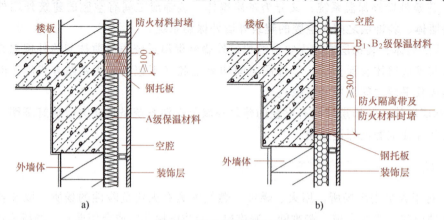

图 9-3　防火材料封堵示意

七、屋面外保温系统防火要求

建筑的屋面外保温系统，当屋面板的耐火极限不低于 1.00h 时，保温材料的燃烧性能不应低于 B_2 级；当屋面板的耐火极限低于 1.00h 时，保温材料的燃烧性能不应低于 B_1 级。采用 B_1、B_2 级保温材料的外保温系统应采用不燃材料作防护层，防护层的厚度不应小于 10mm。

当建筑的屋面和外墙外保温系统均采用 B_1、B_2 级保温材料时，屋面与外墙之间应采用宽度不小于 500mm 的不燃材料设置防火隔离带进行分隔（图 9-4）。

图 9-4　屋面设置不燃材料防火隔离带示意

八、外墙装饰防火要求

建筑外墙的装饰层应采用燃烧性能为 A 级的材料，但建筑高度不大于 50m 时，可采用 B_1 级材料。

模块十

建筑消防设施

> **模块概述：**
> 本模块的主要内容是认识消火栓系统、自动喷水灭火系统、气体灭火系统、泡沫灭火系统、火灾自动报警系统、应急照明和疏散指示系统、灭火器。
>
> **知识目标：**
> 认识常见建筑消防设施；了解常见建筑消防设施的工作原理；掌握常见建筑消防设施的使用和设置要求。
>
> **素养目标：**
> 随着我国城市化进程的加快以及人们生活水平的提高，建筑物的数量迅速增加，消防安全问题也日益凸显，一旦发生火灾，救灾难度大，若控制不及时，会带来严重后果。因此，建筑消防设施的认识和使用对于保障人民生命财产安全至关重要。通过本模块的学习，应掌握建筑消防设施设置的目的和功能，加深对建筑消防设施的认识和了解，同时能熟练掌握建筑消防设施的使用方法，提升消防安全意识和火灾预防的能力。

单元一　消火栓系统

消火栓系统是指为建筑消防服务的、以消火栓为给水节点、以水为主要灭火剂的消防给水系统。它由消火栓、给水管道、供水设施等组成。消火栓系统按设置的区域不同，可分为城市消火栓系统和建筑消火栓系统；按设置的位置不同，可分为室外消火栓系统和室内消火栓系统。

一、室外消火栓系统

不同类型的室外消火栓，其作用也不相同，室外消火栓按工作压力分为低压和高压两种。低压室外消火栓的作用是为消防车等消防设备提供消防用水，或通过消防车和水泵接合器为室内灭火设施提供消防用水；高压室外消火栓应经常保持足够的压力和消防用水量，火灾发生时，现场的火灾扑救人员可直接连接水带与水枪出水灭火。

（一）室外消火栓系统的分类

室外消火栓系统分类及特点见表10-1。

表 10-1　室外消火栓系统分类及特点

分类方式	系统名称	特点
按水压分类	高压消防给水系统	消火栓管网内能始终保持满足水灭火设施所需的工作压力和流量,火灾时无须消防水泵加压
	临时高压消防给水系统	平时不能满足水灭火设施所需的工作压力和流量,火灾时通过自动或手动启动消防水泵以满足水灭火设施所需的工作压力和流量
	低压消防给水系统	管网的最低压力能满足消防车、手抬式移动消防水泵等取水所需的工作压力和流量
按用途分类	独立消防给水系统	仅向消火栓系统供水
	生活、消防合用给水系统	生活给水管网与消防给水管网合用
	生产、消防合用给水系统	生产给水管网与消防给水管网合用
	生活、生产、消防合用给水系统	生活给水管网、生产给水管网和消防给水管网合用
按服务范围分类	市政消防给水系统	在城镇范围内由市政给水系统向水灭火系统供水
	室外消防给水系统	在建筑物外部进行灭火并能向室内消防给水系统供水
按管网形式分类	环状管网消防给水系统	消防给水管网呈闭合环形,可多向供水
	枝状管网消防给水系统	消防给水管网呈树枝状,仅能单向供水

（二）室外消火栓系统的组成

不同类型的室外消火栓系统,其组成和结构也不尽相同,以临时高压消防给水系统为例,系统由消防水源、消防给水设备、室外消防给水管网、室外消火栓以及相应的配件、附件等组成。

（三）室外消火栓系统的工作原理

1. 高压消防给水系统

高压消防给水系统管网内经常保持足够的压力和消防用水量。当火灾发生后,现场的人员可从设置在附近的消火栓箱内取出水带和水枪,将水带与消火栓栓口连接,接上水枪,打开消火栓的阀门,直接出水灭火。

2. 临时高压消防给水系统

在临时高压消防给水系统中,系统设有消防泵,平时管网内压力较低。当火灾发生后,现场的人员可从设置在附近的消火栓箱内取出水带和水枪,将水带与消火栓栓口连接,接上水枪,打开消火栓的阀门,通知水泵房启动消防泵,使管网内的压力达到高压消防给水系统的水压要求。

3. 低压消防给水系统

低压消防给水系统管网内的压力较低,当火灾发生后,消防救援人员打开最近的室外消火栓,将消防车与室外消火栓连接,从室外管网内吸水加入消防车内,然后再利用消防车直接加压灭火,或者消防车通过水泵接合器向室内管网加压供水。

（四）室外消火栓系统的设置场所

（1）除居住人数不大于 500 人且建筑层数不大于 2 层的居住区外,城镇（包括居住区、商业区、开发区、工业区等）应沿可通行消防车的街道设置市政消火栓系统。

（2）除城市轨道交通工程的地上区间和一、二级耐火等级且建筑体积不大于 3000m³ 的戊类厂房可不设置室外消火栓外，下列建筑或场所应设置室外消火栓系统：

1）建筑占地面积大于 $300m^2$ 的厂房、仓库和民用建筑。

2）用于消防救援和消防车停靠的建筑屋面或高架桥。

3）地铁车站及其附属建筑、车辆基地。

二、室内消火栓系统

位于建筑外墙中心线以内的消火栓称为室内消火栓。室内消火栓是一种用于扑救建筑内火灾的消防设施，建筑物设置室内消火栓系统，目的在于当建筑内发生火灾时现场扑救人员和消防救援人员能够利用就近的自救卷盘或水带、水枪有效地控制和扑救火灾，提高扑灭建筑火灾的可靠性。室内消火栓系统的水枪使用方便，射流时射程远、流量大、灭火能力强，能将燃烧积聚的热量冲散，对扑救建筑火灾效果较好。

（一）室内消火栓系统的分类

室内消火栓系统的类型有很多，按管网布置形式分类，可分为环状管网室内消火栓系统和枝状管网室内消火栓系统；按水压分类，可分为室内高压消火栓系统和室内临时高压消火栓系统；按给水范围分类，可分为独立消防给水系统和区域（集中）消防给水系统；按用途分类，可分为专用消防给水系统，生活、消防合用给水系统，生产、消防合用给水系统以及生活、生产、消防合用给水系统；按管网状态分类，可分为湿式消火栓系统和干式消火栓系统。这里重点介绍按管网布置形式和水压分类。

1. 按管网布置形式分类

（1）环状管网室内消火栓系统。环状管网室内消火栓系统是指在系统的给水竖管顶部和底部用水平干管相互连接，形成环状给水管网，使每一根给水竖管具备两个以上供水方向，每个消火栓栓口具备两个供水方向，如图 10-1 所示。这种室内消火栓系统供水安全可靠，适用于高层建筑和室内消防用水量较大的多层建筑。

（2）枝状管网室内消火栓系统。这种系统的室内消火栓给水管网呈树枝状布置，其特点是从供水源至消火栓，水流方向单一流动，当某段管网检修或损坏时，后方就供水中断。这种室内消火栓系统供水可靠性差。

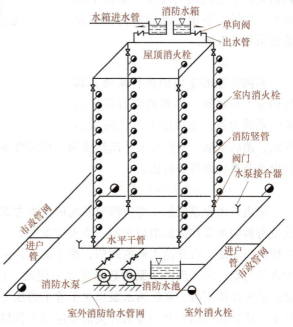

图 10-1 环状管网室内消火栓系统

2. 按水压分类

（1）室内高压消火栓系统。该系统又称为室内常高压消火栓系统，它始终能够保证室内任意点消火栓所需的消防用水量和水压，火灾发生时不需用水泵进行加压，直接连接水带和水枪即可实施灭火。这种系统在实际工作中一般不常见，只有在建筑所处地势较低，市政供水或天然水源始终能够满足消防供水要求时才采用，如图 10-2 所示。

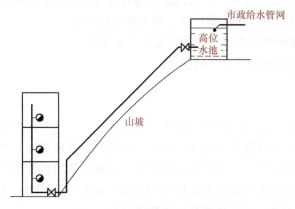

图 10-2 室内高压消火栓系统

（2）室内临时高压消火栓系统。这种系统一般设有消防水池、消防水泵和高位消防水箱，平时系统靠高位消防水箱维持消防水压，但不能保证消防用水量。发生火灾时，通过启动消防水泵临时加压，使管网的压力达到消火栓系统的压力要求，如图10-3所示。实际工程中大多数室内消火栓系统采用此系统。

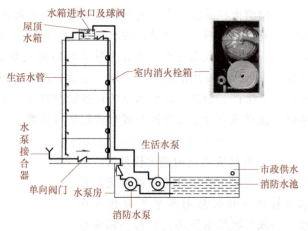

图 10-3 室内临时高压消火栓系统

（二）室内消火栓系统的组成

不同类型的室内消火栓系统，其结构也不尽相同，以室内临时高压消火栓系统为例，系统由室外消防给水管网、消防水池、消防水泵、消防水箱、稳压设备、水泵接合器、室内消火栓设备、报警控制设备及系统附件等组成。

（三）室内消火栓系统的工作原理

室内消火栓系统的工作原理与系统的给水方式有关，在室内临时高压消火栓系统中，系统设有消防水泵和高位消防水箱，当火灾发生后，现场的人员可打开消火栓箱，将水带与消火栓栓口连接，打开消火栓的阀门，按下消火栓箱内的启动按钮，消火栓即可投入使用。在供水的初期，由于消防水泵的启动需要一定的时间，系统的初期供水由高位消防水箱来完成。消火栓使用时，系统内水泵出水干管上的压力开关、高位消防水箱出水管上设置的流量开关，或报警阀压力开关等的开关信号应能直接启动消防水泵。当建筑物内有火灾自动报警系统时，消火栓按钮的动作信号作为火灾报警系统和消火栓系统的联动触发信号，由消防联动控制器联动控制消防泵启动。对于消防水泵的启动，还可由消防水泵现场、消防控制中心启动，消防水泵一旦启动，就不得自动停泵，只能由现场手动停泵。

（四）室内消火栓系统的设置场所

除不适合用水保护或灭火的场所、远离城镇且无人值守的独立建筑、散装粮食仓库、金库可不设置室内消火栓系统外，下列建筑应设置室内消火栓系统：

（1）建筑占地面积大于 $300m^2$ 的甲、乙、丙类厂房。

（2）建筑占地面积大于 $300m^2$ 的甲、乙、丙类仓库。

（3）高层公共建筑，建筑高度大于 21m 的住宅建筑。

（4）特等和甲等剧场，座位数大于 800 个的乙等剧场，座位数大于 800 个的电影院，座位数大于 1200 个的礼堂，座位数大于 1200 个的体育馆等建筑。

（5）建筑体积大于 $5000m^3$ 的下列单、多层建筑：车站、码头、机场的候车（船、机）建筑，展览、商店、旅馆和医疗建筑，老年人照料设施，档案馆，图书馆。

（6）建筑高度大于 15m 或建筑体积大于 $10000m^3$ 的办公建筑、教学建筑及其他单、多层民用建筑。

（7）建筑面积大于 $300m^2$ 的汽车库和修车库。

（8）建筑面积大于 $300m^2$ 且平时使用的人民防空工程。

（9）地铁工程中的地下区间、控制中心、车站及长度大于 30m 的人行通道，车辆基地内建筑面积大于 $300m^2$ 的建筑。

（10）通行机动车的一～三类城市交通隧道。

单元二　自动喷水灭火系统

自动喷水灭火系统是由洒水喷头、报警阀组、水流报警装置（水流指示器或压力开关）等组件，以及管道、供水设施组成，能在发生火灾时喷水的自动灭火系统。平时系统处于准工作状态，当建筑内某场所发生火灾时，喷头或报警装置能够探测到火灾信号，并能自动启动喷水灭火。自动喷水灭火系统具有良好的灭火、控火效果，对保证设置场所的消防安全有着非常重要的作用，是应用范围广泛、灭火成功率高、安全可靠、经济实用的固定灭火设施。

一、自动喷水灭火系统的分类

自动喷水灭火系统的类型较多，按使用喷头的形式可分为闭式自动喷水灭火系统和开式自动喷水灭火系统两大类；按系统的用途和配置状况可分为湿式系统、干式系统、预作用系统、雨淋系统和水幕系统（防火分隔水幕和防火冷却水幕）等。自动喷水灭火系统的分类如图 10-4 所示。

二、闭式自动喷水灭火系统

（一）湿式系统

1. 组成

湿式系统是自动喷水灭火系统最基本的形式，在实际工程中应用广泛。湿式系统由闭式喷头、湿式报警阀组、水流指示器或压力开关、供水管道、配水管道、供水设施等组成。由于其在准工作状态时管道内充满用于启动系统的有压水，故称其为湿式系统。湿式系统具有自动探测、自动报警和自动喷水灭火的功能，也可与火灾自动探测报警装置联合使用，使其功能更加安全可靠。湿式系统的组成如图 10-5 所示。

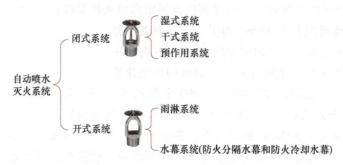

图10-4 自动喷水灭火系统的分类

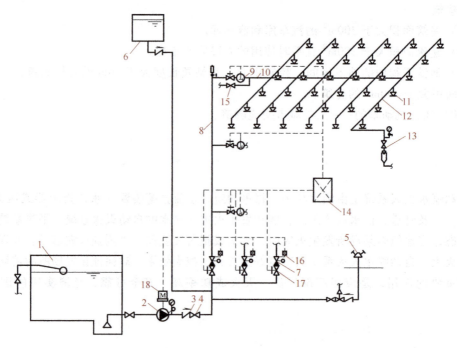

图10-5 湿式系统的组成

1—消防水池 2—水泵 3—止回阀 4—闸阀 5—水泵接合器 6—消防水箱 7—湿式报警阀组 8—配水干管
9—水流指示器 10—配水管 11—闭式喷头 12—配水支管 13—末端试水装置 14—报警控制器
15—泄水阀 16—压力开关 17—信号阀 18—驱动电动机

2. 工作原理

湿式系统在准工作状态时，由消防水箱或稳压泵、气压给水设备等稳压设施维持管道内充水的压力。发生火灾时，在火灾温度的作用下，闭式喷头的热敏感元件动作，喷头开启并开始喷水。此时，管网中的水由静止变为流动，水流指示器动作并送出电信号，在报警控制器上显示某一区域喷水的信息。由于喷头开启持续喷水泄压，湿式报警阀组的上部水压低于下部水压，在压力差的作用下，原来处于关闭状态的湿式报警阀组自动开启。此时，压力水通过湿式报警阀组流向管网，同时打开通向水力警铃的通道，延迟器充满水后，水力警铃发出声响警报，压力开关动作并输出启动供水泵的信号。供水泵投入运行后，完成系统的启动过程。

3. 设置范围

湿式系统具有结构简单、使用可靠、灭火速度快、控火效率高、施工及管理方便、经济实用等特点。湿式系统适合在环境温度不低于4℃且不高于70℃的环境中使用。低于4℃的场所使用湿式系统，存在系统管道和组件内充水冰冻的危险，高于70℃的场所采用湿式系统，存在系统管道和组件内蒸汽压升高而破坏管道的危险。

（二）干式系统

1. 组成

为了满足寒冷和高温场所安装自动喷水灭火系统的需要，对湿式系统进行改动，在干式报警阀组前的管道内仍充以压力水，将其设置在适宜的环境温度中，而在干式报警阀组后的管道内充以压力气体代替压力水，以适应低温或高温场所需要。由于干式报警阀组后管路和喷头内平时没有水，处于充气状态，故称其为干式系统。干式系统由闭式喷头、干式报警阀组、水流指示器或压力开关、供水与配水管道、充气设备以及供水设施等组成，在准工作状态时配水管道内充满用于启动系统的有压气体。干式系统的组成如图10-6所示。

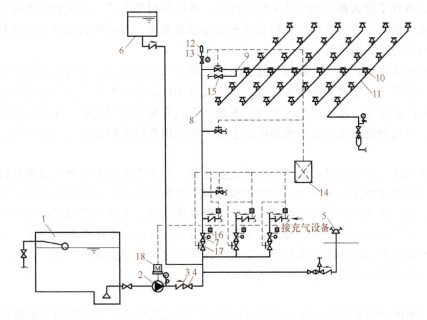

图10-6　干式系统的组成

1—消防水池　2—水泵　3—止回阀　4—闸阀　5—水泵接合器　6—消防水箱　7—干式报警阀组
8—配水干管　9—配水管　10—闭式喷头　11—配水支管　12—排气阀　13—电动阀
14—报警控制器　15—泄水阀　16—压力开关　17—信号阀　18—驱动电动机

2. 工作原理

干式系统在准工作状态时，由消防水箱或稳压泵、气压给水设备等稳压设施维持干式报警阀组入口前管道内充水的压力，干式报警阀组出口后的管道内充满有压气体（通常采用压缩空气），干式报警阀组处于关闭状态。发生火灾时，在火灾温度的作用下，闭式喷头的热敏感元件动作，闭式喷头开启，使干式报警阀组出口压力下降，加速器动作后促使干式报警阀组迅速开启，管道开始排气充水，剩余压缩空气从系统最高处的排气阀和开启的喷头处喷出。此时，通向水力警铃和压力开关的通道被打开，水力警铃发出声响警报，压力开关动作并输出启泵信号，启动系统供水泵，管道完成排气充水过程后，开启的喷头开始喷水。从闭式喷头开启至供水泵投入运行前，由消防水箱、气压给水设备或稳压泵等供水设施为系统的配水管道充水。

3. 设置范围

干式系统因为平时在报警阀后的管道内无水，所以不怕冻结，不怕环境温度高。因此，干式系统适用于环境温度低于4℃或高于70℃的场所。干式系统虽然解决了湿式系统不适用于高低温环境场所的问题，但由于准工作状态时配水管道内没有水，喷头动作、系统启动时必须经过一个管道排气充水的过程，因此会出现滞后喷水现象，不利于系统及时控火灭火。同时，与湿式系统相比，干式系统增加一套充气设备，要求管网内的气压要经常保持在一定范围内，当气压不够时需要充气，建筑投资增加，平时管理较复杂，要求较高。

（三）预作用系统

1. 组成

预作用系统由火灾自动探测控制系统和在管道内充以有压或无压气体的闭式喷水灭火系统组成。它兼容了湿式系统和干式系统的优点，系统平时呈干式，火灾时由火灾自动探测控制系统自动开启预作用报警阀组，使管道充水呈湿式系统。系统的转变过程包含着预备动作功能，故称其为预作用系统。

预作用系统由闭式喷头、预作用报警阀组、供水与配水管道、充气设备和供水设施等组成。在准工作状态时配水管道内不充水，由火灾自动探测控制系统自动开启预作用报警阀组后，转换为湿式系统。预作用系统与湿式系统、干式系统的不同之处，在于前者采用预作用报警阀组，并配套设置火灾自动探测控制系统。预作用系统的组成如图10-7所示。

2. 工作原理

系统处于准工作状态时，由消防水箱或稳压泵、气压给水设备等稳压设施维持预作用报警阀组入口前管道内充水的压力，预作用报警阀组后的管道内平时无水或充以有压气体。发生火灾时，保护区内的火灾探测器首先发出火警报警信号，报警控制器在接到报警信号后发出声光显示，同时启动电磁阀将预作用报警阀组打开，使压力水迅速充满管道，这样原来呈干式的系统迅速自动转变成湿式系统，完成了预作用过程。温度继续上升，达到闭式喷头的动作温度，闭式喷头开启，便立即喷水灭火。

3. 设置范围

预作用系统可消除干式系统在喷头开放后延迟喷水的弊端，因此预作用系统可在低温和高温环境中替代干式系统。系统处于准工作状态时，严禁管道漏水、严禁系统误喷的场所应采用预作用系统。

三、开式自动喷水灭火系统

（一）雨淋系统

1. 组成

雨淋系统为开式系统的一种，系统所使用的喷头为开式喷头，火灾发生时系统保护区域上的所有喷头一起喷水，形似下雨降水。雨淋系统包括火灾自动探测控制系统和带有雨淋报警阀组的开式自动喷水灭火系统两部分。雨淋系统一般由开式喷头、管道系统、雨淋报警阀组、火灾自动探测控制系统、传动控制组件和供水设施等组成。雨淋系统的组成如图10-8所示。

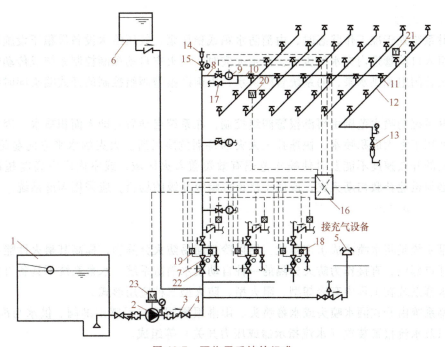

图 10-7　预作用系统的组成

1—消防水池　2—水泵　3—止回阀　4—闸阀　5—水泵接合器　6—消防水箱　7—预作用报警阀组
8—配水干管　9—水流指示器　10—配水管　11—闭式喷头　12—配水支管　13—末端试水装置
14—排气阀　15—电动阀　16—报警控制器　17—泄水阀　18—压力开关　19—电磁阀
20—感温探测器　21—感烟探测器　22—信号阀　23—驱动电动机

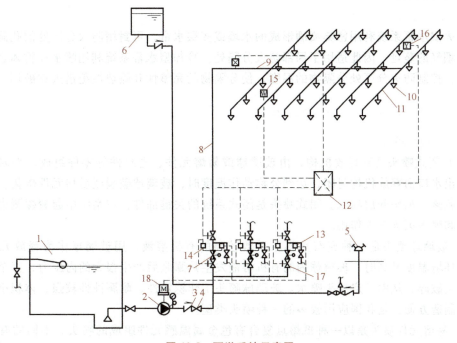

图 10-8　雨淋系统示意图

1—消防水池　2—水泵　3—止回阀　4—闸阀　5—水泵接合器　6—消防水箱　7—雨淋报警阀组
8—配水干管　9—配水管　10—开式喷头　11—配水支管　12—报警控制器　13—压力开关
14—电磁阀　15—感温探测器　16—感烟探测器　17—信号阀　18—驱动电动机

2. 工作原理

雨淋系统处于准工作状态时，由消防水箱或稳压泵、气压给水设备等稳压设施维持雨淋报警阀组入口前管道内充水的压力。发生火灾时，由火灾自动探测控制系统或传动管自动开启雨淋报警阀组和供水泵，向系统管网供水，由雨淋报警阀组控制的开式喷头同时喷水。

3. 设置范围

雨淋系统的喷水范围由雨淋报警阀组控制，在系统启动后立即大面积喷水，因此雨淋系统主要适用于需大面积喷水、快速扑灭火灾的特别危险场所。火灾的水平方向蔓延速度快，闭式喷头的开放速度不能及时使喷水范围有效覆盖着火区域，或室内净空高度超过一定高度，且必须迅速扑救初期火灾，或属于严重危险级Ⅱ级的场所，应采用雨淋系统。

（二）水幕系统

1. 组成

水幕系统是将水喷洒成水帘幕状，用以冷却简易防火分隔物，提高其耐火性能或阻止火焰穿过开口部位，直接作为防火分隔的一种自动喷水消防系统。水幕系统不具备直接灭火的能力。水幕系统在工程中有冷却型、阻火型、防火型三种应用形式。

水幕系统由开式洒水喷头或水幕喷头、雨淋报警阀组或温感雨淋阀、供水与配水管道、控制阀以及水流报警装置（水流指示器或压力开关）等组成。

2. 工作原理

系统处于准工作状态时，由消防水箱或稳压泵、气压给水设备等稳压设施维持管道内充水的压力。发生火灾时，由火灾自动探测控制系统联动开启雨淋报警阀组和供水泵，向系统管网和喷头供水。

3. 设置范围

防火型水幕系统利用密集喷洒形成的水墙或多层水帘，可封堵防火分区处的孔洞，阻挡火灾和烟气的蔓延，因此适用于局部防火分隔处。冷却型水幕系统利用喷水在物体表面形成的水膜，控制防火分区处分隔物的温度，使分隔物的完整性和隔热性免遭火灾破坏。

四、自动喷水灭火系统的主要组件及工作原理

（一）洒水喷头

（1）闭式喷头具有释放机构，由玻璃球或易熔元件、密封件等零件组成。平时，闭式喷头的出水口由释放机构封闭，达到公称动作温度时，玻璃球破裂或易熔元件熔化，释放机构自动脱落，喷头开启喷水。闭式喷头是闭式系统的关键部件，在系统中起着探测火灾、启动系统和喷水灭火三大作用。

1）玻璃球喷头是一种充有热膨胀系数较高的有机溶液，用玻璃球作为释放元件的喷头，当环境温度升高时，玻璃球内的有机溶液发生热膨胀后产生很大的内压力，直至玻璃球外壳发生破碎，从而开启喷头喷水。玻璃球喷头工作稳定性、耐腐蚀性较强，体积小、外观美观、制造方便，是我国应用较多的一种喷头类型。

2）易熔元件喷头是以一种低熔点复合有色金属温感元件组成的喷头。不同的有色金属有不同的熔点，当环境温度上升到有色金属熔点时，就会使温感元件发生解体脱落，改变喷头的密封性使喷头喷水灭火。

（2）开式喷头（包括水幕喷头）没有释放机构，喷口呈常开状态。

根据闭式喷头的热敏元件不同，常见的闭式喷头有玻璃球喷头（图10-9）和易熔元件喷头（图10-10）。

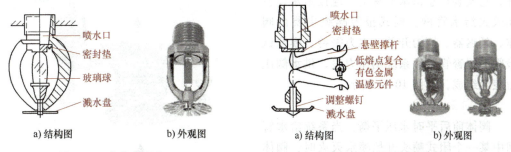

<table>
<tr><td colspan="2">a) 结构图</td><td>b) 外观图</td><td>a) 结构图</td><td>b) 外观图</td></tr>
</table>

图 10-9　玻璃球喷头	图 10-10　易熔元件喷头

图10-9标注：喷水口、密封垫、玻璃球、溅水盘

图10-10标注：喷水口、密封垫、悬壁撑杆、低熔点复合有色金属温感元件、调整螺钉、溅水盘

洒水喷头的公称动作温度和颜色标志见表10-2。在选定洒水喷头的公称动作温度时，闭式系统的洒水喷头，其公称动作温度宜高于环境最高温度30℃。

表 10-2　洒水喷头的公称动作温度和颜色标志

类型	公称动作温度/℃	颜色标志
玻璃球喷头	57	橙色
	68	红色
	79	黄色
	93	绿色
	107	
	121	蓝色
	141	
	163	紫色
	182	
	204	黑色
	227	
	260	
	343	
易熔元件喷头	57~77	无须标志
	80~107	白色
	121~149	蓝色
	163~191	红色
	204~246	绿色
	260~302	橙色
	320~343	

（二）报警阀组

报警阀组分为湿式报警阀组、干式报警阀组、雨淋报警阀组和预作用报警阀组，自动喷水灭火系统根据不同的系统选用不同的报警阀组。下面以湿式报警阀组为例，介绍其组成部分。

湿式报警阀组是湿式系统中的主要部件，它安装在总供水干管上，连接给水设备和灭火给水管网。湿式报警阀组主要由阀体、延迟器、压力开关、水力警铃、模拟试验阀、报警管路、系统侧压力表、供水侧压力表等组成，如图 10-11 所示。

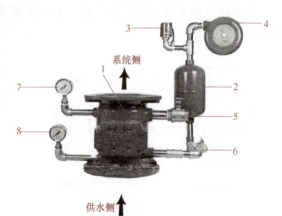

图 10-11　湿式报警阀组
1—阀体　2—延迟器　3—压力开关　4—水力警铃
5—模拟试验阀　6—报警管路　7—系统侧
压力表　8—供水侧压力表

1. 阀体

阀体前后平时水压平衡，当系统给水管网中某一个闭式喷头开始喷水灭火时，阀体前后的水压平衡被打破，阀体自动开启，接通水源和系统给水管网。在阀体开启的同时，部分水流通过阀体上的凹槽，经信号管送至压力开关和水力警铃，完成火灾报警，如图 10-12 所示。

2. 延迟器

延迟器是一个罐式容器，安装在阀体与压力开关和水力警铃之间，用以防止由于水源压力突然发生变化引起的阀体短暂开启，或因阀体局部渗漏导致的虚假报警。在延迟器的作用下，只有在真正发生火灾时，喷头和阀体相继打开，水流源源不断地大量流入延迟器，才会冲击压力开关和水力警铃，发出正确的警报。

3. 压力开关

压力开关（图 10-13）是一种压力传感器，在自动喷水灭火系统中的作用是将系统的压力信号转化为电信号。压力开关垂直安装在水力警铃入水口前的管道上，在水力警铃报警的同时，由于管道内水压不断升高，水压冲击压力开关接通弱电回路而向报警控制器传递火灾电信号。

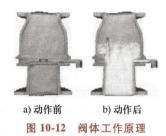

a) 动作前　　b) 动作后
图 10-12　阀体工作原理

a) 动作前　　b) 动作后
图 10-13　压力开关工作原理

4. 水力警铃

水力警铃是一种靠水力驱动的机械警铃，安装在报警阀组的报警管道上。阀体开启后，水流进入水力警铃并形成一股高速射流，冲击水轮带动铃锤快速旋转，敲击铃盖发出声响警报。

5. 模拟试验阀

进行人工检查时，打开模拟试验阀泄水，阀体能自动打开，水流迅速充满延迟器，并使压力开关和水力警铃立即动作并报警。

（三）水流指示器

水流指示器安装在湿式报警阀组后方的灭火给水干管与支管的交汇处，用以监控灭火给水支管上的闭式喷头的工作状态。当灭火给水支管上某一闭式喷头因火灾发生喷水灭火时，此支管的水由静止变为流动状态，流水冲击水流指示器的桨片接通弱电回路产生火灾电信号，火灾电信号传输到报警控制器转变为声光报警信号，并根据支管服务区域显示火灾发生部位。水流指示器工作原理如图 10-14 所示。

至报警控制器

图 10-14　水流指示器工作原理

（四）末端试水装置

末端试水装置由试水阀、压力表以及试水接头等组成，其作用是检验系统的可靠性，测试干式系统和预作用系统的管道充水时间。末端试水装置的构造如图 10-15 所示。

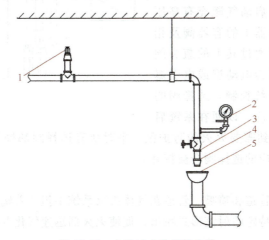

图 10-15　末端试水装置的构造

1—最不利点处喷头　2—压力表　3—试水阀　4—试水接头　5—排水漏斗

单元三　气体灭火系统

气体灭火系统是以一种或多种气体作为灭火介质，通过这些气体在整个防护区内或保护对象周围的局部区域建立起灭火浓度以实现灭火。气体灭火系统具有灭火效率高、灭火速度快、保护对象无污损等优点。

一、气体灭火系统分类

气体灭火系统的类型很多，按照使用的灭火剂不同可分为二氧化碳灭火系统、七氟丙烷灭火系统、惰性气体灭火系统等；按系统的结构特点可分为管网灭火系统和预制灭火系统；按应用方式的不同可分为全淹没灭火系统和局部应用灭火系统；按加压方式的不同可分为自压式、内储压式和外储压式气体灭火系统等。

二、气体灭火系统组成

气体灭火系统一般由灭火剂储存装置、启动分配装置、输送释放装置、监控装置等组成。

1. 灭火剂储存装置

气体灭火系统的灭火剂储存装置包括储存容器、容器阀、单向阀、汇集管、连接软管及支架等（图10-16），通常将其组合在一起放置在靠近防护区的专用储瓶间内。储存装置既要储存足够量灭火剂，又要保证在着火时能及时开启，释放出灭火剂。

2. 启动分配装置

启动分配装置由启动气瓶、选择阀、启动气体管路等组成。启动气瓶充有高压氮气，用来打开储存容器上的容器阀及相应的选择阀。启动气瓶通过其上的瓶头阀实现自动开启，瓶头阀为电动型或电引爆型，由火灾自动报警系统控制。选择阀的设置与每个防护区相对应，以便在系统启

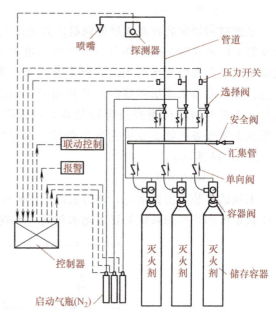

图 10-16　气体灭火系统组成

动时能够将灭火剂输送到需要灭火的防护区。平时所有选择阀都处于关闭状态，系统启动时，与着火防护区相对应的选择阀会被打开。

3. 输送释放装置

输送释放装置包括管道和喷嘴。管道在气体灭火系统中担负着输送灭火剂的任务。喷嘴的作用是保证灭火剂以特定的射流形式喷出，促使灭火剂迅速气化并在保护空间内达到灭火浓度。

4. 监控装置

防护区应有火灾自动报警系统，通过其探测火灾并监控气体灭火系统，实现气体灭火系统的自动启动。火灾自动报警系统可以单独设置，也可以利用建筑的火灾自动报警系统联动控制。气体灭火系统还应有监测系统工作状态的流量或压力监测装置，常用的监测装置是压力开关。

三、气体灭火系统灭火机理

（一）二氧化碳灭火系统

二氧化碳灭火的作用主要在于窒息，其次是冷却。在灭火过程中，当二氧化碳从储存气瓶中释放出来时，二氧化碳压力骤然下降，由液态转变成气态，分布于燃烧物的周围，稀释空气中的氧含量。氧含量降低会使燃烧时热的产生率减小，当热产生率减小到低于热散失率时，燃烧就会停止下来。这是二氧化碳的窒息作用。同时，二氧化碳释放时又因熔降的关系，二氧化碳温度急剧下降，形成细微的固体干冰粒子，干冰吸取其周围的热量而升华，使周围环境冷却。这是二氧化碳的冷却作用。

（二）七氟丙烷灭火系统

七氟丙烷灭火剂是一种无色无味、不导电的气体，在一定压力下呈液态。该灭火剂为洁

净药剂，释放后不含有粒子或油状的残余物，且不会污染环境和被保护的精密设备。七氟丙烷灭火剂是以液态的形式喷射到保护区内的，在喷出喷头时，液态灭火剂迅速转变成气态，这个过程需要吸收大量的热量，降低了保护区和火焰周围的温度；同时，七氟丙烷灭火剂的热解产物对燃烧过程也具有相当程度的抑制作用。

（三）IG-541 混合气体灭火系统

IG-541 混合气体是由氮气、氩气和二氧化碳气体按一定比例混合而成的气体，这些气体是在大气中自然存在的，且来源丰富，既不会破坏臭氧层，也不会对地球的"温室效应"产生影响，更不会产生长久影响大气"寿命"的化学物质。IG-541 混合气体无毒、无色、无味、无腐蚀性及不导电，既不支持燃烧，又不与大部分物质产生反应，以环保的角度来看，是一种较为理想的灭火剂。

IG-541 混合气体灭火机理属于物理灭火，混合气体释放后把环境中的氧气浓度降低到不能支持燃烧的程度，以此来扑灭火灾。

四、气体灭火系统的工作原理

气体灭火系统的工作原理如图 10-17 所示。防护区一旦发生火灾，火灾探测器首先报警，消防控制中心接到火灾信号后，启动联动装置，同时关闭开口、关停空调等，延时约 30s 后，打开启动气瓶的瓶头阀，利用气瓶中的高压氮气将灭火剂储存装置上的容器阀打开，灭火剂经管道输送到喷头喷出实施灭火。这个过程中的延时 30s 是考虑到防护区内人员的疏散问题。另外，应通过压力开关监测系统是否正常工作，若启动指令发出，而压力开关的信号迟迟不返回，说明系统出现故障，值班人员听到事故报警，应

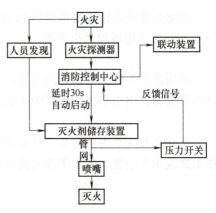

图 10-17　气体灭火系统的工作原理

尽快到储瓶间手动开启灭火剂储存装置上的容器阀，实施人工启动灭火。

五、气体灭火系统的设置范围

气体灭火剂不导电，一般不造成二次污染，是扑救电子设备、精密仪器设备、贵重仪器和档案图书等纸质、绢质或磁介质材料信息载体的良好灭火剂。气体灭火系统在密闭的空间里有良好的灭火效果，但系统投资较高，所以只要求在一些重要的机房、贵重设备室、珍藏室、档案库内设置。

在下列场所应设置自动灭火系统，并宜采用气体灭火系统：

（1）国家、省级或人口超过 100 万的城市广播电视发射塔内的微波机房、分米波机房、米波机房、交配电室和不间断电源（UPS）室。

（2）国际电信局、大区中心、省中心和 1 万路以上的地区中心内的长途程控交换机房、控制室和信令转接点室。

（3）2 万线以上的市话汇接局和 6 万门以上的市话端局内的程控交换机房、控制室和信令转接点室。

（4）中央及省级公安、防灾和网局级及以上的电力等调度指挥中心内的通信机房和控制室。

（5）A、B级电子信息系统机房内的主机房和基本工作间的已记录磁（纸）介质库。

（6）中央和省级广播电视中心内建筑面积不小于120m²的音像制品库房。

（7）国家、省级或藏书量超过100万册的图书馆内的特藏库；中央和省级档案馆内的珍藏库和非纸质档案库；大、中型博物馆内的珍品库房；一级纸绢质文物的陈列室。

（8）其他特殊重要设备室。

单元四　泡沫灭火系统

一、泡沫灭火系统的分类

（一）按系统结构分类

1. 固定式系统

固定式系统是由固定的泡沫消防水泵、泡沫比例混合器（装置）、泡沫产生器（或喷头）和管道等组成的灭火系统。

2. 半固定式系统

半固定式系统是由固定的泡沫产生器与部分连接管道，泡沫消防车或机动消防泵与泡沫比例混合器，用水带连接组成的灭火系统。

3. 移动式系统

移动式系统是由消防车、机动消防泵或有压水源，泡沫比例混合器，泡沫枪、泡沫炮或移动式泡沫产生器，用水带等连接组成的灭火系统。

（二）按发泡倍数分类

1. 低倍数泡沫灭火系统

低倍数泡沫灭火系统是指发泡倍数低于20的泡沫灭火系统。低倍数泡沫灭火系按喷射方式不同可分为液下喷射系统和液上喷射系统。

（1）液下喷射系统。

液下喷射系统是指泡沫从液面下喷入被保护储罐内的灭火系统。泡沫灭火剂在注入液体燃烧层下部之后，上升至液体表面并扩散开，形成一个泡沫层隔开燃烧层。液下用的泡沫灭火剂必须是氟蛋白泡沫液或水成膜泡沫液。该系统通常设计为固定式和半固定式两种形式。

（2）液上喷射系统。

液上喷射系统是指泡沫从液面上喷入被保护储罐内的灭火系统。与液下喷射系统相比较，这种系统有泡沫不易受油污染，可以使用廉价的普通蛋白泡沫灭火剂等优点。它有固定式、半固定式、移动式三种应用形式。

2. 中倍数泡沫灭火系统

中倍数泡沫灭火系统是指发泡倍数介于20~200之间的泡沫灭火系统。

3. 高倍数泡沫灭火系统

高倍数泡沫灭火系统是指发泡倍数高于200的泡沫灭火系统。

二、泡沫灭火系统的组成

泡沫灭火系统一般由泡沫液、泡沫消防水泵、泡沫液泵、泡沫比例混合器、压力容器、泡沫产生装置、火灾探测与启动控制装置、控制阀及管道等组成。

（一）泡沫液泵

泡沫液泵的工作压力和流量应满足系统最大设计要求，并应与所选的泡沫比例混合器的工作压力范围和流量范围相匹配，同时应保证在设计流量下泡沫液供给压力大于最大水压力。泡沫液泵的结构形式、密封要求或填充类型应适宜输送所选的泡沫液，其材料应耐泡沫液腐蚀且不影响泡沫液的性能。应设置备用泵，备用泵的规格、型号应与工作泵相同，工作泵故障时应能自动或手动切换到备用泵。泡沫液泵应耐受时长不低于10min的空载运行。

（二）泡沫比例混合器

泡沫比例混合器主要有环泵式比例混合器、压力式比例混合器、平衡式比例混合器和管线式比例混合器等。

（三）泡沫产生装置

泡沫产生装置主要包括空气泡沫产生器、泡沫喷头、泡沫枪等。泡沫混合液经过喷嘴时形成扩散的雾化射流，在喷嘴周围产生负压，吸入大量空气形成空气泡沫，覆盖在燃烧的液面上，利用泡沫的冷却和窒息作用达到灭火目的。

三、泡沫灭火系统的灭火机理

泡沫灭火系统的灭火机理主要体现在以下几个方面：

（一）隔氧窒息作用

在燃烧物表面形成泡沫覆盖层，使燃烧物的表面与空气隔绝，同时泡沫受热蒸发产生的水蒸气可以降低燃烧物附近的氧气浓度，起到窒息灭火作用。

（二）热传导阻隔作用

泡沫覆盖层能阻止燃烧区的热量作用于燃烧物质的表面，因此可防止可燃物本身和附近可燃物质的热传导。

（三）吸热冷却作用

泡沫析出的水可对燃烧物表面进行冷却。

四、泡沫灭火系统的工作原理

当被保护场所着火后，自动或手动启动泡沫消防泵，打开出水阀门，水流经过泡沫比例混合器后，将泡沫液与水按规定比例混合，形成泡沫混合液，然后经泡沫混合液管道输送至泡沫产生装置，产生的雾化射流流淌、覆盖到燃烧物表面或施放到着火对象上，从而实施灭火。

五、泡沫灭火系统的设置范围

（1）含有下列物质的场所不应选用泡沫灭火系统：硝化纤维等在无空气的环境中仍能迅速氧化的化学物质和强氧化剂；钾、钠、烷基铝、五氧化二磷等遇水发生危险化学反应的活泼金属和化学物质。

（2）可能发生可燃液体火灾的场所宜选用低倍数泡沫灭火系统。甲、乙、丙类液体储罐固定式、半固定式或移动式系统的选择应符合国家现行有关标准的规定，且储存温度大于100℃的高温可燃液体储罐不宜设置固定式系统。

（3）非水溶性甲、乙、丙类液体固定顶储罐，可选用液上喷射系统，条件适宜时也可选用液下喷射系统；水溶性甲、乙、丙类液体固定顶储罐和其他对普通泡沫有破坏作用的甲、乙、丙类液体固定顶储罐，应选用液上喷射系统；外浮顶和内浮顶储罐应选用液上喷射系统；非水溶性液体外浮顶储罐、内浮顶储罐、直径大于18m的固定顶储罐及水溶性甲、乙、丙类液体立式储罐，不得选用泡沫炮作为主要灭火设施；高度大于7m或直径大于9m的固定顶储罐，不得选用泡沫枪作为主要灭火设施。

（4）中倍数与高倍数泡沫灭火系统的选择，应根据防护区的总体布局、火灾的危害程度、火灾的种类和扑救条件等因素，综合技术经济比较后确定。

（5）泡沫-水喷淋系统可用于具有非水溶性液体泄漏火灾危险的室内场所，以及存放量不超过$25L/m^2$或超过$25L/m^2$但有缓冲物的水溶性液体室内场所。泡沫喷雾系统可用于保护独立变电站的油浸电力变压器、面积不大于$200m^2$的非水溶性液体室内场所。

单元五 火灾自动报警系统

火灾自动报警系统是火灾探测报警与消防联动控制系统的简称，是探测火灾早期特征，发出火灾报警信号，为人员疏散、防止火灾蔓延和启动自动灭火设备提供控制与指示的消防系统，是建筑各类消防设施的核心组成部分。发生火灾时，火灾自动报警系统能及时探测火灾，发出火灾报警，同时启动火灾警报装置，自动防排烟设施，应急照明系统、火灾应急广播等疏散设施，引导火灾现场人员及时疏散，启动相应的防火灭火设施，防止火灾蔓延扩大，并实施灭火，以减少火灾损失。

一、火灾自动报警系统的组成

火灾自动报警系统可由火灾探测报警系统、消防联动控制系统、可燃气体探测报警系统及电气火灾监控系统组成。

（一）火灾探测报警系统

火灾探测报警系统一般由触发器件、火灾报警装置、火灾警报装置、电源等部分组成，承担火灾探测报警、记录报警信息以及对外发出火灾警报等任务。

1. 触发器件

触发器件主要有火灾探测器和手动火灾报警按钮等，其作用是自动或手动产生火灾报警信号。火灾探测器可对烟雾、温度、火焰辐射、气体浓度等火灾参数进行响应，并自动产生火灾报警信号。手动火灾报警按钮可以手动方式产生火灾报警信号。

2. 火灾报警装置

在火灾自动报警系统中，用于接收、显示和传递火灾报警信号，并能发出控

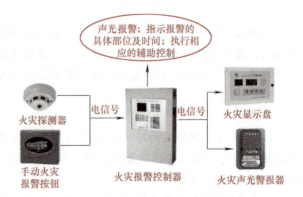

图 10-18 火灾报警控制器的功能

制信号和具有其他辅助功能的控制指示设备称为火灾报警装置，火灾报警控制器是其中的一种基本形式，如图 10-18 所示。火灾报警控制器担负着为火灾探测器提供稳定的工作电源，

监视火灾探测器及系统自身的工作状态，接收、转换、处理火灾探测器输出的报警信号并进行声光报警，指示报警的具体部位及时间，同时执行相应的辅助控制等诸多任务。

3. 火灾警报装置

在火灾自动报警系统中，用于发出区别于环境声光的火灾警报信号的装置称为火灾警报装置。它以声、光等方式向报警区域发出火灾警报信号，以警示人们迅速采取安全疏散、灭火救灾措施。火灾警报装置主要有火灾声警报器、火灾光警报器以及火灾声光警报器等。

4. 电源

火灾自动报警系统属于消防用电设备，应采用消防电源，控制器的电源部分应具有主电源和备用电源转换装置。当主电源断电时，能自动转换到备用电源，主电源恢复时，能自动转换到主电源。控制器应有主、备电源工作状态指示，主电源应有过流保护措施。主、备电源的转换不应使控制器产生误动作。

（二）消防联动控制系统

消防联动控制系统是火灾自动报警系统中的一个重要组成部分，系统主要由消防联动控制器、消防控制室图形显示装置、消防电气控制装置、消防电动装置、消防联动模块、消火栓按钮、消防应急广播设备、消防电话等设备和组件组成。其基本功能是接收火灾报警控制器发出的火灾报警信号，并按预设逻辑完成对建筑内相关消防设备的控制，接收和显示设备的反馈信号。

1. 消防联动控制器

消防联动控制器是消防联动控制系统的核心组件。消防联动控制器是按设定的控制逻辑向各相关的受控设备发出联动控制信号，并接受相关设备的联动反馈信号的设备。

2. 消防控制室图形显示装置

消防控制室图形显示装置用于接收并显示保护区域内的火灾探测报警系统、消防联动控制系统、消火栓系统、自动灭火系统、防烟排烟系统、防火门及防火卷帘系统、电梯系统、消防电源系统、消防应急照明和疏散指示系统、消防通信系统等各类消防系统，以及系统中的各类消防设备（设施）运行的动态信息和消防管理信息，同时还具有信息传输和记录功能。

3. 消防电气控制装置

消防电气控制装置的功能是控制各类消防电气设备，它一般通过手动或自动的工作方式来控制消防水泵、防烟排烟风机、电动防火门、电动防火窗、防火卷帘电动阀等各类电动消防设施的动作，并将相应设备的工作状态反馈给消防联动控制器进行显示。

4. 消防电动装置

消防电动装置的功能是实现电动消防设施的电气驱动或释放，在接收了消防联动控制器发出的启动信号后，在规定的时间内执行驱动动作。

5. 消防联动模块

消防联动模块是用于消防联动控制器和与其连接的受控设备或部件之间信号传输的设备，包括输入模块、输出模块和输入输出模块。输入模块的功能是接收受控设备或部件的动作反馈信号，并将信号输入消防联动控制器；输出模块的功能是接收消防联动控制器的输出信号，并发送到受控设备或部件；输入输出模块则同时具备输入模块和输出模块的功能。

6. 消火栓按钮

当设置消火栓按钮时，消火栓按钮的动作信号应作为报警信号及启动消火栓泵的联动触发信号，由消防联动控制器联动控制消火栓泵的启动。

7. 消防应急广播设备

消防应急广播设备是在火灾或意外事故发生时通过控制功率放大器和扬声器进行应急广播的设备。它的主要功能是向现场人员通报火灾，指挥并引导现场人员疏散。

8. 消防电话

消防电话是用于消防控制室与建筑物中各部位之间通话的电话系统。它由消防电话总机、消防电话分机、消防电话插孔组成。消防电话总机能够与消防电话分机进行全双工语音通信。

（三）可燃气体探测报警系统

可燃气体探测报警系统是火灾自动报警系统的独立子系统，属于火灾预警系统，通常由可燃气体报警控制器、可燃气体探测器和火灾声光警报器等组成，一般设置在生产、使用可燃气体的场所以及有可燃气体产生的场所，其报警信号应能接入消防控制室。

（四）电气火灾监控系统

电气火灾监控系统是火灾自动报警系统的独立子系统，属于火灾预警系统，通常由电气火灾监控器、电气火灾监控探测器和火灾声光警报器等组成，其报警信号应能接入消防控制室。

二、手动火灾报警按钮的分类

手动火灾报警按钮是火灾自动报警系统中不可缺少的一种触发器件，它以手动的方式向火灾报警控制器发出火灾电信号，如图 10-19 所示。在火灾自动报警系统中，为防止火灾探测器出现故障致使系统不能正常探测火灾，必须在建筑公共部位安装手动火灾报警按钮。当现场人员确认火灾发生时，按下手动火灾报警按钮，即可产生火灾电信号并通过弱电线路传递给火灾报警控制器。手动火灾报警按钮按编码方式分为编码型报警按钮与非编码型报警按钮。

图 10-19　手动火灾报警按钮的功能

三、火灾探测器的类型

火灾探测器是火灾自动报警系统的基本组成部分之一，它至少含有一个能够连续或以一定频率周期监视与火灾有关的适宜的物理或化学现象的传感器，并且至少能够向控制和指示设备提供一个合适的信号。是否报火警或操纵自动消防设备，可由探测器或控制和指示设备作出判断。火灾探测器可按其探测的火灾特征参数、监视范围、复位功能、拆卸性能等进行分类。

（一）根据探测的火灾特征参数分类

火灾探测器根据其探测的火灾特征参数不同，可以分为感烟火灾探测器、感温火灾探测器、感光火灾探测器、气体火灾探测器、复合火灾探测器五种基本类型。

1. 感烟火灾探测器

感烟火灾探测器是响应悬浮在大气中的燃烧或热解产生的固体或液体微粒的探测器，进一步可分为离子感烟火灾探测器、光电感烟火灾探测器、红外光束火灾探测器、吸气型火灾探测器等。

2. 感温火灾探测器

感温火灾探测器是响应异常温度、异常温升速率和异常温差变化等参数的探测器。

3. 感光火灾探测器

感光火灾探测器是响应火焰发出的特定波段电磁辐射的探测器，又称火焰探测器，进一步可分为紫外火灾探测器、红外火灾探测器及复合式火灾探测器等类型。

4. 气体火灾探测器

气体火灾探测器是响应燃烧或热解产生的气体的探测器。

5. 复合火灾探测器

复合火灾探测器是将多种探测原理集中于一身的探测器，它进一步又可分为烟温复合火灾探测器、红外紫外复合火灾探测器等类型。此外，还有一些特殊类型的火灾探测器，包括使用摄像机、红外热成像器件等视频设备或它们的组合方式获取监控现场视频信息，进行火灾探测的图像型火灾探测器；探测泄漏电流大小的漏电流感应型火灾探测器；探测静电电位高低的静电感应型火灾探测器。还有在一些特殊场合使用的，要求探测精度极其灵敏、动作极为迅速，通过探测爆炸产生的参数变化（如压力的变化）信号来抑制、消灭爆炸事故发生的微压差型火灾探测器；利用超声原理探测火灾的超声波火灾探测器等。

（二）根据监视范围分类

火灾探测器根据监视范围的不同，分为点型火灾探测器和线型火灾探测器。

1. 点型火灾探测器

点型火灾探测器是响应一个小型传感器附近的火灾特征参数的探测器。此外，还有一种多点型火灾探测器，它是响应多个小型传感器（例如热电偶）附近的火灾特征参数的探测器。

2. 线型火灾探测器

线型火灾探测器是响应某一连续线路附近的火灾特征参数的探测器。

（三）根据复位功能分类

火灾探测器根据其是否具有复位功能，分为可复位探测器和不可复位探测器。

1. 可复位探测器

可复位探测器是在响应后和在引起响应的条件终止时，不更换任何组件即可从报警状态恢复到监视状态的探测器。

2. 不可复位探测器

不可复位探测器是在响应后不能恢复到正常监视状态的探测器。

（四）根据拆卸性能分类

火灾探测器根据其维修和保养时的拆卸性能，分为可拆卸探测器和不可拆卸探测器。

1. 可拆卸探测器

可拆卸探测器容易从正常运行位置上拆下来，以方便维修和保养。

2. 不可拆卸探测器

不可拆卸探测器在维修和保养时不容易从正常运行位置上拆下来。

四、火灾探测器的选择

由于探测原理、结构特点不同，不同种类的火灾探测器适用场所不尽相同。在选择火灾探测器时，要根据探测区域内可能发生的初起火灾特征、房间高度、环境条件以及可能引起误报的原因等因素综合确定。对火灾形成特征不可预料的场所，可根据模拟试验的结果选择火灾探测器。同一探测区域内设置多个火灾探测器时，可选择具有复合判断火灾功能的火灾探测器和火灾报警控制器。

（1）对火灾初期有阴燃阶段，产生大量的烟和少量的热，很少或没有火焰辐射的场所，应选择感烟火灾探测器。

（2）对火灾发展迅速，可产生大量热、烟和火焰辐射的场所，可选择感温火灾探测器、感烟火灾探测器、火焰探测器或其组合。

（3）对火灾发展迅速，有强烈的火焰辐射和少量烟、热的场所，应选择火焰探测器。

（4）对火灾初期有阴燃阶段，且需要早期探测的场所，宜增设一氧化碳火灾探测器。

（5）对使用、生产可燃气体或可燃蒸气的场所，应选择可燃气体探测器。

五、火灾自动报警系统的形式

根据火灾监控对象的特点和消防设施联动控制的要求不同，火灾自动报警系统的基本形式主要有三种：区域报警系统、集中报警系统和控制中心报警系统。

（一）区域报警系统

区域报警系统主要由火灾探测器、手动火灾报警按钮、火灾声光警报器、火灾报警控制器等组成，如图 10-20 所示。系统中可包括消防控制室图形显示装置和指示楼层的区域显示器。区域报警系统适用于仅需要报警，不需要联动自动消防设备的保护对象。

（二）集中报警系统

集中报警系统主要由火灾探测器、手动火灾报警按钮、火灾声光警报器、消防应急广播、消防专用电话、消防控制室图形显示装置、集中报警控制器、消防联动控制器等组成，其构成

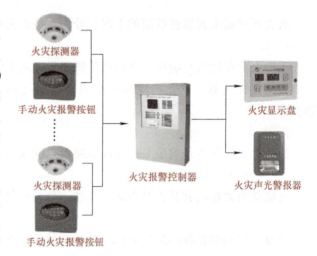

图 10-20　区域报警系统

如图 10-21 所示。集中报警系统适用于不仅需要报警，同时需要联动自动消防设备，且只设置一台具有集中控制功能的集中报警控制器和消防联动控制器的保护对象，集中报警系统应设置一个消防控制室。

（三）控制中心报警系统

控制中心报警系统主要由火灾探测器、手动火灾报警按钮、火灾声光警报器、消防应急广播、消防专用电话、消防控制室图形显示装置、集中报警控制器、消防联动控制器等组成，且包含两个及以上集中报警系统，其构成如图 10-22 所示。

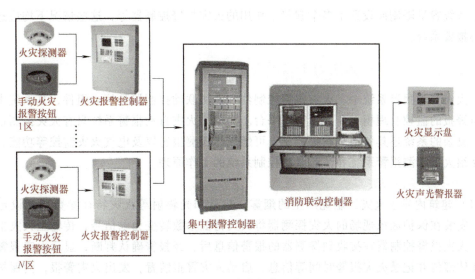

图 10-21　集中报警系统

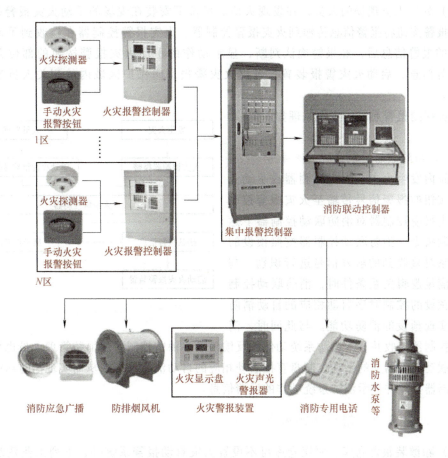

图 10-22　控制中心报警系统

　　控制中心报警系统一般适用于建筑群或体量很大的保护对象，这些保护对象中可能设置几个消防控制室，也可能由于分期建设而采用不同企业的产品或同一企业不同系列的产品，或由于系统容量限制而设置了多个起集中作用的火灾报警控制器等,这些情况下均应选择控制中心报警系统。

六、火灾自动报警系统的工作原理

在火灾自动报警系统中,火灾报警控制器和消防联动控制器是核心组件,是系统中火灾报警与警报的监控管理枢纽和人机交互平台。简单的火灾自动报警系统只有火灾探测报警的功能,复杂的系统还具备消防联动控制、可燃气体探测报警以及电气火灾监控等功能,这里主要介绍火灾探测报警系统和消防联动控制系统的工作原理。

(一) 火灾探测报警系统工作原理

(1)建筑内发生火灾,燃烧产生的烟雾、热量和光辐射等火灾特征参数达到设定的阈值时,安装在保护区域现场的火灾探测器将火灾特征参数转变为电信号,传输至火灾报警控制器,火灾报警控制器在接收到探测器的报警信息后,经报警确认判断,显示火灾报警探测器的具体部位并记录火灾报警时间等信息,启动火灾警报装置,发出火灾警报,向保护区域内的相关人员警示火灾的发生。

(2)处于火灾现场的人员,在发现火情后可按下安装在现场的手动火灾报警按钮,手动火灾报警按钮将报警信息传输到火灾报警控制器。火灾报警控制器在接收到手动火灾报警按钮的报警信息后,经报警确认判断,显示动作的手动火灾报警按钮的部位并记录报警时间等信息,启动火灾警报装置,发出火灾警报,向保护区域内的相关人员警示火灾的发生。

火灾探测报警系统的工作原理如图10-23所示。

(二) 消防联动控制系统工作原理

建筑内发生火灾,火灾探测器或手动火灾报警按钮的报警信号传输至火灾报警控制器,火灾报警控制器对消防联动控制器下达联动控制指令,消防联动控制器按照预设的逻辑关系对接收到的触发信号进行识别、判断,当满足逻辑关系条件时,消防联动控制器按照预设的控制时序启动相应的自动消防系统,实现预设的消防功能。与此同时,消

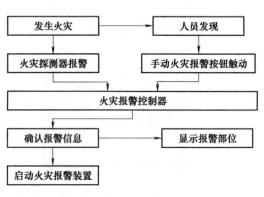

图10-23 火灾探测报警系统工作原理

防联动控制器接收并显示消防系统动作的反馈信息。消防控制室的消防管理人员也可通过操作消防联动控制器上的手动控制盘直接启动相应的自动消防系统,从而实现消防功能,消防联动控制器接收并显示消防系统动作的反馈信息。

七、火灾自动报警系统的设置范围

(1)除散装粮食仓库、原煤仓库可不设置火灾自动报警系统外,下列工业建筑或场所应设置火灾自动报警系统:

1)丙类高层厂房。

2)地下、半地下且建筑面积大于$1000m^2$的丙类生产场所。

3）地下、半地下且建筑面积大于 1000m² 的丙类仓库。

4）丙类高层仓库或丙类高架仓库。

（2）下列民用建筑或场所应设置火灾自动报警系统：

1）商店建筑、展览建筑、财贸金融建筑、客运和货运建筑等类似用途的建筑。

2）旅馆建筑。

3）建筑高度大于 100m 的住宅建筑。

4）图书或文物的珍藏库，每座藏书超过 50 万册的图书馆，重要的档案馆。

5）地市级及以上广播电视建筑、邮政建筑、电信建筑，城市或区域性电力、交通和防灾等指挥调度建筑。

6）特等、甲等剧场，座位数超过 1500 个的其他等级的剧场或电影院，座位数超过 2000 个的会堂或礼堂，座位数超过 3000 个的体育馆。

7）疗养院的病房楼，床位数不少于 100 张的医院门诊楼、病房楼、手术部等。

8）托儿所、幼儿园、老年人照料设施，任一层建筑面积大于 500m² 或总建筑面积大于 1000m² 的其他儿童活动场所。

9）歌舞娱乐放映游艺场所。

10）其他二类高层公共建筑内建筑面积大于 50m² 的可燃物品库房和建筑面积大于 500m² 的商店营业厅，以及其他一类高层公共建筑。

（3）除住宅建筑的燃气用气部位外，建筑内可能散发可燃气体、可燃蒸气的场所应设置可燃气体探测报警装置。

单元六　应急照明和疏散指示系统

应急照明和疏散指示系统是为人员疏散和发生火灾时仍需工作的场所提供照明和疏散指示的系统，是一种辅助人员安全疏散的建筑消防系统，由消防应急照明灯具、消防应急标志灯具及相关装置构成。其主要功能是在火灾等紧急情况下，为人员的安全疏散和灭火救援行动提供必要的照度条件及正确的疏散指示信息。

一、应急照明和疏散指示系统及其灯具分类

（一）系统分类

应急照明和疏散指示系统分为集中控制型系统和非集中控制型系统两种类型。其中，集中控制型系统由应急照明控制器、集中控制型灯具、应急照明集中电源或应急照明配电箱等系统部件组成，由应急照明控制器按预设的逻辑和时序控制并显示其配接的集中控制型灯具、应急照明集中电源或应急照明配电箱的工作状态。非集中控制型系统由非集中控制型灯具、应急照明集中电源或应急照明配电箱等系统部件组成，系统中非集中控制型灯具的光源由非集中控制型灯具蓄电池电源的转换信号控制应急点亮或由红外、声音等信号感应点亮。

（二）灯具分类

（1）灯具按用途分为消防应急照明灯具（含疏散用手电筒）、消防应急标志灯具、照明标志复合灯具。

（2）灯具按工作方式分为持续型、非持续型。

（3）灯具按应急供电形式分为自带电源型、集中电源型、子母型。

（4）灯具按应急控制方式分为集中控制型、非集中控制型。

二、应急照明的设置范围和设置要求

（一）设置范围

设置应急照明可以使人们在正常照明电源被切断后，仍能以较快的速度逃生，是保证和有效引导人员疏散的设施。建筑内人员安全疏散必须经过的重要节点部位和建筑内人员相对集中、人员疏散时易出现拥堵情况的场所，应设置应急照明。

除建筑高度小于27m的住宅建筑外，民用建筑的下列部位应设置应急照明：

（1）封闭楼梯间、防烟楼梯间及其前室、消防电梯间的前室或合用前室、避难走道、避难层（间）。

（2）观众厅、展览厅、多功能厅和建筑面积大于200m^{2}的营业厅、餐厅、演播室等人员密集的场所。

（3）建筑面积大于100m^{2}的地下或半地下公共活动场所。

（4）公共建筑内的疏散走道。

（二）设置要求

应急照明灯具应设置在出口的顶部、墙面的上部或顶棚上；备用照明灯具应设置在墙面的上部或顶棚上。

建筑内应急照明的地面最低水平照度应符合下列规定：

（1）对于疏散走道，不应低于1lx。

（2）对于人员密集场所、避难层（间），不应低于3lx。对于老年人照料设施、病房楼或手术部的避难间，不应低于10lx。

（3）对于楼梯间、前室或合用前室、避难走道，不应低于5lx。对于人员密集场所、老年人照料设施、病房楼或手术部内的楼梯间、前室或合用前室、避难走道，不应低于10lx。

（4）消防控制室、消防水泵房、自备发电机房、配电室、防排烟机房以及发生火灾时仍需正常工作的消防设备房，应设置备用照明，其作业面的最低照度不应低于正常照明的照度。

三、疏散指示标志的设置范围和设置要求

（一）设置范围

下列建筑或场所应在疏散走道和主要疏散路径的地面上增设能保持视觉连续的灯光疏散指示标志或蓄光疏散指示标志：

（1）总建筑面积大于8000m^{2}的展览建筑。

（2）总建筑面积大于5000m^{2}的地上商店。

（3）总建筑面积大于500m^{2}的地下或半地下商店。

（4）歌舞娱乐放映游艺场所。

（5）座位数超过1500个的电影院、剧场，座位数超过3000个的体育馆、会堂或礼堂。

（6）车站、码头建筑和民用机场航站楼中建筑面积大于3000m^{2}的候车室、候船厅和航

站楼的公共区。

（二）设置要求

公共建筑应设置灯光疏散指示标志，应设置在安全出口和人员密集的场所的疏散门正上方，以及疏散走道及其转角处距地面高度 1m 以下的墙面或地面上。灯光疏散指示标志的间距不应大于 20m。对于袋形走道，不应大于 10m。在走道转角区，不应大于 1m。

四、应急照明和疏散指示系统的性能指标

（一）响应时间

火灾状态下，灯具光源应急点亮、熄灭的响应时间，高危险场所灯具光源应急点亮的响应时间不应大于 0.25s。其他场所灯具光源应急点亮的响应时间不应大于 5s。具有两种及以上疏散指示方案的场所，标志灯光源点亮、熄灭的响应时间不应大于 5s。

系统的应急工作时间不应小于 90min，且不小于灯具本身标称的应急工作时间。应急照明控制器应有主、备用电源的工作状态指示，并能实现主、备用电源的自动转换，且备用电源应至少能保证应急照明控制器正常工作 3h。

（二）蓄电池电源供电时间

系统应急启动后，在蓄电池电源供电时的持续工作时间应满足下列要求：

（1）建筑高度大于 100m 的民用建筑，不应小于 1.5h。

（2）医疗建筑、老年人照料设施、总建筑面积大于 100000m² 的公共建筑和总建筑面积大于 20000m² 的地下、半地下建筑，不应少于 1h。

（3）其他建筑，不应少于 0.5h。

（4）城市交通隧道应符合下列规定：

1）一类、二类隧道不应小于 1.5h，隧道端口外接的站房不应小于 2h。

2）三类、四类隧道不应小于 1h，隧道端口外接的站房不应小于 1.5h。

单元七　灭　火　器

灭火器是一种轻便的灭火工具，能在其自身内部压力的作用下，将储存在其内部的灭火剂喷出实施灭火。灭火器具有结构简单、轻便灵活、操作方便等特点，它是扑救各类初起火灾的重要消防器材。

一、灭火器分类

（一）按使用方式分类

按使用方式不同，灭火器可分为手提式灭火器、推车式灭火器、手抛式灭火器、悬挂式灭火器等，其中手提式灭火器、推车式灭火器为常规配备的灭火器。

1. 手提式灭火器

灭火剂充装量小于 20kg 的灭火器为手提式灭火器。它具有重量小、能够手提移动、灭火轻便等特点，是应用比较广泛的一种灭火器。

2. 推车式灭火器

推车式灭火器的灭火剂充装量在 20kg 以上，其车架上设有固定的车轮，可推行移动实

施灭火，操作一般需要两人协同配合进行。推车式灭火器主要适用于灭火需求量大，便于推车移动的场所，如加油站、加气站、石油化工企业等。

3. 手抛式灭火器

手抛式灭火器内充干粉灭火剂，充装量较小，多数做成工艺品形状。灭火时将其抛掷到着火区域，干粉散开实施灭火，一般适用于家庭灭火。

4. 悬挂式灭火器

悬挂式灭火器是一种悬挂在保护场所内，依靠着火时的热量将其引爆自动实施灭火的灭火器。

（二）按充装的灭火剂分类

灭火器按所充装的灭火剂可分为水基型灭火器、干粉灭火器、二氧化碳灭火器、洁净气体灭火器等。

1. 水基型灭火器

水基型灭火器是指内部充入的灭火剂是以水为基础的灭火器，一般由水、氟碳催渗剂、碳氢催渗剂、阻燃剂、稳定剂等配合而成，以二氧化碳（或氮气）为驱动气体，是一种高效的灭火器。常用的水基型灭火器有清水灭火器、水基型泡沫灭火器和水基型水雾灭火器三种。

2. 干粉灭火器

干粉灭火器是利用氮气作为驱动气体，将筒内的干粉喷出灭火的灭火器。干粉灭火器的品种较多，根据灭火器内部充装的干粉灭火剂的不同，可分为碳酸氢钠干粉灭火器、磷酸铵盐干粉灭火器、氨基干粉灭火器。碳酸氢钠干粉灭火器只适用于灭 B、C 类火灾，因此又称 BC 类干粉灭火器。磷酸铵盐干粉灭火器适用于灭 A、B、C 类火灾，因此又称 ABC 类干粉灭火器。干粉灭火器是我国目前使用比较广泛的一种灭火器。

3. 二氧化碳灭火器

二氧化碳灭火器是一种利用其内部充装的液态二氧化碳的蒸气压将二氧化碳喷出实施灭火的灭火器。二氧化碳灭火剂具有流动性好、喷射率高、不腐蚀容器和不易变质、电绝缘性等特点，适用于扑救 600V 以下电气设备、精密仪器、贵重设备、图书、档案等场所的初起火灾。使用时要戴手套，以免皮肤接触喷筒和喷射胶管，防止冻伤。

4. 洁净气体灭火器

这类灭火器将洁净气体（如七氟丙烷、三氟甲烷等）灭火剂直接加压充装在容器中，使用时灭火剂从灭火器中排出，形成气雾状射流射向燃烧物，当灭火剂与火焰接触时发生一系列物理、化学反应，使燃烧中断，从而达到灭火的目的。洁净气体灭火器适用于扑救可燃液体、可燃气体和可熔化的固体物质以及带电设备的初起火灾，可在图书馆、档案室、宾馆、商场等场所使用。洁净气体灭火器对环境无害，在自然环境中存留期短，灭火效率高且低毒，适用于有工作人员常驻的防护区，是卤代烷灭火器在现阶段较为理想的替代产品。

（三）按驱动压力形式分类

按驱动压力形式不同，灭火器可分为储气瓶式灭火器、储压式灭火器、化学反应式灭火器等。

1. 储气瓶式灭火器

这类灭火器的动力气体储存在专用的小钢瓶内，是和灭火剂分开储存的，小钢瓶有外置和内置两种形式。使用时将高压动力气体释放，充装到灭火剂储瓶内作为驱动灭火剂的动力。这种类型的灭火器平时筒体不受压，筒体若存在质量问题不易被发现，使用时筒体突然受到高压，有可能会出现事故。

2. 储压式灭火器

储压式灭火器是将高压动力气体和灭火剂储存在同一个容器内，使用时依靠动力气体的压力驱动灭火剂喷出，是一种较常见的驱动压力形式。

3. 化学反应式灭火器

这类灭火器通过内部化学反应产生有压气体，驱动灭火剂喷放出来实施灭火

二、灭火器的构成及使用注意事项

（一）灭火器的构成

灭火器主要由筒体、器头（阀门）、灭火剂、保险销、虹吸管、密封圈和压力指示器（二氧化碳灭火器除外）等组成。由于灭火剂、灭火机理不同，不同种类灭火器的构造也不尽相同。

（二）灭火器使用注意事项

（1）要熟悉灭火器使用说明书。了解灭火器适宜扑救的火灾种类、使用温度范围、使用要求及日常维护等。

（2）扑救室外火灾时要站在着火部位的上风或侧风方向，以防火灾对身体造成危害。

（3）扑救电气火灾时，要注意防触电。例如应加强绝缘防护，穿绝缘鞋、戴绝缘手套，并站在干燥地带等。

（4）使用常见的手提式灭火器灭火时，要保持罐体直立，切不可将灭火器平放或颠倒使用，以防驱动气体泄漏，中断喷射。

（5）使用泡沫灭火器扑救可燃液体火灾时，如果液体呈流淌状，喷射的泡沫应从着火区边缘由远而近地覆盖在液体表面。如果是容器中的液体着火，应将泡沫喷射在容器的内壁，使泡沫沿容器内壁流入液体表面加以覆盖，要避免将泡沫直接喷射在液体表面，以防射流的冲击力将液体冲出容器而扩大燃烧范围，增加扑救难度。

（6）若在狭小的空间使用二氧化碳灭火器灭火，灭火后操作者要迅速撤离。火灾被扑救熄灭后，应先打开房间门窗通风，然后人员方可进入，以防窒息或中毒。另外，使用二氧化碳灭火器时，应佩戴防护手套；未佩戴时，不要直接用手握灭火器喷筒或金属管，以防冻伤。

三、灭火器的灭火机理与选择

（一）灭火器的灭火机理

灭火的方法有冷却、窒息、隔离等物理方法，也有化学抑制的方法，不同类型的火灾需要采取针对性的灭火方法。灭火器根据这些方法设计和研制，因此各类灭火器有着不同的灭火机理与各自的适用范围。例如，干粉灭火器的主要灭火机理，一是靠干粉中无机盐的挥发性分解物，与燃烧过程中产生的自由基或活性基团发生化学抑制和催化作用，使燃烧的链式

反应中断而灭火。二是靠干粉的粉末落在可燃物表面，发生化学反应，并在高温作用下形成一层玻璃状覆盖层，从而隔绝氧气，进而窒息灭火。二氧化碳灭火器主要依靠窒息作用和部分冷却作用灭火。二氧化碳具有较高的密度，因而灭火时二氧化碳气体可以排除空气而包围在燃烧物体的表面或分布于较密闭的空间中，降低可燃物周围和防护空间内的氧含量，产生窒息作用而灭火。另外，二氧化碳从储存容器中喷出时，会由液体迅速汽化成气体从而从周围吸收部分热量，起到冷却的作用。

（二）灭火器的类型选择

每一类灭火器都有其特定的扑救火灾类别，配置灭火器时，应根据不同的火灾种类，选择相适应的灭火器。《火灾分类》（GB/T 4968—2008）根据可燃物的类型和燃烧特性将火灾分为六类：A类火灾、B类火灾、C类火灾、D类火灾、E类火灾、F类火灾。其中，A类火灾为固体物质火灾，B类火灾为液体火灾或可熔化固体物质火灾，C类火灾为气体火灾，D类火灾为金属火灾，E类火灾为物体带电燃烧的火灾，F类火灾是指烹饪器具内的烹饪物（如动植物油脂）火灾。各种类型的火灾所适用的灭火器依据灭火剂的性质应有所不同。

（1）A类火灾场所应选择同时适用于A类、E类火灾的灭火器。

（2）B类火灾场所应选择适用于B类火灾的灭火器。B类火灾场所存在水溶性可燃液体（极性溶剂）且选择水基型灭火器时，应选用抗溶性的灭火器。

（3）C类火灾场所应选择适用于C类火灾的灭火器。

（4）D类火灾场所应根据金属的种类、物态及其特性选择适用于特定金属的专用灭火器。

（5）E类火灾场所应选择适用于E类火灾的灭火器。带电设备电压超过1kV且灭火时不能断电的场所不应使用灭火器带电扑救。

（6）F类火灾场所应选择适用于E类、F类火灾的灭火器。

（7）当配置场所存在多种火灾时，应选用能同时适用扑救该场所所有种类火灾的灭火器。

（三）同一配置场所内灭火器的选择

（1）在同一灭火器配置场所，宜选用相同类型和操作方法的灭火器，其原因是：为培训灭火器使用人员提供方便。在灭火实战中灭火人员可方便地用同一种方法连续使用多具灭火器灭火。便于灭火器的维修和保养。当同一灭火器配置场所存在不同火灾种类时，应选用通用型灭火器。

（2）在同一灭火器配置场所，当选用两种或两种以上类型灭火器时，应采用灭火剂相容的灭火器，以便充分发挥各自灭火器的灭火效能。灭火剂不相容性见表10-3。

表10-3　灭火剂不相容性

灭火剂类型	不相容灭火剂	
干粉与干粉	磷酸铵盐	碳酸氢钠、碳酸氢钾
干粉与泡沫	碳酸氢钠、碳酸氢钾	蛋白泡沫
泡沫与泡沫	蛋白泡沫、氟蛋白泡沫	水成膜泡沫

磷酸铵盐灭火剂与碳酸氢钠灭火剂或碳酸氢钾灭火剂之所以不相容，是因为在火灾中水

蒸气的水解作用下，前者呈酸性（生成磷酸），后者呈碱性（生成氢氧化钠），两者会发生酸碱中和反应，降低灭火效力。碳酸氢钠灭火剂或碳酸氢钾灭火剂与蛋白泡沫灭火剂或化学泡沫灭火剂之所以不相容，除了会发生上述的酸碱中和反应外，还因为碳酸氢钠灭火剂或碳酸氢钾灭火剂会从泡沫液中吸收一定量的水分而产生泡沫消失现象。水成膜泡沫灭火剂与蛋白泡沫灭火剂或氟蛋白泡沫灭火剂联用会因水溶性而降低后者的灭火效能。

（四）选择灭火器时应考虑的因素

（1）灭火器配置场所的火灾种类。根据灭火器配置场所的火灾种类，可判断出应选哪一种类型的灭火器。如果选择不合适的灭火器，不仅有可能灭不了火，而且还有可能引起灭火剂对燃烧的逆化学反应，甚至会发生爆炸伤人事故。目前，各地比较普遍存在的问题是在A类火灾场所配置不能扑灭A类火灾的BC类干粉（碳酸氢钠干粉）灭火器。另外，对碱金属（如钾、钠）火灾，不能用水基型灭火器去灭火，其原因之一是水与碱金属作用后，会生成大量的氢气，氢气与空气中的氧气混合后，容易形成爆炸性的气体混合物，从而有可能引起爆炸事故。

（2）灭火器配置场所的危险等级。根据灭火器配置场所的危险等级和火灾种类等因素，可确定灭火器的保护距离和配置基准，这是着手进行建筑灭火器配置设计和计算的首要步骤。

（3）灭火器的灭火效能。同一种火灾虽然有多种类型的灭火器可以扑灭，但值得注意的是，这些灭火器在灭火效能（包括灭火能力即灭火级别的大小，扑灭同一灭火级别火试模型的灭火剂用量的多少，以及灭火速度的快慢等）方面有明显的差异。例如，对于同一等级为55B的标准油盘火灾，需用7kg的二氧化碳灭火器才能灭火，而且灭火速度较慢，而改用4kg的干粉灭火器，不但能灭火，而且灭火时间较短，灭火速度也快得多。以上举例充分说明适用于扑救同一种类火灾的不同类型灭火器，在灭火剂用量和灭火速度上有较大的差异，即灭火效能有较大差异。因此，在选择灭火器时应考虑灭火器的灭火效能。

（4）灭火剂对保护物品的污损程度。为了保护贵重物资与设备免受不必要的污渍损失，灭火器的选择应考虑其对被保护物品的污损程度。例如，在专用的电子计算机房内，要考虑被保护的对象是电子计算机等精密仪表设备，若使用干粉灭火器灭火，肯定能灭火，但其灭火后所残留的粉末状覆盖物对电子元器件有一定的腐蚀作用和粉尘污染，而且也难以清洁。水基型灭火器和泡沫灭火器也有类同的污损作用。而选用气体灭火器去灭火，则灭火后不仅没有任何残迹，而且对贵重、精密设备也没有污损、腐蚀作用。

（5）灭火器设置点的环境温度。灭火器不应设置在可能超出其使用温度范围的场所，并应采取与设置场所环境条件相适应的防护措施。灭火器设置点的环境温度对灭火器的喷射性能和安全性能均有明显影响。若环境温度过低，则灭火器的喷射性能显著降低，若环境温度过高，则灭火器的内压剧增，会有爆炸伤人的危险。因此，在选择灭火器时应注意灭火器的使用温度范围是否与环境温度相符。

（6）使用灭火器人员的体能。灭火器是靠人来操作的，在为某建筑场所配置灭火器时，应对该场所中人员的体能（包括年龄、性别、体质和身手敏捷程度等）进行分析，然后正确地选择灭火器的类型、规格、形式。通常，在办公室、会议室、卧室、客房，以及学校、幼儿园、养老院的教室、活动室等民用建筑场所内，中、小规格的手提式灭火器应用较广，而在工业建筑场所的大车间和古建筑场所的大殿内，则可考虑选用大、中规格的手提式灭火器或推车式灭火器。

四、灭火器配置场所的危险等级

（一）工业建筑灭火器配置场所的危险等级

工业建筑灭火器配置场所的危险等级，应根据其生产、使用、储存物品的火灾危险性，可燃物数量，火灾蔓延速度，扑救难易程度等因素，划分为严重危险级、中危险级、轻危险级三个级别。严重危险级是指火灾危险性大，可燃物多，起火后蔓延迅速，扑救困难，容易造成重大财产损失的场所。中危险级是指火灾危险性较大，可燃物较多，起火后蔓延较迅速，扑救较难的场所。轻危险级是指火灾危险性较小，可燃物较少，起火后蔓延较缓慢，扑救较易的场所。

工业建筑场所内生产、使用和储存可燃物的火灾危险性是划分危险等级的主要因素。工业建筑场所的危险等级应该按照《建筑设计防火规范》（GB 50016—2014）中对厂房和仓库中可燃物的火灾危险性分类来划分。原则上将甲、乙类生产场所和甲、乙类储存场所列入严重危险级。将丙类生产场所和丙类储存场所列入中危险级。将丁、戊类生产场所和丁、戊类储存场所列入轻危险级。工业建筑灭火器配置场所危险等级举例见表10-4。

表10-4　工业建筑灭火器配置场所危险等级举例

危险等级	举例	
	厂房和露天、半露天生产装置区	库房和露天、半露天堆场
严重危险级	1. 闪点<60℃的油品和有机溶剂的提炼、回收、洗涤部位及其泵房、灌桶间 2. 橡胶制品的涂胶和胶浆部位 3. 二硫化碳的粗馏、精馏工段及其应用部位 4. 甲醇、乙醇、丙酮、丁酮、异丙醇、醋酸乙酯、苯等的合成、精制厂房 5. 植物油加工厂的浸出厂房 6. 洗涤剂厂房石蜡裂解部位、冰醋酸裂解厂房 7. 环氧氯丙烷、苯乙烯厂房或装置区 8. 液化石油气灌瓶间 9. 天然气、石油伴生气、水煤气或焦炉煤气的净化（如脱硫）厂房的压缩机室及鼓风机室 10. 乙炔站、氢气站、煤气站、氧气站 11. 硝化棉、赛璐珞厂房及其应用部位 12. 黄磷、赤磷制备厂房及其应用部位 13. 樟脑或松香提炼厂房，焦化厂精萘厂房 14. 煤粉厂房和面粉厂房的碾磨部位 15. 谷物筒仓工作塔、亚麻厂的除尘器和过滤器室 16. 氯酸钾厂房及其应用部位 17. 发烟硫酸或发烟硝酸浓缩部位 18. 高锰酸钾、重铬酸钠厂房 19. 过氧化钠、过氧化钾、次氯酸钙厂房 20. 各工厂的总控制室、分控制室 21. 国家和省级重点工程的施工现场 22. 发电厂（站）和电网经营企业的控制室、设备间	1. 化学危险物品库房 2. 装卸原油或化学危险物品的车站、码头 3. 甲、乙类液体储罐区、桶装库房、堆场 4. 液化石油气储罐区、桶装库房、堆场 5. 棉花库房及散装堆场 6. 稻草、芦苇、麦秸等堆场 7. 赛璐珞及其制品、漆布、油布、油纸及其制品，油绸及其制品库房 8. 酒精度为60度以上的白酒库房

（续）

危险等级	举例	
	厂房和露天、半露天生产装置区	库房和露天、半露天堆场
中危险级	1. 闪点 ≥ 60℃ 的油品和有机溶剂的提炼、回收工段及其抽送泵房 2. 柴油、机器油或变压器油灌桶间 3. 润滑油再生部位或沥青加工厂房 4. 植物油加工精炼部位 5. 油浸变压器室和高、低压配电室 6. 工业用燃油、燃气锅炉房 7. 各种电缆廊道 8. 油淬火处理车间 9. 橡胶制品压延、成型和硫化厂房 10. 木工厂房和竹、藤加工厂房 11. 针织品厂房和纺织、印染、化纤生产的干燥部位 12. 服装加工厂房、印染厂成品厂房 13. 麻纺厂粗加工厂房、毛涤厂选毛厂房 14. 谷物加工厂房 15. 卷烟厂的切丝、卷制、包装厂房 16. 印刷厂的印刷厂房 17. 电视机、收录机装配厂房 18. 显像管厂装配工段烧枪间 19. 磁带装配厂房 20. 泡沫塑料厂的发泡、成型、印片、压花部位 21. 饲料加工厂房 22. 地市级及以下的重点工程的施工现场	1. 丙类液体储罐区、桶装库房、堆场 2. 化学、人造纤维及其织物和棉、毛、丝、麻及其织物的库房、堆场 3. 纸、竹、木及其制品的库房、堆场 4. 火柴、香烟、糖、茶叶库房 5. 中药材库房 6. 橡胶、塑料及其制品的库房 7. 粮食、食品库房、堆场 8. 计算机、电视机、收录机等电子产品及家用电器库房 9. 汽车、大型拖拉机停车库 10. 酒精度小于 60 度的白酒库房 11. 低温冷库
轻危险级	1. 金属冶炼、铸造、铆焊、热轧、锻造、热处理厂房 2. 玻璃原料熔化厂房 3. 陶瓷制品的烘干、烧成厂房 4. 酚醛泡沫塑料的加工厂房 5. 印染厂的漂炼部位 6. 化纤厂后加工润湿部位 7. 造纸厂或化纤厂的浆粕蒸煮工段 8. 仪表、器械或车辆装配车间 9. 不燃液体的泵房和阀门室 10. 金属（镁合金除外）冷加工车间 11. 氟利昂厂房	1. 钢材库房、堆场 2. 水泥库房、堆场 3. 搪瓷、陶瓷制品库房、堆场 4. 难燃烧或非燃烧的建筑装饰材料库房、堆场 5. 原木库房、堆场 6. 丁、戊类液体储罐区、桶装库房、堆场

（二）民用建筑灭火器配置场所的危险等级

根据民用建筑灭火器配置场所的使用性质、人员密集程度、用电用火情况、可燃物数量、火灾蔓延速度、扑救难易程度等因素，将民用建筑灭火器配置场所的危险等级划分为严重危险级、中危险级和轻危险级三个级别。

（1）严重危险级：使用性质重要，人员密集，用电用火多，可燃物多，起火后蔓延迅速，扑救困难，容易造成重大财产损失或人员群死群伤的场所。

（2）中危险级：使用性质较重要，人员较密集，用电用火较多，可燃物较多，起火后蔓延较迅速，扑救较难的场所。

（3）轻危险级：使用性质一般，人员不密集，用电用火较少，可燃物较少，起火后蔓延较缓慢，扑救较易的场所。

民用建筑大体上可分为公共建筑和居住建筑两大类，在划分危险等级的问题上要比工业建筑复杂，但主要应依据灭火器配置场所的使用性质、人员密集程度、用火用电情况、可燃物数量、火灾蔓延速度、扑救难易程度等因素来划分危险等级。民用建筑灭火器配置场所危险等级举例见表10-5。

表 10-5   民用建筑灭火器配置场所危险等级举例

危险等级	举　例
严重危险级	1. 县级及以上的文物保护单位、档案馆、博物馆的库房、展览室、阅览室 2. 设备贵重或可燃物多的实验室 3. 广播电台、电视台的演播室、道具间和发射塔楼 4. 专用电子计算机房 5. 城镇及以上的邮政信函和包裹分检房、邮袋库、通信枢纽及其电信机房 6. 客房数在50间以上的旅馆、饭店的公共活动用房、多功能厅、厨房 7. 体育场(馆)、电影院、剧院、会堂、礼堂的舞台及后台部位 8. 住院床位在50张及以上的医院手术室、理疗室、透视室、心电图室、药房、住院部、门诊部、病历室 9. 建筑面积在2000m² 及以上的图书馆、展览馆的珍藏室、阅览室、书库、展览厅 10. 民用机场的候机厅、安检厅及空管中心、雷达机房 11. 超高层建筑和一类高层建筑的写字楼、公寓楼 12. 电影、电视摄影棚 13. 建筑面积在1000m² 及以上的经营易燃易爆化学物品的商场、商店的库房及铺面 14. 建筑面积在200m² 及以上的公共娱乐场所 15. 老人住宿床位在50张及以上的养老院 16. 幼儿住宿床位在50张及以上的托儿所、幼儿园 17. 学生住宿床位在100张及以上的学校集体宿舍 18. 县级及以上的党政机关办公大楼的会议室 19. 建筑面积在500m² 及以上的车站和码头的候车(船)室、行李房 20. 城市地下铁道、地下观光隧道 21. 汽车加油站、加气站 22. 机动车交易市场(包括旧机动车交易市场)及其展销厅 23. 民用液化气、天然气灌装站、换瓶站、调压站
中危险级	1. 县级以下的文物保护单位、档案馆、博物馆的库房、展览室、阅览室 2. 一般的实验室 3. 广播电台、电视台的会议室、资料室 4. 设有集中空调、电子计算机、复印机等设备的办公室 5. 城镇以下的邮政信函和包裹分检房、邮袋库、通信枢纽及其电信机房 6. 客房数在50间以下的旅馆、饭店的公共活动用房、多功能厅和厨房 7. 体育场(馆)、电影院、剧院、会堂、礼堂的观众厅 8. 住院床位在50张以下的医院手术室、理疗室、透视室、心电图室、药房、住院部、门诊部、病历室 9. 建筑面积在2000m² 以下的图书馆、展览馆的珍藏室、阅览室、书库、展览厅 10. 民用机场的检票厅、行李厅 11. 二类高层建筑的写字楼、公寓楼 12. 高级住宅、别墅 13. 建筑面积在1000m² 以下的经营易燃易爆化学物品的商场、商店的库房及铺面 14. 建筑面积在200m² 以下的公共娱乐场所 15. 老人住宿床位在50张以下的养老院 16. 幼儿住宿床位在50张以下的托儿所、幼儿园 17. 学生住宿床位在100张以下的学校集体宿舍 18. 县级以下的党政机关办公大楼的会议室 19. 学校教室、教研室 20. 建筑面积在500m² 以下的车站和码头的候车(船)室、行李房 21. 百货楼、超市、综合商场的库房、铺面 22. 民用燃油、燃气锅炉房 23. 民用的油浸变压器室和高、低压配电室

（续）

危险等级	举　例
轻危险级	1. 日常用品小卖店及经营难燃烧或非燃烧的建筑装饰材料商店 2. 未设集中空调、电子计算机、复印机等设备的普通办公室 3. 旅馆、饭店的客房 4. 普通住宅 5. 各类建筑物中以难燃烧或非燃烧的建筑构件分隔且主要存储难燃烧或非燃烧材料的辅助房间

五、灭火器的配置要求

（一）灭火器的基本参数

灭火器的灭火级别，表示灭火器能够扑灭不同种类火灾的效能，由表示灭火效能的数字和灭火种类的字母组成，如 MF/ABC1 灭火器对 A、B 类火灾的灭火级别分别为 1A 和 21B。对于建设工程灭火器的配置，灭火器的灭火类别和灭火级别是主要参数。手提式灭火器、推车式灭火器的类型、规格和灭火级别分别详见表 10-6 和表 10-7。

表 10-6　手提式灭火器的类型、规格和灭火级别

灭火器类型	灭火剂充装量（规格）		灭火器类型规格代码（型号）	灭火级别	
	L	kg		A 类	B 类
水型	3	—	MS/Q3	1A	—
			MS/T3		55B
	6	—	MS/Q6	1A	—
			MS/T6		55B
	9	—	MS/Q9	2A	—
			MS/T9		89B
泡沫	3	—	MP3、MP/AR3	1A	55B
	4	—	MP4、MP/AR4	1A	55B
	6	—	MP6、MP/AR6	1A	55B
	9	—	MP9、MP/AR9	2A	89B
干粉 （碳酸氢钠）	—	1	MF1	—	21B
	—	2	MF2	—	21B
	—	3	MF3	—	34B
	—	4	MF4	—	55B
	—	5	MF5	—	89B
	—	6	MF6	—	89B
	—	8	MF8	—	144B
	—	10	MF10	—	144B
干粉 （磷酸铵盐）	—	1	MF/ABC1	1A	21B
	—	2	MF/ABC2	1A	21B
	—	3	MF/ABC3	2A	34B
	—	4	MF/ABC4	2A	55B

（续）

灭火器类型	灭火剂充装量（规格）		灭火器类型规格代码	灭火级别	
	L	kg	（型号）	A 类	B 类
干粉 （磷酸铵盐）	—	5	MF/ABC5	3A	89B
	—	6	MF/ABC6	3A	89B
	—	8	MF/ABC8	4A	144B
	—	10	MF/ABC10	6A	144B
卤代烷（1211）	—	1	MY1	—	21B
	—	2	MY2	(0.5A)	21B
	—	3	MY3	(0.5A)	34B
	—	4	MY4	1A	34B
	—	6	MY6	1A	55B
二氧化碳	—	2	MT2	—	21B
	—	3	MT3	—	21B
	—	5	MT5	—	34B
	—	7	MT7	—	55B

表 10-7　推车式灭火器的类型、规格和灭火级别

灭火器类型	灭火剂充装量（规格）		灭火器类型规格代码	灭火级别	
	L	kg	（型号）	A 类	B 类
水型	20	—	MST20	4A	—
	45	—	MST40	4A	—
	60	—	MST60	4A	—
	125	—	MST125	6A	—
泡沫	20	—	MPT20、MPT/AR20	4A	113B
	45	—	MPT40、MPT/AR40	4A	144B
	60	—	MPT60、MPT/AR60	4A	233B
	125	—	MPT125、MPT/AR125	6A	297B
干粉 （碳酸氢钠）	—	20	MFT20	—	183B
	—	50	MFT50	—	297B
	—	100	MFT100	—	297B
	—	125	MFT125	—	297B
干粉 （磷酸铵盐）	—	20	MFT/ABC20	6A	183B
	—	50	MFT/ABC50	8A	297B
	—	100	MFT/ABC100	10A	297B
	—	125	MFT/ABC125	10A	297B
卤代烷 （1211）	—	10	MYT10	—	70B
	—	20	MYT20	—	144B

（续）

灭火器类型	灭火剂充装量（规格）		灭火器类型规格代码（型号）	灭火级别	
	L	kg		A 类	B 类
卤代烷（1211）	—	30	MYT30	—	183B
	—	50	MYT50	—	297B
二氧化碳	—	10	MTT10	—	55B
	—	20	MTT20	—	70B
	—	30	MTT30	—	113B
	—	50	MTT50	—	183B

（二）灭火器的设置

（1）灭火器应设置在位置明显和便于取用的地点，且不应影响人员安全疏散。当确需设置在有视线障碍的设置点时，应设置指示灭火器位置的醒目标志。

（2）灭火器的摆放应稳固，其铭牌应朝外。手提式灭火器宜设置在灭火器箱内或挂钩、托架上，其顶部离地面高度不应大于 1.5m，底部离地面高度不宜小于 0.08m。灭火器箱不得上锁。

（3）灭火器不宜设置在潮湿或强腐蚀性的地点。当必须设置时，应有相应的保护措施。灭火器设置在室外时，应有相应的保护措施。

（4）灭火器不应设置在可能超出其使用温度范围的场所，并应采取与设置场所环境条件相适应的防护措施。

（三）灭火器的配置

（1）一个计算单元内配置的灭火器数量应经计算确定，且不应少于 2 具。

（2）每个设置点的灭火器数量不宜多于 5 具。

（3）当住宅楼每层的公共部位建筑面积超过 100m² 时，应配置 1 具 1A 手提式灭火器。每增加 100m² 时，增配 1 具 1A 手提式灭火器。

六、灭火器配置设计计算步骤

（一）确定灭火器配置场所的火灾种类和危险等级

（1）工业建筑与民用建筑灭火器配置场所的危险等级见前述内容。

（2）火灾种类有 A、B、C、D、E、F 六类，扑救不同种类的火灾应选择相适应的灭火器。为正确配置灭火器，在进行灭火器配置设计时应准确确定配置场所的火灾种类。

（二）划分计算单元，计算各计算单元的保护面积

1. 灭火器配置设计计算单元的划分规定

（1）灭火器配置场所的危险等级和火灾种类均相同的相邻场所，可将一个楼层或一个防火分区作为一个计算单元。例如办公楼每层的成排办公室，宾馆每层的成排客房等，就可以按照楼层或防火分区将若干个配置场所合并作为一个计算单元配置灭火器。

（2）灭火器配置场所的危险等级或火灾种类不相同的场所，应分别作为一个计算单元。例如建筑物内相邻的化学实验室和电子计算机房，就可分别单独作为一个计算单元配置灭火器。

（3）同一计算单元不得跨越防火分区和楼层。

2. 计算单元保护面积的确定

（1）建筑物应按其建筑面积确定。

（2）可燃物露天堆场，甲、乙、丙类液体储罐区，可燃气体储罐区应按堆垛、储罐的占地面积确定。

（三）计算单元的最小需配灭火级别计算

一般情况下，计算单元的最小需配灭火级别应按下式计算：

$$Q = \frac{KS}{U} \tag{10-1}$$

歌舞娱乐放映游艺场所、网吧、商场、寺庙以及地下场所等的计算单元的最小需配灭火级别应按下式计算：

$$Q = 1.3 \frac{KS}{U} \tag{10-2}$$

式中　Q——计算单元的最小需配灭火级别（A 或 B）；

　　　S——计算单元的保护面积（m^2）；

　　　K——修正系数；

　　　U——A 类或 B 类火灾场所单位灭火级别最大保护面积（m^2/A 或 m^2/B）。

1. 修正系数的确定

修正系数 K 按照表 10-8 确定。

表 10-8　修正系数 K

计算单元	K
未设室内消火栓系统和灭火系统	1
设有室内消火栓系统	0.9
设有灭火系统	0.7
设有室内消火栓系统和灭火系统	0.5
可燃物露天堆场；甲、乙、丙类液体储罐区；可燃气体储罐区	0.3

2. 灭火器配置基准

灭火器配置基准是指单位灭火级别（1A 或 1B）的最大保护面积。灭火器的最低配置基准见表 10-9 和表 10-10。

表 10-9　A 类火灾场所灭火器的最低配置基准

危险等级	严重危险级	中危险级	轻危险级
单具灭火器最小配置灭火级别	3A	2A	1A
单位灭火级别最大保护面积/（m^2/A）	50	75	100

表 10-10　B、C 类火灾场所灭火器的最低配置基准

危险等级	严重危险级	中危险级	轻危险级
单具灭火器最小配置灭火级别	89B	55B	21B
单位灭火级别最大保护面积/（m^2/B）	0.5	1	1.5

D 类火灾场所灭火器的最低配置基准应根据金属的种类、物态及其特性等研究确定。

E 类火灾场所灭火器的最低配置基准不应低于该场所内 A 类或 B 类火灾的规定。

（四）确定各计算单元灭火器设置点的位置和数量

灭火器设置点的位置和数量应根据灭火器的最大保护距离确定，并应保证最不利点至少在一个灭火器设置点的保护范围内。

1. 灭火器的最大保护距离

灭火器的最大保护距离是指计算单元内任意一点至最近灭火器设置点的距离，灭火器的最大保护距离见表 10-11。

表 10-11　灭火器的最大保护距离　　　　（单位：m）

火灾类别	A 类火灾			B、C 类火灾		
危险等级	严重危险级	中危险级	轻危险级	严重危险级	中危险级	轻危险级
手提式灭火器	15	20	25	9	12	15
推车式灭火器	30	40	50	18	24	30

D 类火灾场所的灭火器，其最大保护距离应根据具体情况研究确定。

E 类火灾场所的灭火器，其最大保护距离不应低于该场所内 A 类或 B 类火灾的规定。

2. 灭火器设置点的合理性判断

判定灭火器设置点是否合理，关键是看计算单元内的任意一点是否至少在一个灭火器设置点的保护范围内。判定的方法通常有两种：一种方法是以每一个灭火器设置点为圆心，以灭火器的最大保护距离为半径作圆，看计算单元内任意一点是否至少被一个圆覆盖。另一种方法是量取最不利点至最近灭火器设置点的距离，看其是否小于或等于灭火器的最大保护距离。当满足上述要求时，证明灭火器设置点合理。

（五）计算每个灭火器设置点的最小需配灭火级别

计算单元内每个灭火器设置点的最小需配灭火级别应按下式计算：

$$Q_e = \frac{Q}{N} \tag{10-3}$$

式中　Q_e——计算单元内每个灭火器设置点的最小需配灭火级别（A 或 B）；

　　　Q——计算单元的最小需配灭火级别（A 或 B）；

　　　N——计算单元内灭火器设置点的数量（个）。

（六）确定每个灭火器设置点的灭火器的类型、规格和数量

根据每个灭火器设置点的灭火级别，参照表 10-6 或表 10-7 确定每个灭火器设置点的灭火器的类型、规格和数量。

（七）确定每具灭火器的设置方式和要求

在设计图上标明每具灭火器的类型、规格、数量和设置位置。

参 考 文 献

［1］ 中国建筑标准设计研究院.《建筑设计防火规范》图示 ［M］. 北京：中国计划出版社，2018.

［2］ 应急管理部消防救援局. 消防安全技术实务 ［M］. 北京：中国计划出版社，2021.